普通高等学校机械基础课程规划教材

互换性与技术测量

（第二版）

主　编　杨练根
副主编　曹丽娟　宫爱红

华中科技大学出版社
中国·武汉

内 容 简 介

"互换性与技术测量"是高等工科院校机械类、近机类、仪器仪表类专业的一门主要技术基础课,其概念多、涉及面广,牵涉的国家标准多且标准更新快。本书根据最新的几何产品技术规范标准,介绍了互换性与标准化概论、极限与配合、长度测量基础、几何公差及几何误差检测、表面粗糙度及检测、光滑工件的检验、典型零部件的互换性及检测、齿轮公差与检测及尺寸链等内容。

本书的特点是强调基础,力求概念清楚,突出应用,着重阐述最新国家标准的理解与使用,突出介绍了第二代 GPS 标准,也兼顾了第一代 GPS 标准。

本书可作为工科院校机械类、近机类、仪器仪表类专业的"互换性与技术测量"课程教材。本书既适用于高校专业基础课程教学,也适于生产企业和计量、检验机构的专业人员使用。

图书在版编目(CIP)数据

互换性与技术测量(第二版)/杨练根　主编.—武汉:华中科技大学出版社,2012.1(2022.8重印)
ISBN 978-7-5609-5947-4

Ⅰ.互…　Ⅱ.杨…　Ⅲ.①零部件-互换性-高等学校-教材;②零部件-测量-技术-高等学校-教材
Ⅳ.TG801

中国版本图书馆 CIP 数据核字(2010)第 003689 号

互换性与技术测量(第二版)　　　　　　　　　　　　　杨练根　主编

策划编辑:万亚军
责任编辑:吴　晗
责任校对:周　娟
封面设计:刘　卉
责任监印:张正林
出版发行:华中科技大学出版社(中国·武汉)　　电话:(027)81321913
　　　　　武汉市东湖新技术开发区华工科技园　　邮编:430223
录　　排:华中科技大学惠友文印中心
印　　刷:广东虎彩云印刷有限公司
开　　本:710mm×1000mm　1/16
印　　张:20.5
字　　数:437千字
版　　次:2022年8月第2版第8次印刷
定　　价:59.80元

本书若有印装质量问题,请向出版社营销中心调换
全国免费服务热线:400-6679-118　　竭诚为您服务
版权所有　侵权必究

再版前言

本书于 2010 年 1 月出版后,被多所高校采用,使用了本书的一些教师通过教学实践后给我们提出了许多宝贵的意见,这使我们受到极大的鼓舞,并获得极深的教益。我们衷心感谢兄弟院校有关教师及所有读者的热心支持和充分信任。

根据大家提出的宝贵意见和我们的教学实践,对本书第一版进行了修订,修订的主要内容如下。

(1) 对内容进行了精炼。

(2) 根据新发布的国际标准更新了部分内容。

(3) 对第一版中的印刷错误进行了修订。

(4) 删除了第 6 章的功能量规。

(5) 对例题进行了增删,减少了一些使用较少的表格。

修订后的篇幅减少了约 10%。

本次修订仍由原第一版的作者进行,由杨练根负责统稿。修订后的本书有较明显的改进和提高,但限于对新一代 GPS 标准的理解尚有亟待改进之处,敬请读者予以批评和指正。

编　者

2011 年 11 月

前 言

"互换性与技术测量"是高等工科院校机械类和近机类专业的一门应用性很强的技术基础课,它将涉及机械和仪器制造业的基础标准和长度测量技术结合在一起,涉及机械与仪器设计、制造、质量控制、质量检验等许多领域。通过本课程的学习,有助于学生掌握机械与仪器及其零部件的精度设计,正确理解设计图纸上的精度要求和编制工艺规范,合理设计产品质量检验方案和进行测量结果的数据处理。

近年来,我国对互换性与技术测量的标准进行了较大规模的修订,特别是1996年ISO/TC213产品尺寸和几何技术规范及检验标准化技术委员会成立以来,一套基于计量数学的GPS标准开始陆续制定、发布,这标志着公差与配合标准进入了一个新的发展时代。新一代GPS标准引入了物理学中的对偶性原理,把规范过程与验证过程联系起来,并以不确定度作为经济杠杆,把产品的功能、规范、制造、检验/验证集成为一体。新一代GPS标准体系着重于提供一个适宜于CAX集成环境的、更加明晰的几何公差定义,以及一套宽范围的计量评定规范体系,来满足几何产品的功能要求。它是针对所有几何产品建立的一个技术标准体系,覆盖了从宏观到微观的产品几何特征,涉及从产品开发、设计、制造、验收、使用及维修到报废等的整个寿命周期的全过程。至2009年3月,ISO已经发布以几何产品技术规范为名称的标准、规范(按部分出版的标准或规范,以部分计)59个。仅2009年,我国等同采用新一代GPS标准而制定的国家标准就达到34个,但仍有很多标准,特别是技术规范(ISO/TS)还没有转化为我国的国家标准。

考虑到新一代GPS标准制定的周期较长及国内外的实际情况,传统的以几何学为基础的第一代GPS标准在制造业中还有广泛的应用,本书在重点介绍第二代GPS标准时兼顾了第一代GPS标准。在编写时,本书强调基础,力求概念清楚,突出应用,着重阐述标准的理解与使用。

本书可作为工科院校机械类、近机类、仪器仪表类专业的"互换性与技术测量"课程教材。本书既适用于高校专业基础课程教学,也适于生产企业和计量、检验机构的专业人员使用。

本书由湖北工业大学杨练根任主编,大连海洋大学曹丽娟、湖北汽车工业学院宫爱红任副主编。参加各章编写的有:第1章,杨练根;第2章,曹丽娟;第3章,湖北工业大学文昌俊、翟中生;第4章,杨练根;第5章,湖北工业大学刘文超;第6章,湖北工业大学许忠保、杨练根;第7章,湖北工业大学李伟、范宜艳;第8章,宫爱红;第9章,襄樊学院朱定见。杨练根负责对全书文字、插图等全部内容进行统稿、修正。

由于新一代GPS标准还处在陆续制定、发布的过程中,我国也在逐步将其转化为国家标准。2009年11月15日,我国又发布了20个等同采用新一代GPS标准的国家标准和标准化指导性技术文件(含部分)。尽管如此,新一代GPS标准和第一代GPS标准仍将会在较长的时期内共存,且两代GPS标准在名词术语、定义、参数、检验等方面存在着较多差异。受编者水平的限制,本书在内容选择、结构层次的安排和对标准的理解等方面难免有疏漏、错误和不足,恳请广大读者批评指正,提出宝贵意见。

编　者

2010年1月

目 录

第1章 互换性与标准化概论 (1)
  1.1 互换性概述 (1)
  1.2 互换性标准的发展 (4)
  1.3 长度测量技术发展简介 (16)
  1.4 标准化和优先数系 (18)
  思考题及习题 (23)

第2章 孔、轴的极限与配合 (24)
  2.1 概述 (24)
  2.2 极限与配合的基本术语与定义 (24)
  2.3 极限与配合的国家标准 (34)
  2.4 极限与配合的选择 (56)
  2.5 线性与角度尺寸的未注公差 (73)
  思考题及习题 (74)

第3章 长度测量技术基础 (77)
  3.1 测量的基本概念 (77)
  3.2 长度量值传递系统 (78)
  3.3 常用计量器具和测量方法 (81)
  3.4 计量器具与计量方法的术语及定义 (83)
  3.5 常用长度测量仪器 (85)
  3.6 三坐标测量机 (95)
  3.7 误差理论和数据处理 (97)
  3.8 测量不确定度 (105)
  思考题及习题 (112)

第4章 几何公差及误差检测 (113)
  4.1 概述 (113)
  4.2 形状公差与形状误差的测量 (121)
  4.3 方向、位置和跳动公差及误差测量 (139)
  4.4 公差原则 (162)
  4.5 几何公差的选择 (178)
  思考题及习题 (189)

第5章 表面结构参数及其检测 (194)
  5.1 表面结构的术语、定义及参数 (194)

5.2　表面粗糙度评定参数值的选用 …………………………… (203)
　　5.3　表面粗糙度的测量 …………………………………………… (204)
　　5.4　三维表面形貌评定与测量 …………………………………… (208)
　　思考题及习题 …………………………………………………… (210)

第 6 章　光滑工件的检验 ……………………………………………… (211)
　　6.1　按规范检验工件的判定规则 ………………………………… (211)
　　6.2　用通用计量器具检验 ………………………………………… (215)
　　6.3　用光滑极限量规检验 ………………………………………… (222)
　　6.4　用功能量规检验 ……………………………………………… (228)
　　思考题及习题 …………………………………………………… (229)

第 7 章　常用结合件的互换性 ………………………………………… (230)
　　7.1　滚动轴承与孔轴结合的公差与配合 ………………………… (230)
　　7.2　螺纹连接的公差与配合 ……………………………………… (239)
　　7.3　圆锥结合的公差与配合 ……………………………………… (251)
　　7.4　键与花键结合的公差与配合 ………………………………… (262)
　　思考题及习题 …………………………………………………… (272)

第 8 章　圆柱齿轮公差与检测 ………………………………………… (274)
　　8.1　齿轮传动使用要求和齿轮加工工艺误差 …………………… (274)
　　8.2　齿轮精度的评定指标及检测 ………………………………… (279)
　　8.3　齿轮副精度的评定及检测 …………………………………… (284)
　　8.4　齿轮坯和箱体孔的精度 ……………………………………… (290)
　　8.5　渐开线圆柱齿轮精度设计 …………………………………… (293)
　　思考题及习题 …………………………………………………… (298)

第 9 章　尺寸链 ………………………………………………………… (300)
　　9.1　概述 …………………………………………………………… (300)
　　9.2　完全互换法 …………………………………………………… (305)
　　9.3　概率法 ………………………………………………………… (311)
　　思考题及习题 …………………………………………………… (315)

附录 ……………………………………………………………………… (316)

参考文献 ………………………………………………………………… (320)

第1章 互换性与标准化概论

1.1 互换性概述

1.1.1 互换性的含义

顾名思义,所谓互换性是指事物可以互相替换的能力,在 GB/T 20000.1—2002《标准化工作指南 第1部分:标准化和相关活动的通用词汇》国家标准中,互换性被规定为"某一产品、过程或服务代替另一产品、过程或服务并满足同样要求的能力",这里所说的互换性是一种广义的互换性,本书讲述的互换性仅指产品的互换性。在机械和仪器制造业中,零、部件的互换性是指同一规格的一批零件或部件,任取其一,不需任何挑选或附加修配就能装在机器上,达到规定的功能要求。这样的一批零件或部件就称为具有互换性的零、部件。

在日常生活和工业生产中,互换性的例子比比皆是。人们经常使用的自行车,它的各个零件都是按互换性原则生产的。如果自行车上的零件损坏,可以到五金店或维修点买到同样规格的零件换上,恢复自行车的功能。新型的手机充电器可以插在任意一个 220 V 的电源插座上进行充电,也可以把充电器电线的 USB 口插在任意一台计算机的 USB 口上充电。家里的白炽灯或节能灯泡坏了,可以到商店买回一个,很方便地就可以装上,恢复照明。机械或仪器上的轴承、螺纹等零件损坏或失效后,维修人员可以迅速更换同一规格的新零件,很好地满足要求。这里提到的自行车零件、手机充电器插头和 USB 口、灯泡、轴承、螺纹,在同一规格内都可以互相替换使用,它们都是具有互换性的零部件。

机械和仪器制造业中的互换性,通常包括几何参数的互换性和性能参数(如硬度、强度等)的互换性。所谓几何参数一般包括尺寸大小、几何形状(宏观、微观)及相互位置关系等。机械产品的性能包括很多方面,例如刚度、强度、硬度、传热性、导电性、热稳定性,还有其他物理、化学参数等。本书只讨论几何参数的互换。要使一批零、部件具有互换性,似乎需要将它们的实际几何参数加工得完全一样,但在实际生产中,由于制造误差不可避免地存在,要加工得完全一样是不可能做到的,也是完全不必要的。因此在按照互换性原则组织生产时,只要根据使用要求,将零、部件实际尺寸和几何参数值的变动限制在预设的一定极限范围内,即可以实现互换性并取得最佳的经济效益。这种允许零件尺寸和几何参数的变动量就称为公差。

1.1.2 互换性的作用

互换性生产对现代化大生产具有非常重大的意义。

从设计方面来看,按照互换性原则,有利于最大限度地采用标准件、通用件,发展系列产品,改进产品性能,简化绘图和计算工作,缩短设计周期,便于进行计算机辅助设计(CAD),对发展系列化产品具有重要作用。

从加工方面来看,互换性有利于组织专业化生产,采用先进工艺和高效率的专用设备,提高生产效率,降低成本。现代化的汽车、摩托车等机械产品均采取社会化大生产模式,零、部件的通用化程度很高,大多数零、部件都具有互换性,从而才能将一台汽车或摩托车的成千上万个零、部件分散到全国甚至全世界的不同工厂进行高效率的专业化生产,然后集中到同一个工厂进行装配。因此,零、部件的互换性给专业化、自动化生产创造了条件,促进了汽车、摩托车等机械行业的发展,有助于降低成本、提高产品质量。

从装配方面来看,互换性是进行流水线生产、提高生产和装配效率的保证。由于零部件具有互换性,不需要挑选、辅助加工和修配,故能减轻劳动强度,缩短装配周期,并且可以通过流水作业方式或自动化装配方式进行装配,从而大大提高生产率。

从使用和维修方面来看,互换性有助于延长设备寿命。若设备具有互换性,则它们损坏或磨损后,及时地用新的备件更换,可以减少设备的维修时间和费用,保证设备能持久地运转,从而提高设备的使用寿命。

1.1.3 互换性分类

根据使用要求及互换程度、部位和范围的不同,互换性可分为不同的种类。

1. 按互换的程度分类

按互换的程度,互换性可分为完全互换性与不完全互换性。完全互换性是指零、部件在装配前不需要挑选、装配中不需要辅助加工与修配,即可完全满足使用要求。在有些产品的生产中,由于采取完全互换性的加工成本很高等原因,往往采取不完全互换性,即不能保证百分之百的互换性。不完全互换通常包括概率互换(大数互换)、分组互换、调整互换和修配互换等。

(1)概率互换 概率互换是指零、部件的设计、制造仅能以接近于1的概率来满足互换性的要求,主要用于成批、大量生产的场合。在此种生产方式下,考虑到零件实际参数值的概率分布特点,将参数允许的变动量适当加大,以获得制造的经济性。按概率互换性要求组织生产,可能出现达不到组装要求的情况,但这种情况出现的概率比较小。

(2)分组互换 分组互换通常用于大批量生产且装配精度要求很高的零件。此时如采用完全互换性组织生产,则零件互换性参数值的允许变动量很小,这将造成加工困难、成本增高、废品率增大,甚至无法加工。而采取分组互换可以适当地增大零件实际参数的变动量,减小加工难度;加工完毕后根据测量所得的实际参数的大小分为若干组,使同组零件的实际参数值的变化减小,然后按对应组进行装配。此时,仅同组内的零件可以互换,组与组间不能互换。如在汽车连杆和活塞销的生产中,往往根据其实际尺寸分为3~6个组进行互换性生产和装配。

(3) 调整互换和修配互换 调整互换和修配互换多用于单件、小批量的生产,特别是重型机械和精密仪器的制造中。在此种装配中,往往必须改变装配链中某一零件实际参数值的大小,以其作为调整环来补偿其他零件装配中累积误差的影响,从而满足总的装配精度要求。调整互换就是通过更换调整环零件或改变它的位置来进行补偿;而修配互换是通过对调整环做适当的加工,改变调整环的实际参数值,以达到满足装配精度的要求。此时,构成装配链的所有零部件均按互换性生产,装配前也不需要挑选,但装配过程中可能需要对调整环进行调整或修配才能达到精度要求。显然,经过这样的调整或修配后,若要更换装配链中的任一个组成零件,则可能还需要对调整环进行再次的调整或修配。

2. 按互换的部位分类

对独立的标准部件或机构来说,其互换性可分为外互换和内互换。

(1) 内互换 内互换是指部件或机构内部组成零件间的互换性。例如:滚动轴承的滚动体和内圈、外圈、保持架(隔离架)之间的互换性为内互换。因为这些组成零件的精度要求很高,加工难度很大,故它们的互换采取分组互换。

(2) 外互换 外互换是指部件或机构和与其有配合关系的零部件间的互换性。轴承内圈和轴颈的配合及外圈和机座孔的配合为外互换。轴承作为一个标准件,从方便使用的角度出发,其外互换采取完全互换。

在实际生产中,究竟采取何种形式的互换性才能既满足要求又具有较好的经济性,需要根据产品的精度要求、复杂程度、生产规模、生产水平及技术水平等方面情况综合决定。

1.1.4 互换性生产简史

互换性生产是随着工业生产的发展而产生和发展起来的。

在互换性生产出现前,配合零件都是通过"以孔配轴"或"以轴配孔"的方式在手工作坊中靠"配作"方式制造的,装配时必须对号入座,生产效率低,零、部件没有互换性。

互换性生产是从出现了第一个标准量规开始的。最早是按一个标准的轴或孔来制造孔或轴,不久将这种标准的孔或轴做成卡规或塞规。标准量规是单个使用的,对零件要求过高(要求恰好紧密地通过零件),因此其使用受到限制。

事实上,使用要求不是绝对的,间隙略有变动(不超过一定范围),也能满足使用要求,因此可允许孔、轴实际尺寸在一定范围内变动。这就产生了按公差制造的思想,与其相适应,在计量手段上出现了极限量规,即按孔、轴允许的最大尺寸和最小尺寸分别做成的两套量规。

互换性最早体现在 H. 莫兹利于 1797 年利用其创制的螺纹车床所生产的螺栓和螺母上。同时期,美国工程师 E. 惠特尼用互换性生产方法生产火枪,显示了互换性的可行性和优越性。这种生产方法在美国逐渐推广,形成了所谓的"美国生产方法"。20 世纪初期,H. 福特在汽车制造上又创造了流水装配线。大量生产技术加上 F. W. 泰勒在 19 世纪末创立的科学管理方法,使汽车和其他大批量生产的机械产品的生产效率很快达到了过去无法想象的高度。

最早使用极限量规检验工件的国家集中在欧洲,为英、法、德、俄几个国家。后来日本引进了德国的步枪制造技术,也同时引进了其"极限量规"的检验方法,这使日本的造枪技术自 20 世纪初以来长期在亚洲处于领先地位。由此也可看出,互换性原理对机械工业的发展是有着极大促进作用的。正是因为这种有目共睹的实际效果,世界各国纷纷效仿。我国对互换性原理的采用最早也是出现在兵器工业中,如 1931 年的沈阳兵工厂、1937 年的金陵兵工厂也大量引进了国外先进的制造和检测技术,其结果是这两个兵工厂生产出了当时中国最好的枪炮。后来,各国将这一原理推广到民用产品中。

1.2 互换性标准的发展

1.2.1 互换性标准发展简介

自 1902 年英国 Newall 公司出版了极限表以来,公差与配合标准经历了一百多年的发展历史。

1906 年,英国颁布了国家标准 BS 27,1924 年颁布了 BS 164,1925 年美国颁布 ASAB4a,这些都是初期的公差标准。

在英、美初期公差标准的基础上,德国 DIN 标准采用了基孔制、基轴制,提出了公差单位的概念,将公差等级和配合分开,并规定了标准温度。

1929 年,苏联也颁布了一个公差与配合标准。

1926 年,国际标准化协会(ISA)成立,ISA/TC3 负责公差与配合标准制定。在总结德国、法国等国家标准的基础上,1940 年 ISA 颁布了国际公差标准。

1947 年,ISA 更名为国际标准化组织(International Organization for Standardization,简称 ISO)。在 ISA 标准的基础上,ISO 于 1962 年颁布了新的公差与配合标准 ISO/R 286,以后又陆续颁布了 ISO/R 1938《光滑工件的检验》等公差标准,形成了国际公差与配合标准体系。

1959年，我国正式颁布了GB 159～174公差与配合系列国家标准。随后又发布了各种结合件、传动件、表面光洁度及表面形状和位置公差标准。

我国的公差标准也在随着国际标准的变化不断地更新。

1979年，我国将原有的1959年版公差与配合标准修订为GB 1800～1804—1979。

1996年，我国又将该公差与配合标准改名《极限与配合》，并不断修订有关标准。如GB/T 1800.1—1997、GB/T 1800.2—1998、GB/T 1800.3—1998、GB/T 1800.4—1999、GB/T 1801—1999、GB/T 1803—2003、GB/T 1804—2000等。1995年，1983年版表面粗糙度标准修订为GB/T 1031—1995。形状和位置公差标准于1996年进行了修订，颁布了GB/T 1182—1996、GB/T 4249—1996、GB/T 16671—1996。

1996年，ISO/TC 213产品尺寸和几何技术规范及检验（dimensional and geometrical product specifications and verification）标准化技术委员会成立，一套基于计量数学的GPS标准开始陆续制定发布，标志着公差与配合标准进入了一个新的发展时代。

以GPS理论做指导，我国依据GPS标准对公差与配合标准进行了全面修订。2008年，新修订的GB/T 1182发布，其名称由《形状和位置公差 通则、定义、符号和图样表示法》更名为《产品几何技术规范（GPS）几何公差 形状、方向、位置和跳动公差标注》。2009年，GB/T 4249《产品几何技术规范 公差原则》、GB/T 16671《产品几何技术规范 几何公差 最大实体要求、最小实体要求和可逆要求》发布。极限与配合标准GB/T 1800.1、1800.2、1801和表面结构、表面粗糙度标准GB/T 131、GB/T 3505以及GB/T 1031修订后也于2009年发布，其中，GB/T 1800.1—2009取代了GB/T 1800.1—1997、GB/T 1800.2—1998、GB/T 1800.3—1998、GB/T 1800.2—2009取代了GB/T 1800.4—1999。

2010年，ISO发布了第二版的ISO 286-1、ISO 286-2，这使得修改采用ISO 286的这两个部分制定的GB/T 1800.1—2009、GB/T 1800.2—2009将面临新的修订。2010年12月15日，ISO发布了ISO 14405-1《Geometrical Product Specification (GPS) Dimensional Tolerancing Part 1：Linear Sizes》，该标准建立了线性尺寸的缺省的规范操作，对圆柱、两相对平行平面的尺寸要素的尺寸定义了许多特殊的规范操作集。1988年颁布的ISO 286-1将包容准则（envelope criterion，即包容要求）作为尺寸要素的尺寸的缺省的相关准则，而ISO 14405-1将这个缺省准则改为两点尺寸准则。这意味着形状不再由缺省的尺寸规范来控制。在许多情况下，按照新的ISO 286-1：2010，直径公差不足以对配合的预期功能作有效的控制，可能还要求使用包容准则。另外，使用几何形状公差和表面结构要求可以改进对配合的预期功能的控制。

1.2.2 产品几何量技术规范（GPS）标准体系简介

产品几何技术规范（geometrical product specification，GPS）原隶属于国际标准

化组织的三个标准化技术委员会：ISO/TC3 极限与配合技术委员会、ISO/TC57 表面特征及其计量学技术委员会、ISO/TC10/SC5 尺寸和公差的表示法分技术委员会。三个技术委员会分别有各自的标准体系。由于各自工作的独立性，造成各技术委员会之间的工作出现了重复、空缺和不足，同时产生了术语定义的矛盾、基本规定的差别及综合要求的差异，使得产品几何标准之间出现了众多不衔接和矛盾之处。1993年，ISO 成立了联合协调工作组，对三个委员会所属范围的尺寸和几何特征领域的标准化工作进行了协调和调整，提出了 GPS 的概念。1995 年，ISO/TC3 颁布了 ISO/TR14638"GPS 总体规划（masterplan）"，正式提出了 GPS 概念和标准体系的矩阵模型。1996 年，ISO 撤销了上述三个技术委员会，成立了 TC213"产品尺寸和几何技术规范及检验"标准化技术委员会，由其负责建立一个完整的国际标准体系。ISO/TC213 的最初目标是对三个 TC 已有的标准体系进行衔接、补充与修订，按照 ISO/TR14638 的框架，建立一套 GPS 体系，所建立的 GPS 标准体系主要包括 ISO/TC213 成立初期制（修）订的约 60 余项国际标准，如几何产品从毫米到微米级的几何尺寸、公差、表面特征、测量原理、测量设备及仪器标准等。这些 GPS 标准也称为第一代 GPS 语言，即以几何学理论为基础制定的一系列产品几何标准与检测规范。由于其理论基础仍然是几何学，因此它虽然提供了产品设计、制造及检测的技术规范，但没有真正建立起这些技术之间的联系，没有从根本上考虑功能、规范与验证之间的统一，缺乏系统性、集成性和可操作性。

传统的 GPS 标准仅适用于手工设计环境，不适应计算机的表达、处理和数据传输，而随着计算机技术的进步，先进的数字化制造方法和技术、CAD/CAM/CAQ 及先进测量仪器的产生和发展，其在功能、规范与校准方面的不统一带来的矛盾日渐突出，因而 ISO/TC213 的 GPS 标准也随之发生了巨大的变化。它已经由以几何学为基础的第一代 GPS，发展到以数字计量学为基础的新一代 GPS。新一代 GPS 以计量数学为基础，应用物理学中的物象对应原理，利用扩展后的"不确定度"的量化特性和经济杠杆作用，将产品的功能、规范与校准集成为一体，统筹优化过程资源的配置。因此，相对第一代 GPS 而言，新一代 GPS 语言和体系的形成与发展，无疑是对传统公差设计与控制思想的挑战，是标准化、检测和计量领域的一次大变革。ISO/TC213 新一代 GPS 标准体系将着重于提供一个适宜于 CAX 集成环境的、具有更加明晰的几何公差定义的宽范围的计量评定规范体系，以满足几何产品的功能要求（CAX 是计算机辅助设计（computer aided design，CAD）、计算机辅助工程（computer aided engineering，CAE）、计算机辅助制造（computer aided manufacture，CAM）、计算机辅助工艺计划（computer aided process planning，CAPP）、产品数据管理（product data magement，PDM）的统称）。它是针对所有几何产品建立的一个技术标准体系，覆盖了从宏观到微观的产品几何特征，涉及从产品开发、设计、制造、验收、使用及维修到报废等产品寿命周期全过程。ISO/TC213 的 GPS 系列标准是国际标准中影响最广的重要基础标准之一,是所有机电产品的技术标准与计量规范的基础,也是制造业信息化的基础。GPS不仅仅是设计人员、产品开发人员及计量测试人员等为了达到产品的功能要求而进行信息交流的基础,更是几何产品在国际市场的竞争中唯一可靠的交流与评判工具,其应用涉及国民经济的各个部门和所有学科。GPS包含的产品设计、制造与检验的几何规范模型如图1-1所示,它包含以下几个概念。

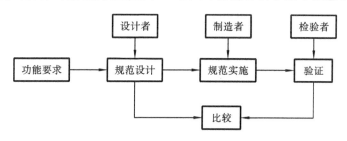

图1-1 设计、制造与检验的几何规范模型

(1) 几何规范 对工件几何特征的可允许误差进行设计,使之满足工件的功能需求,同时也将定义一个与工件生产工艺相一致的质量标准。

(2) 几何规范过程 设计者首先定义一个在形状和尺寸上能够满足产品功能的理想形状的"工件",称为公称几何模型,它是根据公称值建立一个工件的表述。由于生产或测量过程的可变性和不确定性,公称值不可能用来制造或检验,因此需要根据公称几何量,建立模拟实际工件的表面模型,以代替可能被估计到的工件真实表面的变化。该表面模型代表了工件的理想几何量,称为规范表面模型。依据该模型,可以优化工件几何要素的最大允许极限值,定义工件的每一几何特征的公差。

(3) 制造过程 由制造人员负责对GPS规范的解释和实施,完成产品的加工和装配的过程。几何规范中定义的几何公差用于制造过程的控制。

(4) 验证(verification,也有文献译为认证或检验)过程 检验人员确定工件的实际表面与规范需规定的允许误差是否一致。检验人员利用设备测量实际工件表面,然后将测量结果与给定特征进行比较来确定其一致性。

我国等同采用ISO的技术规范ISO/TS 17450-1:2005制定了标准化指导性技术文件GB/Z 24637.1—2009《产品几何量技术规范(GPS) 通用概念 第1部分:几何规范和验证的模型》,该文件提供了几何产品规范和验证的模式,定义了相关的概念,解释了与该模式相关的概念的数学基础。

传统的GPS的标注和新GPS的标注有很大不同。表1-1给出了ISO 14405-1:2010规定的线性尺寸的规范操作符,是图样上可用于不同类型功能的零件直径的标注符号。通常,选用工件直径的算法取决于零件的功能,例如过盈装配、间隙装配、液压动力轴承和滚珠轴承等。在没有标注规范操作符时指两点尺寸。

表 1-1　新、老 GPS 标准的标注比较

几何公差	老的 GPS	新 GPS 规定的线性尺寸的规范操作符	
几何公差	φ30±0.1	φ30±0.1 (LP)	两点直径
		φ30±0.1 (LS)	由一个球定义的局部直径
		φ30±0.1 (GG)	最小二乘直径
		φ30±0.1 (GX)	最大内接圆直径
		φ30±0.1 (GN)	最小外接圆直径
		φ30±0.1 (CC)	圆周直径
		φ30±0.1 (CA)	面积直径
		φ30±0.1 (CV)	体积直径
		φ30±0.1 (SN)	最大直径
		φ30±0.1 (SX)	最小直径
		φ30±0.1 (SA)	平均直径
		φ30±0.1 (SM)	中位直径
		φ30±0.1 (SD)	中点直径
		φ30±0.1 (SR)	尺寸范围

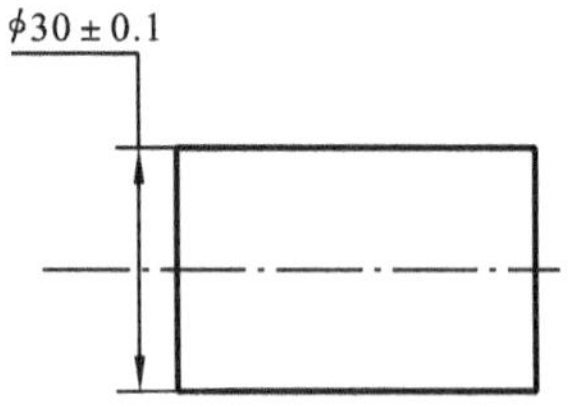

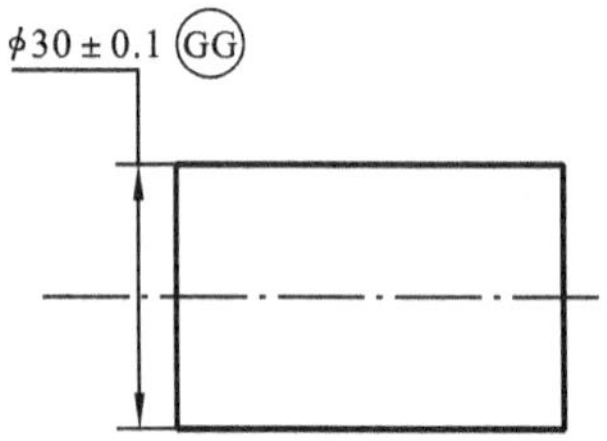

第二代 GPS 语言通过对几何要素的定义，建立了参数化几何模型和表面模型，统一了 GPS 的数学模型和规范数学符号，提出了操作(operation)和操作算子(operators，也称操作集)的概念和数学方法，借助于表面模型(surface model)对几何产品进行操作，获取几何要素及其特征值、公称值及极限值。根据规范操作算子与验证操作算子的对偶性原理，将设计与验证形成一个物象对应系统，并把标准与计量通过不确定度的传递联系起来。

1. 表面模型

表面模型(surface model)是实现 GPS 系统阶段功能的操作基础和系统关联基础。

按阶段分有：公称表面模型、规范表面模型和验证表面模型。

按模型的性质分有:理想表面模型和非理想表面模型。

2. 几何要素和特征

GPS 系统的表面模型需要由相应的要素和特征予以定义和描述;要素的分类和描述由恒定类和恒定度定义;分类的依据是欧氏空间的运动与特征不变的关系。

1) 几何要素

几何要素,即构成工件几何特征的点、线和面,在工件的规范、加工和验证过程中扮演着重要的角色。工件的规范表现为对具体要素的要求,工件的加工表现为具体要素的形成,而工件的验证表现为对具体要素的检验。

第一代 GPS 语言对要素的分类和描述相对简单,但存在很大缺陷,与计算机辅助设计技术和坐标测量技术不相适应,不能满足现代 GPS 标准体系的要求。第二代 GPS 语言以丰富的、基于计量学的数学方法,描述工件的功能需求,将几何要素进行重新分类和定义,丰富并延伸了要素的概念。

2) 几何特征

几何特征是一个或多个要素的单一几何性质,分为本质特征和位置特征。利用本质特征和位置特征统一工件/要素所有几何特征的描述是第二代 GPS 语言的创新。

3) 本质特征和位置特征的恒定度

工件几何形体的类别划分有赖于本质特征和位置特征的恒定度。GPS 将工件的几何形体划分为七个恒定类,所有的理想要素都属于这七种恒定类(见表 1-2)中的一种,建立了参数化几何模型,实现了参数方程描述。每种恒定类都有对应的恒定度,它是具有相同恒定度的理想要素集,为软件设计、数据传递和 CAX 系统的应用提供了数字化的规范表达,充分说明了以计量数学为基础的第二代 GPS 语言是丰富的、精确的、可靠的交流工具。

表 1-2 理想要素的类型——恒定类

复合体	棱柱	回转体	螺旋体	圆柱体	平面	球
无	沿直线的移动	绕直线的旋转	沿直线的平移同时绕直线的旋转	沿直线的平移,绕直线的旋转	绕直线的旋转,与直线垂直的平面内平移	绕一点的旋转

3. 操作和操作算子

1) 操作

新一代 GPS 利用表面模型定义了在工件环境下与理想要素对应的非理想要素。要获取一个几何要素,需要通过对表面模型使用一些专用的数学算法工具,这种数学算法工具在 GPS 语言中称为操作,它是第二代 GPS 语言提出的一个新概念。在 GPS 语言中,操作是获得几何要素或特征值,以及它们的公称值和极限值所必需的特定工具,是对工件进行规范和验证的基础。第二代 GPS 语言提出了针对要素的分离、提取、滤波、拟合、集成和构造六种操作。

(1) 分离(partition)　分离是指从非理想或理想要素中得到边界要素的操作。它可以用于从公称表面模型中获得相应的公称组成要素,从规范表面模型或验证表面模型中获得提取组成要素,从实际表面模型中获得相应的非理想要素,也可用于获取要素的某一部分。

(2) 提取(extraction)　提取是指从一个非理想要素中得到一系列特定点的操作。提取的实质是将非理想的要素离散化,从而可以应用仪器对要素进行检测,可以进行离散数据的计算机处理,用非理想要素上离散点的特征近似地表达该要素的特征。

(3) 滤波(filtration)　滤波是指通过降低非理想要素信息量获取新的非理想要素的操作。非理想要素的信息标准包括粗糙度、波纹度、结构和形状等。进行滤波操作的过程中应采用特定的规则,从非理想要素中获取想要的特征。基于新一代 GPS 体系的表面滤波技术贯穿于一切几何产品的设计、测量、分析与调控中,对于监控与改进加工工艺、识别表面特性与功能的关系,从而提高表面质量、保障产品性能具有重要意义。ISO/TC213 于 2006 年发布的 ISO/TS 16610-1、-20、-22、-29、-40、-41、-49 和2009 年发布的 ISO/TS 16610-29、-30、-32 及正在制定的 ISO/TS16610 其他各部分规范为表面滤波提供了一套完整的运算工具。

(4) 拟合(association)　拟合是指依据特定准则使理想要素逼近非理想要素的操作。拟合可表示为满足一定条件(约束和目标)的要素集,拟合的目的是对非理想要素的特征进行描述和表达,根据特定的准则完成非理想要素到理想要素的转换,但所依据的拟合的规则不同,所对应的理想要素也不相同。对提取表面的拟合,可有不同的拟合目标,如最小二乘拟合、最小区域拟合等。对于不同的拟合目标,有不同的拟合目标函数。

(5) 集成(collection)　集成是指将功能相一致的多个要素结合在一起的操作。集成操作可以用于理想要素,也可以用于非理想要素。如确定圆柱的轴线时,先将圆柱在轴向分成若干截面,确定了每一个截面的圆心后,对各个圆心进行集成操作,即可获得圆柱的轴心线。

(6) 构造(construction)　构造是指通过使用某些限制条件,从理想要素中建立新的理想要素的操作。构造操作只能用于理想要素,构造前和构造后的要素都是理想要素。构造的实质是对被构造要素进行交集操作,如两个平面构造形成一条直线,三个平面构造形成一个点,将一个理想的圆柱沿轴线分成若干截面,就是使用若干平面与圆柱进行构造操作而实现的。

2) 评估

评估(evaluation)是指确定特征或要素的值及其公称值和极限值的一种操作。评估操作总是在要素的规范操作和验证操作之后完成。

3) 操作算子

操作算子是一系列有序的操作集,故国家标准称其为操作集。所有的操作算子是由许多种操作组成的,按照给定的顺序应用。如图 1-2 所示,在新一代 GPS 规范中的操作算子有:功能(操作)算子,实现产品功能要求的规范描述和表达;规范(操作)算子,确定对应功能要求的几何特征规范值;验证(操作)算子,检测并评定实际工件的特征值。如 2003 年发布的 ISO/TS 12180-1、ISO/TS 12180-2、ISO/TS 12181-1、ISO/TS 12181-2、ISO/TS 12780-1、ISO/TS 12780-2、ISO/TS 12781-1、ISO/TS 12780-2 分别对圆柱度、圆度、直线度、平面度评定的术语、参数和规范操作算子(specification operators,规范操作集)进行了规定。

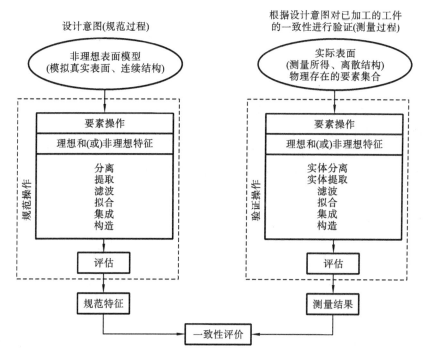

图 1-2 GPS 系统的对偶性原理及操作技术

4) 操作算子的对偶性(共性操作技术)

规范操作算子由一系列对几何要素的规范操作组成,验证操作算子由一系列对几何要素的验证操作组成,两者具有对偶性的关系。操作算子为 GPS 从技术上提供了联系产品设计、制造、验证的量化操作纽带。基于对偶性的共性操作技术有效地解决了产品在功能描述、规范设计、检验评定过程中数学表达统一规范的难题,对于实现并行工程在 GPS 领域中的应用有着重要的意义。

4. 新一代 GPS 中的管理工具——不确定度

新一代 GPS 使用不确定度(uncertainty)作为经济杠杆，以控制不同层次和不同精度功能要求产品的规范，使制造和检验资源得到合理、高效的分配。如图 1-3 所示，在新一代 GPS 标准中，不确定度的概念更具有一般性，它不再仅仅指测量不确定度，而是包括总体(total)不确定度、相关(correlation)不确定度、符合(conformance)不确定度、规范(specification)不确定度、测量(verification/meaurement)不确定度、方法(method)不确定度、执行(implementation)不确定度等多种形式。

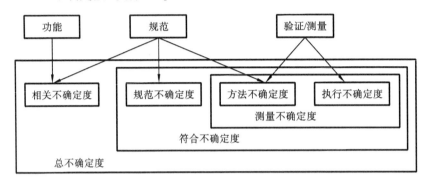

图 1-3 不确定度与新一代 GPS 规范模型的关系

5. GPS 标准的总体规划和矩阵模型

GPS 矩阵模型是四类 GPS 标准的有序排列，如图 1-4 所示，包括 GPS 基础标准、GPS 综合标准、GPS 通用标准、GPS 补充标准。ISO/TR14638 提出了标准链的概念，即影响同一几何特征的一系列标准。标准链按其规范要求分成多个链环，每一个链环至少包括一个标准，它们之间相互关联，并与其他链环形成有机的整体，缺少任一链环的标准都将影响该几何特征功能的实现。如图 1-5 所示，GB/Z 20308—2006 给出的标准链包括 6 个链环：产品文件表示、公差定义及其数值、实际要素的特征或参数定义、工件偏差评定(与公差极限比较)、测量器具、测量器具校准。

(1) GPS 基础标准是确定 GPS 的基本原则和体现体系框架及结构的标准，是协调和规划 GPS 体系中各标准的依据，是其他三类标准的基础。我国的 GPS 基础标准包括 GB/Z 20308—2006《产品几何技术规范(GPS) 总体规划》(修改采用 ISO/TR14638:1995)、GB/T 4249—2009《产品几何技术规范(GPS) 公差原则》(修改采用 ISO8015:1985)、GB/T 16671—2009《产品几何技术规范(GPS) 几何公差 最大实体要求、最小实体要求和可逆要求》(修改采用 ISO2692:2006)。

(2) GPS 综合标准是给出综合概念和规则，涉及或影响所有几何特征标准链的全部链环或部分链环的标准，在 GPS 标准体系中起着统一各 GPS 通用标准链和 GPS 补充标准链技术规范的作用。如：

JJF 1101—2003《环境试验设备温度、湿度校准规范》。

JJF 1059—1999《测量不确定度评定与表示》。

```
┌─────┬──────────────────────────────────────────────────────┐
│     │              GPS综合标准                              │
│     │   影响部分或全部的GPS通用标准链环的GPS标准或相关标准  │
│     └──────────────────────────────────────────────────────┘
│     ┌──────────────────────────────────────────────────────┐
│     │              GPS通用标准矩阵                          │
│     │ GPS通用标准链                                         │
│     │ 1.有关尺寸的标准链                                    │
│     │ 2.有关距离的标准链                                    │
│     │ 3.有关半径的标准链                                    │
│     │ 4.有关角度的标准链                                    │
│     │ 5.有关线的形状的标准链(与基准无关)                    │
│     │ 6.有关线的形状的标准链(与基准相关)                    │
│     │ 7.有关面的形状的标准链(与基准无关)                    │
│     │ 8.有关面的形状的标准链(与基准相关)                    │
│ GPS │ 9.有关方向的标准链                                    │
│ 基础│ 10.有关位置的标准链                                   │
│ 标准│ 11.有关圆跳动的标准链                                 │
│     │ 12.有关全跳动的标准链                                 │
│     │ 13.有关基准的标准链                                   │
│     │ 14.有关轮廓粗糙度的标准链                             │
│     │ 15.有关轮廓波纹度的标准链                             │
│     │ 16.有关原始轮廓的标准链                               │
│     │ 17.有关表面缺陷的标准链                               │
│     │ 18.有关棱边的标准链                                   │
│     └──────────────────────────────────────────────────────┘
│     ┌──────────────────────────────────────────────────────┐
│     │              GPS补充标准矩阵                          │
│     │ GPS补充标准链                                         │
│     │ A  特定工艺公差标准                                   │
│     │ A1 有关机加工公差的标准链                             │
│     │ A2 有关铸造公差的标准链                               │
│     │ A3 有关焊接公差的标准链                               │
│     │ A4 有关热切削公差的标准链                             │
│     │ A5 有关塑料模具公差的标准链                           │
│     │ A6 有关金属有机镀层公差的标准链                       │
│     │ A7 有关涂覆公差的标准链                               │
│     │ B  机械零件几何要素标准                               │
│     │ B1 有关螺纹的标准链                                   │
│     │ B2 有关齿轮的标准链                                   │
│     │ B3 有关花键的标准链                                   │
└─────┴──────────────────────────────────────────────────────┘
```

图 1-4　GPS 总体规划(GPS 矩阵模型)(框架)

GPS综合标准
JJF 1011，JJF 1059，18776，16892，18779.1~18779.2，18780.1~18780.2，19765

	GPS通用标准					
链环	1	2	3	4	5	6
要素的几何特征	产品文件表示（图样标注代号）	公差定义及其数值	实际要素的特征或参数定义	工件偏差评定	测量器具	测量器具校准
1 尺寸	1800.1, 1800.2, 16671, 1804	1800.1, 1800.2, 1801, 1803, 16671, 1804, 5847, 18776, 12471	3177, 1958, 18780.1, 18780.2, 16671, 5371	3177, 1958, 187779.1, 18779.2	3177, 1957, 16857.1, 16857.2, 16857.4~ 16857.6	18779.1, 18779.2
2 距离	—	—	—	18779.1, 18779.2	16857.1, 16857.2, 16857.4~ 16857.6	18779.1, 18779.2
3 半径	—	—	—	18779.1, 18779.2	16857.1, 16857.2, 16857.4~ 16857.6	18779.1, 18779.2
4 角度	157, 4096, 11334, 15754	11334, 1804	12360, 15755	18779.1, 18779.2	16857.1, 16857.2, 16857.4~ 16857.6	18779.1, 18779.2
5 与基准无关的线的形状	1182, 1184, 17852, 16671	1182, 17852, 16671, 1184	16671, 7234	11336, 7235, 1958, 4380, 18779.1, 18779.2	16857.1, 16857.2, 16857.4~ 16857.6	18779.1, 18779.2
6 与基准相关的线的形状	1182, 17852	1182, 17852	18780.1, 18780.2	11336, 1958, 18779.1, 18779.2	16857.1, 16857.2, 16857.4~ 16857.6	18779.1, 18779.2
7 与基准无关的面的形状	1182, 16892, 17852, 15754, 16671, 1184	1182, 17852, 15754, 16671, 1184	18780.1, 18780.2, 16671	11337, 1958, 18779.1, 18779.2	16857.1, 16857.2, 16857.4~ 16857.6	18779.1, 18779.2
8 与基准相关的面的形状	1182, 17852, 15754	1182, 17852, 15754	—	11337, 1958	16857.1, 16857.2, 16857.4~ 16857.6	18779.1, 18779.2

GPS基础标准 GB/Z 20308, 4249, 16671

图 1-5 现行 GPS 国家标准在 GPS 矩阵模型中的位置

	序号	类别						
GPS基础标准 GB/Z 20308, 4249, 16671	9	方向	1182, 16671, 1184, 17773	1182, 1184, 17773, 16671	18780.1, 18780.2, 16671	1958	16857.1, 16857.2, 16857.4~ 16857.6	18779.1, 18779.2
	10	位置	1182, 16671, 13319, 17773	1182, 13319, 17773, 16671	18780.1, 18780.2, 16671	1958	16857.1, 16857.2, 16857.4~ 16857.6	18779.1, 18779.2
	11	圆跳动	1182	1182	—	1958	16857.1, 16857.2, 16857.4~ 16857.6	18779.1, 18779.2
	12	全跳动	1182	1182	—	1958	16857.1, 16857.2, 16857.4~ 16857.6	18779.1, 18779.2
	13	基准	1182, 16671, 17851	17851	17851, 16671	—	16857.1, 16857.2, 16857.4~ 16857.6	18779.1, 18779.2
	14	轮廓粗糙度	131	1031,3505, 12472, 18618, 18778.1, 18778.2, 18777	10610, 18618, 18778.2, 18777	10610, 18618, 18778.1	6062, 18777	18779.1, 18779.2, 6062, 19600, 19067.1, 19067.2
	15	轮廓波纹度	131	18777, 18618, 18778.1, 18778.2	18777, 18618	10610, 18618, 18778.1, 18778.2	6062, 18777	18779.1, 18779.2, 6062, 19600, 19067.1, 19067.2
	16	原始轮廓	131	18777	10610	18778.1, 18778.2	6062, 18777	18779.1, 18779.2, 6062, 19600, 19067.1, 19067.2
	17	表面缺陷	15757	15757	—	18778.1, 18778.2	—	18779.1, 18779.2, 6062
	18	棱边	—	—	—	—	—	18779.1, 18779.2,

续图 1-5

GB/T 18779.1—2002《产品几何量技术规范(GPS)工件与测量设备的测量检验 第 1 部分:按规范检验合格或不合格的判定规则》。

GB/T 18779.2—2004《产品几何量技术规范(GPS)工件与测量设备的测量检验 第 2 部分:测量设备校准和产品检验中 GPS 测量的不确定度评定指南》。

GB/T 18780.1—2002《产品几何量技术规范(GPS)几何要素 第 1 部分:基本术语和定义》。

GB/T 18780.2—2003《产品几何量技术规范(GPS)几何要素 第 2 部分:圆柱面和圆锥面的提取中心线、平行平面的提取中心面、提取要素的局部尺寸》。

(3) GPS 通用标准是 GPS 标准的主体,为各类几何特征建立了从图样标注、公差定义和检验要求到检验设备的计量校准等方面的规范。从图 1-4 可以看出:对应某一几何特征有一条特定的标准链;标准链中的每一个标准,在 GPS 体系中均有其确定的位置和作用。

如图 1-4 所示,GPS 通用标准涵盖了各种几何特征,如尺寸、距离、角度、形状、位置、方向、表面粗糙度等。

(4) GPS 补充标准是基于制造工艺和要素本身的类型,对 GPS 通用标准中各要素在特定范畴的补充规定。建立或给出补充(互补)规则,用以描述对通用的 GPS 标准在要素特定范畴的标注、定义、检验认证原则和方法的补充规定等。这些规则的建立主要取决于工艺过程和零件本身。特定加工方法的公差标准,如机加工、铸、锻、焊、高温加工、塑料模具等;典型零部件的公差标准,如螺纹、齿轮、键等。补充的 GPS 标准大部分由各自的 ISO 技术委员会制定,只有极少部分由 ISO/TC213 负责。

如图 1-4 所示,GPS 补充标准包括工件的机加工、铸造、焊接、热切削、塑料模具、金属有机镀层、涂覆等特定工艺公差标准和典型的机械零件螺纹、齿轮、花键的几何要素标准。

(5) 现行 GPS 国家标准在 GPS 矩阵模型中的位置

图 1-5 显示了现行 GPS 国家标准在 GPS 矩阵模型中的位置(不包括 GPS 补充标准),这些标准用其 GB/T 的发布顺序号表示。因标准化指导性技术文件GB/Z 20308—2006《产品几何规范 总体规划》是修改采用了 ISO/TR 14638:1995,而 ISO 现行的 GPS 标准体系与 ISO/TR 14638:1995 策划的体系相比变化较大,很多标准、规范还在制定过程中,故图 1-5 包括的主要是我国已经发布的 GPS 国家标准,不可能包括将来所有的 GPS 标准。

1.3 长度测量技术发展简介

要进行测量,首先要有计量单位和计量器具。

在古代,最初是以人的手、足等作为长度的单位,如我国古代有"布指知寸"、"布手知尺";亨利一世规定,他的手臂向前平伸,从鼻尖到指尖的距离为"1 码"。1791

年,法国议会批准了达特兰提出的以通过巴黎的地球子午线的 1/4 000 万为 1 m 的定义。历时多年,法国测量了西班牙巴塞罗那到法国敦克尔刻的地球子午线长度,并按测量结果制作了 3.5×20 mm 矩形截面的铂杆,以此杆两端之间的距离为 1 m,此杆保存在巴黎档案局,成为档案米尺(metre archives)。

1872 年,在法国召开的讨论米制的第二次国际会议决定放弃档案米尺,以铂铱合金制造的米原器来代替它。

1875 年 5 月 20 日,17 个国家签署了米制公约签订,决定成立国际计量局(BIPM)。这是计量学走向国际统一的里程碑。这一天称为"国际计量日"。1889 年,第一届国际计量大会(GCGPM)召开,遴选了与保存在巴黎档案局的档案米尺数值最为接近的第六号尺,批准为国际米原器,并宣布:1 米的长度等于米原器两端刻线记号间在冰融点温度时的距离。米原器保存在巴黎国际权度局(现称国际计量局),其精度一般认为是 $0.3\ \mu m$。

1927 年,第七届国际计量大会进一步明确:"长度的单位是米,规定为国际计量局(BIPM)所保存的铂铱尺上所刻的两条中间刻线的轴线在 0 ℃时的距离。"

随着科学技术和生产力的发展,原有的米定义越来越不适应使用的要求。1960 年,第十一届国际计量大会正式批准废除铂铱米原器,并提出将米定义为:米等于 ^{86}Kr 原子的 2P10 和 5d5 能级间的跃迁所对应的辐射在真空中波长的 1 650 763.73 倍的长度。^{86}Kr 谱线宽度为 5×10^{-4} nm,干涉能力约为 750 mm,波长不确定度为 1×10^{-8},它比米原器或镉红线的准确度高约一个数量级。由此实现了米定义由实物基准向自然基准的转变。

1960 年激光诞生,随着激光稳频技术的进展,使激光的复现性和应用性已大大优于 ^{86}Kr 基准,且由激光频率测量及给定的光速值所导出的激光波长的准确度比 ^{86}Kr 基准辐射更好。同时,对于天文和大地测量领域,保持光速值不变具有重要意义,因此,1983 年国际计量大会通过新的米定义:米等于光在真空中 1/299 792 458 秒时间间隔内所经路径的长度。

伴随着长度定义及与定义密切相关的计量基准的发展,计量器具也在不断改进,基于各种新的科学原理和现象的计量器具不断出现。

1926 年,德国 Zeiss 制成了小型工具显微镜,1927 年又生产了万能工具显微镜。此后,光学比较仪、机械式比较仪、激光干涉仪、测长机、圆度仪、三坐标测量机等基于各种不同原理、不同量程、不同精度的长度测量仪器逐步问世。如图 1-6 所示,测量误差从 0.01 mm 提高到 0.001 mm、0.1 μm、0.01 μm,测量范围由几百毫米发展到双频激光测量系统的几十米、激光测距仪的几千米。

自 1929 年 Schmaltz 研制出一台利用光学杠杆原理作放大装置的功能简单的触针式轮廓记录仪以来,人们就一直致力于表面质量检测技术的研究,从此开始了对表面粗糙度的数量化描述。1936 年艾博特(Abbott)制成了第一台车间用测量表面粗糙度的仪器。1981 年,IBM 公司苏黎世实验室发明了扫描隧道显微镜,1986 年 Bin-

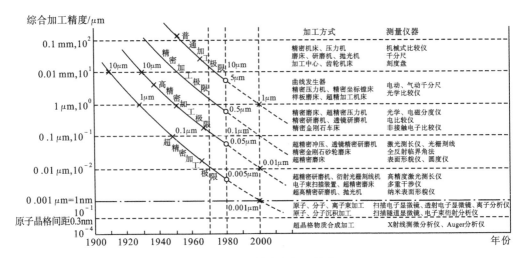

图 1-6 测量精度和加工精度

nig 等人发明了原子力显微镜,使表面测量仪器的分辨率达到了 0.01 nm 级,使测量进入了原子级时代。

随着计算机和信息技术的发展,测量仪器的发展进入了自动化、数字化、智能化时代,基于多种功能和算法的计算机软件,三坐标测量机、圆度仪、万能工具显微镜、齿轮测量中心、二维和三维表面形貌/粗糙度测量系统等测量仪器的功能越来越强大,正在越来越多的企业得到广泛的应用。新一代 GPS 正是围绕着这种新一代数字化测量仪器而制定的标准体系。

1.4 标准化和优先数系

1.4.1 标准和标准化

在机械及仪器制造领域,标准化是实现互换性生产的前提与重要方法,而 GPS 标准都是重要的基础性技术标准。

1. 标准和标准化的概念

标准是"为了在一定范围内获得最佳秩序,经协商一致并由公认机构批准,共同使用和重复使用的一种规范性文件"。它具有以下含义。

1) 标准制定的出发点是获得最佳秩序和促进最佳共同效益

通过制定和实施标准,使标准化对象的有序化程度达到最佳状态,相关方的共同利益能达到最佳。"获得最佳秩序和促进最佳共同效益"集中地概括了标准的作用和制定标准的目的,同时也是衡量标准化活动、评价标准的重要依据。

2) 标准产生的基础是科学和技术的综合成果

科学研究的成就和技术进步的新成果同实践中积累的先进经验相结合,并被纳入标准,奠定了标准科学性的基础。同时,标准的制定也需要有关各方充分地讨论、协商,从共同利益出发作出规定。这样制定的标准才能既体现科学性,又体现民主性和公开性。现代标准化的一个特点就是高新技术领域的标准化越来越得到各国重视,满足标准的要求往往需要使用大量专利,这种标准和专利的结合往往影响着一个产业的发展。

3) 制定标准的对象是重复性事物和对象

事物具有重复出现的特性,标准才能共同使用和重复使用,才有制定标准的必要。机械制造领域的各种对象如齿轮、螺纹都是重复生产的,各种制图符号与表示方法、技术要求都是重复使用的,因而都有制定标准的需要。现代标准的制定对象已经从技术领域延伸到经济、管理等领域。

4) 标准由公认的权威机构批准

国际标准化组织(ISO)、国际电工委员会(IEC)、欧洲标准化委员会(CEN)、欧洲电工标准化委员会(CENELEC)都是权威的标准化组织,它们制定的 ISO 标准、IEC 标准、欧洲标准都是权威的标准。各国的国家标准也需要其所在国的国家标准化机构批准。

5) 标准的属性是规范性文件

WTO 将标准定义为"非强制性的"、"提供规则、指南和特性的文件"。这其中虽有一些小的区别,但本质上标准是为公众提供一种可供共同使用和重复使用的最佳选择,或者为各种活动或其结果提供规则、导则、规定特性的文件。我国的国家标准和行业标准分为强制性标准和推荐性标准。在我国国家标准中强制性标准的比例比较小,但具有技术法规的属性。根据我国《标准化法》的规定,强制性标准一经颁布,必须执行,不允许生产、进口和销售不符合强制性标准的产品。包括 GPS 标准在内的绝大多数国家标准都是推荐性标准。而由企业标准化机构颁布的企业标准在企业内部是强制性的。

标准化是"为了在一定范围内获得最佳秩序,对现实问题和潜在问题制定共同使用和重复使用的条款的活动"。标准化是一个活动过程,其基本任务是制定标准、实施标准进而修订标准、对标准的实施进行监督。标准是标准化活动的产物。标准化的主要作用是为了实现其预期目的改进产品、过程或服务的适用性,防止贸易壁垒,促进技术合作和国际贸易的发展。标准化的目的和作用都是通过制定和实施具体的标准来实现的。

标准化在现代经济建设中发挥着重要的作用,主要表现在以下三个方面。

(1) 标准化是现代化大生产的基础　随着科学技术的发展和生产的国际化,生产的社会化程度越来越高,生产规模越来越大,技术要求越来越复杂,分工越来越细,生产协作越来越广泛,许多工业产品如汽车往往涉及几十甚至成千上万个企业,协作点遍布世界各地,必须要有技术上的高度统一和广泛的协调为前提,标准正是实现这种统一和协调的手段。没有了标准化,机械产品的互换性和现代化的大生产都不可能做到。

（2）标准化是实现科学管理和现代化管理的基础　标准为管理提供目标和依据，产品标准是企业管理目标在质量方面的具体化和定量化，其他各种技术标准和管理标准都是企业进行技术、生产、质量、物资、设备等管理的基本依据。而工作标准可以实现整个工作过程的协调，提高工作效率和工作质量。自1986年以来，国际标准化组织颁布了 ISO 9000、ISO 14000、ISO 22000 等多个管理体系标准，在世界各国得到了广泛的应用。

（3）标准化有利于提高产品质量　按照 ISO 9001 标准的要求，通过建立、实施和保持质量管理体系，系统地实施管理标准和工作标准可以使企业的工作规范化，可以推进企业的质量管理，提高产品质量和过程的有效性和效率，增强顾客满意度。

2. 标准分类

按其使用领域，标准可以分为技术标准、管理标准和工作标准，它们分别是对标准化领域中需要协调统一的技术、管理、工作事项所制定的标准。

按标准化的对象的特征，技术标准可以分为以下四种。

1）基础标准

基础标准是具有广泛的适用范围或包含一个特定领域的通用条款的标准，既可以直接应用，也可作为其他标准的基础，如技术制图、极限与配合、信息技术、计量单位、术语、符号等标准。

2）产品标准

产品标准是规定产品应满足的要求以确保其适用性的标准，其主要作用是规定产品的质量要求，还可以规定产品的分类、形式、尺寸、使用的技术条件、检验方法、包装和运输要求等，甚至可以包括工艺要求。

3）方法标准

方法标准是以生产技术活动中的重要程序、规划、方法为对象的标准，如操作方法、试验方法、抽样方法、分析方法等标准。

4）安全、卫生和环境保护标准

它是为了安全、卫生和环境保护的目的而专门制定的标准。我国《标准化法》规定保障人体健康、人身财产安全的标准是强制性标准。《环境保护法》也确定了环境保护标准的强制性地位。

根据标准的适应领域和有效范围，我国标准分为国家标准、行业标准、地方标准和企业标准。从世界范围看，还有国际标准和区域标准。

国际标准主要是指国际标准化组织、国际电工委员会（International Electrotechnical Commission，IEC）和 ISO 认可的一些国际组织制定的标准。

区域标准是由区域性标准化机构制定的标准。目前，比较有影响的区域标准是欧洲标准化委员会（CEN）、欧洲电工标准化委员会（CENELEC）制定并发布的标准。

我国的强制性国家标准代号为 GB,推荐性国家标准代号为 GB/T,国家标准的编号是采取国家标准代号＋标准发布的顺序号＋发布的年代号构成的。如,第 4 章中介绍的 GB/T 1182—2008《产品几何技术规范(GPS)几何公差 形状、方向、位置和跳动公差标注》是 2008 年发布的推荐性国家标准。

我国还有一种标准化指导性技术文件,是为仍处于技术发展过程中(如变化快的技术领域)的标准化工作提供指南或信息,供科研、设计、生产、使用和管理等有关人员参考使用而制定的标准文件。其代号由大写汉语拼音字母"GB/Z"构成,如 GB/Z 20308—2006《产品几何技术规范 总体规划》。标准化指导性技术文件不宜由标准引用使其具有强制性或行政约束力。

我国行业标准的编号是采取行业标准代号＋标准发布的顺序号＋发布的年代号构成的,我国有 60 多个行业标准化管理机构负责制定和发布行业标准。机械行业的强制性标准代号为 JB,推荐性行业标准代号为 JB/T。如 JB/T 1009—2007《YS 系列三相异步电动机技术条件》是 2007 年发布的推荐性机械行业标准。

1.4.2 优先数和优先数系

制定公差标准及设计零件的结构参数时,都需要通过数值表示。任何产品的参数值不仅与自身的技术特性有关,还直接、间接地影响与其配套系列产品的参数值。如螺母直径数值影响并决定螺栓的直径数值以及丝锥、螺纹塞规、钻头等系列产品的直径数值。由于参数值间的关联产生的扩散称为数值扩散。

为满足不同的需求,产品必然出现不同的规格,形成系列产品。产品数值的杂乱无章会给组织生产、协作配套、使用维修带来困难,故需对数值进行标准化。在标准的制定中经常采用的标准化数值是优先数和优先数系、等差数列、等比数列等。

1. 优先数系和优先数的定义

优先数系是公比为 $\sqrt[5]{10}$、$\sqrt[10]{10}$、$\sqrt[20]{10}$、$\sqrt[40]{10}$ 和 $\sqrt[80]{10}$,且项值中含有 10 的整数幂的几何级数的圆整值。它们分别用 R5、R10、R20、R40、R80 表示,它们的公比分别约为 1.6、1.25、1.12、1.06、1.03。

优先数是符合 R5、R10、R20、R40、R80 系列的圆整值。

根据 GB/T 321—2005《优先数和优先数系》的规定,优先数和优先数系适用于各种量值的分级,特别是在确定产品的参数或参数系列时,按照该标准的规定,最大限度地采用,这就是优先的含义。这些数不是杂乱无章地堆积着的,而是按一定规律有秩序地形成了数值系列,故称为数系。

2. 优先数系的数值

我国标准 GB/T 321—2005 推荐采用 R5、R10、R20、R40,它们称为基本系列,它们的数值如表 1-3 所示。R80 为补充系列,R80 分级很细,仅在基本系列不能满足实际需要时,才考虑采用。

表 1-3 优先数系的基本系列

基本系列（常用值)				基本系列（常用值）			
R5	R10	R20	R40	R5	R10	R20	R40
(1)	(2)	(3)	(4)	(1)	(2)	(3)	(4)
1.00	1.00	1.00	1.00		3.15	3.15	3.15
			1.06				3.35
		1.12	1.12			3.55	3.55
			1.18				3.75
				4.00	4.00	4.00	4.00
	1.25	1.25	1.25				4.25
			1.32			4.50	4.50
		1.40	1.40				4.75
			1.50				
					5.00	5.00	5.00
1.60	1.60	1.60	1.60				5.30
			1.70			5.60	5.60
		1.80	1.80				6.00
			1.90				
				6.30	6.30	6.30	6.30
	2.00	2.00	2.00				6.70
			2.12			7.10	7.10
		2.24	2.24				7.50
			2.36				
					8.00	8.00	8.00
2.50	2.50	2.50	2.50				8.50
			2.65			9.00	9.00
		2.80	2.80				9.50
			3.00	10.00	10.00	10.00	10.00

在实际工作中，有时用到优先数系的一些变形系列。

1) 派生系列

从基本（或补充）系列中每隔 p 项导出的系列。如 R20/3(1.0,…)即是：1.0，1.40，2.0，2.8 等，它是从 R20 系列中每隔 3 项取 1 项形成的系列，其下限为 1.0。

2) 移位系列

它的公比与某一基本系列相同但项值不同。例如：项值从 25.8 开始的 R80/8 系列，是项值从 25.0 开始的 R10 系列的移位系列。

3) 复合系列

它是指几个公比不同的系列组合而成的变形系列。10,16,25,35.5,50,71,100,125,160 就是由 R5、R20/3、R10 三个系列构成的。

3. 优先数和优先数系的应用原则

制定参数分级方案时,系列的选择取决于对制造、使用综合考虑的技术与经济的合理性。

对于参数系列化尚无明确要求的单个参数值,也应采用优先数,随着生产的发展逐步形成有规律的系列。

当基本系列的公比不能满足分级要求时,可选用派生系列。

受到现有配套产品限制的尺寸参数系列,如因涉及很广的协作范围和已有的大量物质基础,不宜轻易改变时,可采用化整值系列,例如,标准直径和标准长度系列。

思考题及习题

1-1 新一代 GPS 标准体系和传统的 GPS 标准体系的主要区别是什么?

1-2 阐述产品几何技术规范和产品互换性之间的关系。

1-3 分析新一代产品几何技术规范的基本概念之间的关系。

第 2 章 孔、轴的极限与配合

2.1 概 述

构成零件的尺寸要素总是具有一定的尺寸偏差,为保证零件的使用功能就必须对尺寸的变动范围加以限制,这样才能保证相互配合的零件能满足功能要求。因此,零件在图样上表达的所有要素都有一定的公差要求。机械零件的制造质量和互换性是由一系列产品几何技术规范来保证的。零件的精度选择,不仅影响到产品的加工成本,同时也影响到产品质量。

涉及机械零件的尺寸精度和互换性要求的国家标准主要如下。

GB/T 1800.1—2009《产品几何技术规范(GPS) 极限与配合 第 1 部分:公差、偏差和配合的基础》。

GB/T 1800.2—2009《产品几何技术规范(GPS) 极限与配合 第 2 部分:标准公差等级和孔、轴极限偏差表》。

GB/T 1801—2009《产品几何技术规范(GPS) 极限与配合 公差带和配合的选择》。

GB/T 1803—2003《极限与配合 尺寸至 18 mm 孔、轴公差带》。

GB/T 1804—2000《一般公差 未注公差的线性和角度尺寸的公差》。

2.2 极限与配合的基本术语与定义

为了更好地应用极限与配合的有关标准,应掌握有关极限与配合的基本术语与定义。

1. 几何要素的术语及定义

构成零件的点、线或面称为几何要素。

几何要素分为组成要素和导出要素。所谓组成要素是指面或面上的线,它是实有定义,可由感官感知。导出要素是由一个或几个组成要素得到的中心点、中心线或中心面。例如,球心是由球面得到的导出要素,该球面为组成要素。圆柱的中心线是由圆柱面得到的导出要素,圆柱面为组成要素。

几何要素还可按设计、制造、检验、评定几个方面进行分类。设计时图样给定的几何要素称为公称要素,包括公称组成要素和公称导出要素。制造时所得到的表面要素是实际要素,也称实际组成要素。检验时测量所得是提取要素,包括提取组成要素和提取导出要素。为了对工件进行评定,应对实际要素进行拟合。拟合要素有拟合组成要素和拟合导出要素。有关几何要素定义之间的相互关系如图 2-1 所示。

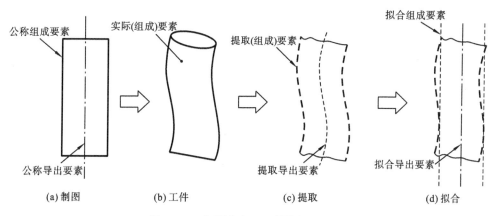

图 2-1 几何要素定义之间的相互关系

1) 尺寸要素

尺寸要素(feature of size)是由一定大小的线性尺寸或角度尺寸确定的几何形状。尺寸要素分为外尺寸要素和内尺寸要素,它可以是圆柱形、球形、两平行对应面、圆锥形或楔形。尺寸要素有三个特征:一是具有可重复导出中点、轴线或中心平面;二是含有相对点(相对点关于中点、轴线或中心平面对称);三是具有极限。

如图 2-2(c)中所示的尺寸 B,由于没有相对点,所以不是尺寸要素的尺寸。

2) 公称组成要素和公称导出要素

公称组成要素(nominal integral feature)是由技术制图或其他方法确定的理论正确组成要素(见图 2-1(a))。产品图样上的零件轮廓的轮廓面、素线均为公称组成要素,它是没有误差的理想要素。

公称导出要素(nominal derived feature)是由一个或几个公称组成要素导出的中心点、轴线或中心平面(见图 2-1(a))。

3) 实际(组成)要素

实际(组成)要素(real(integral)feature)是指由接近实际(组成)要素所限定的工件实际表面的组成要素部分(见图 2-1(b))。应当注意,实际要素没有导出要素。

4) 提取组成要素和提取导出要素

提取组成要素(extracted integral feature)是指按规定的方法,由实际(组成)要素提取有限数目的点所形成的实际(组成)要素的近似替代(见图 2-1(c))。

提取导出要素(extracted derived feature)是指由一个或几个提取组成要素得到的中心点、中心线或中心面(见图 2-1(c))。为方便起见,提取圆柱面的导出中心线称为提取中心线,两相对提取平面的导出中心面称为提取中心面。

5) 拟合组成要素和拟合导出要素

拟合组成要素(associated integral feature)是指按规定方法,由提取组成要素形成的并具有理想形状的组成要素(见图 2-1(d))。

拟合导出要素(associated derived feature)是由一个或几个拟合组成要素导出的中心点、轴线或中心平面(见图 2-1(d))。

2. 有关轴和孔的定义

轴(shaft)通常指工件的圆柱形外尺寸要素,也包括非圆柱形外尺寸要素(由两平行平面或切面形成的被包容面)。

孔(hole)通常指工件的圆柱形内尺寸,也包括非圆柱形的内尺寸要素(由两平行平面或切面形成的包容面)。

孔和轴是尺寸要素。在装配时,孔和轴是包容和被包容的关系。在进行切削加工时,孔的尺寸由小变大,轴的尺寸由大变小。图 2-2 所示为孔和轴的定义示意图。图 2-2(a)中的内圆柱面和键槽的宽度是孔的尺寸;图 2-2(b)中的外圆柱面是轴的尺寸,轴上键槽的宽度是孔的尺寸;图 2-2(c)中 T 形槽底部槽的高度和上面槽的宽度是孔的尺寸,凸肩的厚度是轴的尺寸。图 2-2(c)中的尺寸 B 不属于孔或轴的尺寸,是台阶尺寸的一种。

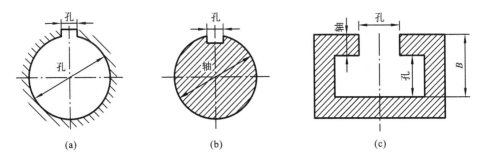

图 2-2 孔和轴的定义示意图

3. 有关尺寸的定义

1) 尺寸

尺寸(size)是指以特定单位表示的线性尺寸值的数值。尺寸也可称为线性尺寸或长度尺寸。

2) 公称尺寸

公称尺寸(nominal size)是由图样规范确定的理想形状要素的尺寸。通过公称尺寸并应用上、下极限偏差可算出极限尺寸。孔、轴的公称尺寸分别用 D、d 表示。公称尺寸可以是一个整数或一个小数值,例如 32,15,8.75,0.5 等。

公称尺寸包括单一要素(尺寸要素)的尺寸及两个和两个以上要素之间的尺寸。GB/T 1800—2009 只涉及尺寸要素的线性尺寸,不涉及角度尺寸。

3) 极限尺寸、上极限尺寸、下极限尺寸

极限尺寸(limits of size)是尺寸要素允许的尺寸的两个极端。极限尺寸分为上极限尺寸(upper limit of size)和下极限尺寸(lower limit of size)(注:在以前的标准中,它们分别被称为最大极限尺寸和最小极限尺寸)。上极限尺寸是指尺寸要素允许的最大尺寸,下极限尺寸是指尺寸要素允许的最小尺寸。提取组成要素的局部尺寸应位于上极限尺寸和下极限尺寸之中,也可达到极限尺寸。

孔和轴的上极限尺寸分别表示为 D_{up} 和 d_{up},孔和轴的下极限尺寸分别表示为 D_{low} 和 d_{low}。

4) 提取组成要素的局部尺寸

在 ISO 14405-1-2010《几何产品规范(GPS) 尺寸公差 第一部分:线性尺寸》中规定的局部尺寸有两点尺寸(two-point size)、截面尺寸(section size)、部分尺寸(portion size)和球尺寸(spherical size)。在缺省时(即在图纸上没有标注表 1-1 所示的规范修饰符时)指两点尺寸。从圆柱面得到的两点尺寸称为两点直径,在 GB/T 18780.2—2003 中,被定义为提取圆柱面的局部直径。从两相对的平面得到的两点尺寸称为两点距离,在 GB/T 18780.2—2003 中,被定义为两平行提取平面的局部尺寸。对一给定要素,局部尺寸有无数个。

提取组成要素是指通过规定的测量方法得到的面或面上的线。在线性尺寸的规范操作符缺省时,提取组成要素的局部尺寸(local size of an extracted integral feature)是一切提取要素上两对应点之间距离的统称。为方便起见,可将提取组成要素的局部尺寸简称为提取要素的局部尺寸,用 D_a 和 d_a 分别表示孔、轴的提取要素的局部尺寸。(注:提取要素的局部尺寸在旧标准中称为实际尺寸)。常见的提取要素的局部尺寸有提取圆柱面的局部尺寸(局部直径)和两平行提取表面的局部尺寸。

(1) 提取圆柱面的局部尺寸(局部直径) 提取圆柱面的局部尺寸(local size of an extracted cylinder)是圆柱表面要素上两对应点之间的距离。其中两对应点之间的连线通过拟合圆圆心;横截面垂直于提取表面得到的拟合圆柱面(按规定的方法由提取组成要素形成的并具有理想形状的组成要素)的轴线。如果没有特殊规定,提取圆柱面的局部尺寸(局部直径)的示意图如图 2-3 所示。

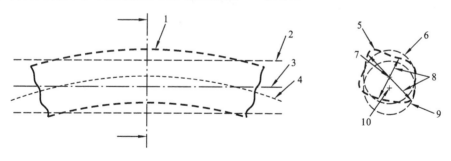

图 2-3 提取圆柱面的局部直径

1—提取表面;2—拟合圆柱面;3—拟合圆柱面轴线;4—提取中心线;5—提取线;
6—拟合圆;7—拟合圆圆心;8—提取要素的局部直径;9—拟合圆柱面;10—拟合圆柱面轴线

(2) 两平行提取表面的局部尺寸 两平行提取表面的局部尺寸(local size of

two paralled extracted surfaces)是指两平行对应提取表面上两对应点之间的距离。其中所有对应点的连线均垂直于拟合中心平面,拟合中心平面是由两平行提取表面得到的两拟合平行平面的中心平面(两拟合平行平面之间的距离可能与公称距离不同)。图 2-4 所示为一般情况下两平行提取表面的局部尺寸的解释。

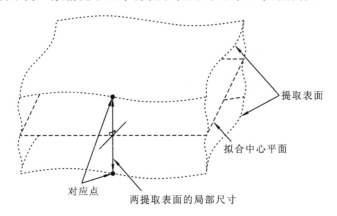

图 2-4　两平行提取表面的局部尺寸的解释

4. 有关偏差的定义

1) 偏差

偏差(deviation)是指某一尺寸(提取要素的局部尺寸、极限尺寸等)减其公称尺寸所得的代数差。

2) 极限偏差

极限偏差(limit deviations)是指上极限偏差(upper limit deviation)和下极限偏差(lower limit deviation)(注:在以前的版本中,它们分别被称为上偏差、下偏差)。上极限偏差是上极限尺寸减其公称尺寸所得的代数差,下极限偏差是下极限尺寸减其公称尺寸所得的代数差。轴的上、下极限偏差代号分别用小写字母 es、ei 表示。孔的上、下极限偏差代号分别用大写字母 ES、EI 表示。上、下极限偏差与极限尺寸及公称尺寸的关系可表示为

$$\text{ES} = D_{up} - D; \quad \text{es} = d_{up} - d \tag{2-1}$$

$$\text{EI} = D_{low} - D; \quad \text{ei} = d_{low} - d \tag{2-2}$$

例如,孔的公称尺寸为 $\phi 50$ mm,ES=+0.025,EI=0,则在零件图样上表示成 $\phi 50^{+0.025}_{0}$。

3) 基本偏差

在极限与配合制标准中,确定公差带相对零线位置的那个极限偏差,称为基本偏差(fundamental deviation),如图 2-5 所示。基本偏差可以是上极限偏差或下极限偏差,一般为靠近零线的那个偏差。图 2-5 中的基本偏差是下极限偏差。

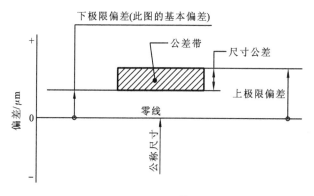

图 2-5　公差带图

5. 有关公差和公差带的术语及定义

1) 尺寸公差(简称公差)

尺寸公差(size tolerance)是上极限尺寸与下极限尺寸之差,或上极限偏差与下极限偏差之差。它是允许尺寸的变动量。尺寸公差是一个没有符号的绝对值。尺寸公差用 T 表示,T_h、T_s 分别表示孔和轴的尺寸公差,故有

$$T_h = D_{up} - D_{low} = ES - EI \qquad (2\text{-}3)$$

$$T_s = d_{up} - d_{low} = es - ei \qquad (2\text{-}4)$$

2) 标准公差(IT)

标准公差(standard tolerance)是极限与配合制标准中所规定的任一公差。字母 IT 是"国际公差"的英文缩写。

3) 标准公差等级

在极限与配合制标准中,同一标准公差等级(standard tolerance grades)(例如 IT7),虽然公称尺寸不同时,其 IT7 的标准公差值不同,但认为这一组公差是具有同等精确程度。标准公差等级共有 20 级。

4) 公差带、公差带图

为了清楚表示零件的尺寸相对其公称尺寸所允许的变动范围,公称尺寸与上、下极限偏差的关系,引入了公差带图,如图 2-5 所示。

公差带图是由零线、公称尺寸、上极限偏差和下极限偏差组成的示意图。用零线表示零件的公称尺寸,以零线为基准确定偏差和公差。通常,零线沿水平方向绘制,正偏差位于其上,负偏差位于其下。

公差带(tolerance zone)是由代表上极限偏差和下极限偏差或上极限尺寸和下极限尺寸的两条直线所限定的一个区域。公差带由公差大小和其相对零线的位置(如基本偏差)来确定,用基本偏差的字母和公差等级数字表示。例如,基本偏差为 H、标准公差等级为 7 级的孔的公差带表示为 H7。轴公差带 h7,表示轴的基本偏差为 h、标准公差等级为 7 级。

相互结合的孔和轴的公称尺寸、极限尺寸、极限偏差及尺寸公差等术语的图解如图 2-6 所示。它们之间的相互关系也可用公差带示意图表示(见图 2-7),图中工件的轴线始终位于图的下方,在图中未示出。

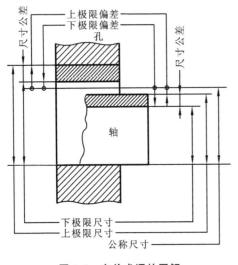

图 2-6　有关术语的图解　　　　图 2-7　公差带示意图

公差、偏差的区别在于偏差有基准(在公差带图中以零线为基准),公差无基准;偏差值有正、有负,是代数差,公差是绝对值;偏差影响配合松紧,公差影响配合精度。实际偏差是对单个零件的判断。

6. 有关配合的术语及定义

孔和轴相互结合形成配合关系。配合是指公称尺寸相同的相互结合的孔和轴公差带之间的关系。相互结合的孔、轴的公差带位置不同,形成了不同的配合关系。

1) 配合的分类

配合有间隙配合、过渡配合和过盈配合三种。属于哪一类配合取决于孔和轴的公差带的相互位置关系。

(1) 间隙配合　间隙配合(clearance fit)是指孔、轴结合时,具有间隙(包括最小间隙等于零)的配合。在间隙配合中,孔公差带在轴公差带之上。此时,孔的尺寸减去相配合的轴的尺寸之差为正值,图 2-8 所示为间隙配合的示意图。从图中可以看出,最大间隙(X_{max})等于孔的上极限尺寸与轴的下极限尺寸之差或等于孔的上极限偏差减去轴的下极限偏差;最小间隙(X_{min})等于孔的下极限尺寸与轴的上极限尺寸之差或等于孔的下极限偏差减去轴的上极限偏差。间隙配合的平均松紧程度称为平均间隙 X_{av}。用公式可表示为

$$X_{max} = D_{up} - d_{low} = ES - ei \tag{2-5}$$

$$X_{min} = D_{low} - d_{up} = EI - es \tag{2-6}$$

$$X_{av} = \frac{1}{2}(X_{max} + X_{min}) \tag{2-7}$$

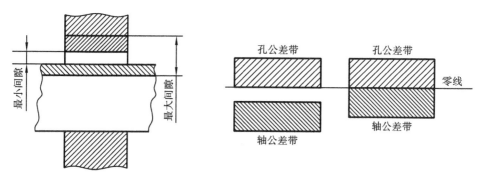

图 2-8 间隙配合示意图

（2）过盈配合　过盈配合（interference fit）是指孔和轴配合时，具有过盈（包括最小过盈等于零）的配合。此时孔的公差带在轴的公差带之下（见图 2-9）。过盈配合时，孔的尺寸减去相配合的轴的尺寸之差为负值。从图 2-9 可以看出，最小过盈（Y_{min}）等于孔的上极限尺寸与轴的下极限尺寸之差或等于孔的上极限偏差减去轴的下极限偏差，最大过盈（Y_{max}）等于孔的下极限尺寸与轴的上极限尺寸之差或等于孔的下极限偏差减去轴的上极限偏差。平均过盈 Y_{av} 为最大过盈与最小过盈的平均值。用公式可表示为

$$Y_{max} = D_{low} - d_{up} = EI - es \tag{2-8}$$
$$Y_{min} = D_{up} - d_{low} = ES - ei \tag{2-9}$$
$$Y_{av} = \frac{1}{2}(Y_{max} + Y_{min}) \tag{2-10}$$

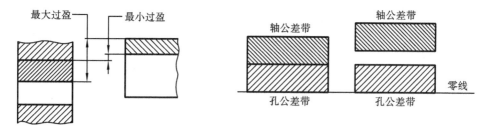

图 2-9 过盈配合示意图

（3）过渡配合　过渡配合（transition fit）是指孔和轴配合时，可能具有间隙或过盈的配合。此时孔的公差带与轴的公差带相互交叠（见图 2-10）。它是介于间隙配合与过盈配合之间的一种配合，但间隙和过盈量都不大。表示过渡配合的配合状态用最大间隙和最大过盈两个评价指标。最大间隙等于孔的上极限尺寸与轴的下极限尺寸之差或等于孔的上极限偏差减去轴的下极限偏差，最大过盈等于孔的下极限尺寸与轴的上极限尺寸之差或等于孔的下极限偏差减去轴的上极限偏差。用公式可表

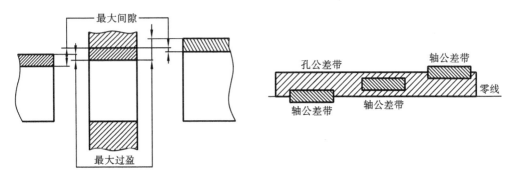

图 2-10 过渡配合示意图

示为

$$X_{\max} = D_{\text{up}} - d_{\text{low}} = \text{ES} - \text{ei} \tag{2-11}$$

$$Y_{\max} = D_{\text{low}} - d_{\text{up}} = \text{EI} - \text{es} \tag{2-12}$$

在过渡配合中,平均间隙 X_{av} 或平均过盈 Y_{av} 为最大间隙与最大过盈的平均值。所得值为正,则为平均间隙;所得值为负,则为平均过盈。

$$X_{\text{av}}(Y_{\text{av}}) = \frac{1}{2}(X_{\max} + Y_{\max}) \tag{2-13}$$

2) 配合公差

组成配合的孔与轴公差之和称为配合公差(variation of fit)。它是允许间隙或过盈的变动量,表明配合松紧程度的变化范围。用 T_f 表示配合公差,则配合公差可表示为

$$T_f = T_h + T_s \tag{2-14}$$

配合公差是一个没有符号的绝对值。在式(2-14)中,将孔、轴公差分别用孔、轴的极限尺寸或极限偏差代入,可得用极限间隙或过盈表示的配合公差。

间隙配合时 $\quad T_f = X_{\max} - X_{\min} \tag{2-15}$

过盈配合时 $\quad T_f = Y_{\min} - Y_{\max} \tag{2-16}$

过渡配合时 $\quad T_f = X_{\max} - Y_{\max} \tag{2-17}$

例 2-1 已知公称尺寸为 $\phi 45$ mm 的孔、轴配合,孔的上极限尺寸 $D_{\text{up}} = 45.025$ mm,下极限尺寸 $D_{\text{low}} = 45$ mm;轴的上极限尺寸 $d_{\text{up}} = 44.950$ mm,下极限尺寸 $d_{\text{low}} = 44.934$ mm。求孔、轴的极限偏差及公差。

解 根据式(2-1)、式(2-2)可得

孔的极限偏差:

$$\text{ES} = D_{\text{up}} - D = (45.025 - 45) \text{ mm} = +0.025 \text{ mm}$$

$$\text{EI} = D_{\text{low}} - D = (45 - 45) \text{ mm} = 0$$

轴的极限偏差:

$$\text{es} = d_{\text{up}} - d = (44.950 - 45) \text{ mm} = -0.050 \text{ mm}$$

$$\text{ei} = d_{\min} - d = (44.934 - 45) \text{ mm} = -0.066 \text{ mm}$$

按式(2-3)、式(2-4)可得孔、轴公差。

孔的公差　　　$T_h = D_{up} - D_{low} = (45.025 - 45)$ mm $= 0.025$ mm
轴的公差　　　$T_s = d_{up} - d_{low} = (44.950 - 44.934)$ mm $= 0.016$ mm

例 2-2　已知孔、轴相配合。孔 $\phi 45^{+0.039}_{\ 0}$ mm，轴 $\phi 45^{-0.025}_{-0.050}$ mm，求 X_{max}、X_{min} 及 T_f，并画出公差带图。

解　根据式(2-5)、式(2-6)及式(2-15)，可得

$$X_{max} = D_{up} - d_{low} = (45.039 - 44.950) \text{ mm} = +0.089 \text{ mm}$$
$$(\text{或 } X_{max} = ES - ei = [0.039 - (-0.050)] \text{ mm} = +0.089 \text{ mm})$$
$$X_{min} = D_{low} - d_{up} = (45 - 44.975) \text{ mm} = +0.025 \text{ mm}$$
$$(\text{或 } X_{min} = EI - es = [0 - (-0.025)] \text{ mm} = +0.025 \text{ mm})$$
$$T_f = X_{max} - X_{min} = (0.089 - 0.025) \text{ mm} = 0.064 \text{ mm}$$

公差带图如图 2-11 所示。

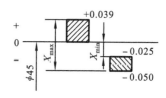

图 2-11　例 2-2 的公差带图解

3) 配合制

配合制(fit system)是指同一极限制的孔和轴组成配合的一种制度。极限与配合标准中规定了两种配合制度，即基孔制配合和基轴制配合。

(1) 基孔制配合　基孔制配合(hole-basis system of fits)是指基本偏差为一定的孔的公差带与不同基本偏差的轴的公差带形成各种配合的一种制度。基孔制中，孔的下极限尺寸与公称尺寸相等，即孔的下极限偏差为零。基孔制配合示意图如图 2-12 所示。

(2) 基轴制配合　基轴制配合(shaft-basis system of fits)是指基本偏差为一定的轴的公差带与不同基本偏差的孔的公差带形成各种配合的一种制度。基轴制中，轴的上极限尺寸与公称尺寸相等。因而，轴的上极限偏差为零，下极限偏差为负值。图 2-13 所示为基轴制配合的示意图。

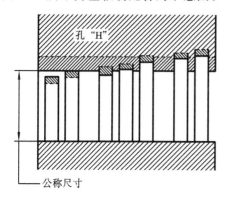

图 2-12　基孔制配合
注：水平实线代表孔或轴的基本偏差。虚线代表另一个极限偏差，表示孔与轴之间可能的不同组合与它们的公差等级有关。

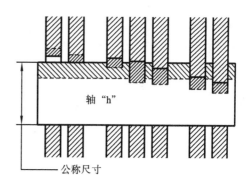

图 2-13　基轴制配合
注：水平实线代表孔或轴的基本偏差。虚线代表另一个极限偏差，表示孔与轴之间可能的不同组合与它们的公差等级有关。

（3）基准轴和基准孔　基准孔(basic hole)是指在基孔制配合中选作基准的孔，在极限与配合制中即下极限偏差为零的孔。基准轴(basic shaft)是指在基轴制配合中选作基准的轴，在极限与配合制中即上极限偏差为零的轴。

2.3　极限与配合的国家标准

标准公差和基本偏差这两个参数是极限与配合中最基本的参数，它们分别确定公差带的大小和公差带距离零线的位置，两者共同决定某尺寸公差带的唯一性。所以在 GB/T 1800.1—2009 极限与配合国家标准中，对公差、偏差和配合进行标准化处理，规定了公称尺寸至 3 150 mm 的标准公差系列和基本偏差系列。

2.3.1　孔、轴的标准公差系列

公差值（公差带大小）的标准化形成了标准公差系列。标准公差是极限与配合制标准中所规定的任一公差。

1. 标准公差等级

标准公差共分 20 等级，以满足零件对尺寸精度等级的要求。标准公差等级代号用符号 IT 和数字组成，各级标准公差的代号为 IT01、IT0、IT1～IT18。当标准公差等级与代表基本偏差的字母一起组成公差带时，省略字母 IT，如 h7、G8、p6 等。

在同一尺寸段内，IT01 精度最高，标准公差值最小，加工难度最大；IT18 精度最低，标准公差值最大，加工难度最低。从 IT01 至 IT18，公差等级依次降低，标准公差值依次增大。

2. 标准公差系列的特点

公差值的作用是限定加工误差的范围，在实际生产中需要各种各样的公差值来满足使用上的要求。为了使公差值既能限制生产实践中的加工误差，符合加工误差的统计规律，又能使公差值适应标准化的要求，极限与配合国家标准对公差值进行了标准化处理。标准公差系列呈现以下特点。

1）标准公差值的大小与公差等级及公称尺寸有关

标准公差数值与公差等级有关。例如，在公称尺寸为 50 mm 时，IT7＝0.025 mm，IT8＝0.039 mm。对于同一公称尺寸，从 IT6 开始，每增加 5 级公差等级，标准公差值增大 10 倍。例如，已知公称尺寸为 50 mm 时，IT6＝0.016 mm，则 IT11＝0.160 mm。

标准公差数值不仅与公差等级有关，还与公称尺寸有关。公差等级相同时，公称尺寸越大，其标准公差值也越大。例如，对于公差等级 IT8，在公称尺寸为 50 mm 时，IT8＝0.039 mm；在公称尺寸为 80 mm 时，IT8＝0.046 mm。

2) 对公称尺寸进行分段,使标准公差数值表得以简化

如果对每一公称尺寸都规定相对应的公差值,将使标准公差数值表极为庞大,不符合标准化要求。所以,在极限与配合标准中,公称尺寸至 500 mm 的尺寸分成 13 个尺寸段,500～3 150 mm 有 8 个尺寸段。在每一尺寸段中,标准公差数值相同,这样,就将标准公差值的数量降至可接受的程度,极大地方便了使用。

3. 标准公差数值表

按照一定的标准公差计算公式,计算各个尺寸段的 IT1～IT18 的标准公差数值,并对计算值按规定的数值修约规则进行修约,将其编制成标准公差数值表。表 2-1 所示为公称尺寸至 3 150 mm 的公差等级 IT1～IT18 的标准公差数值。标准公差等级 IT01 和 IT0 在工业中一般很少用到,且只有公称尺寸至 500 mm 的公差值。其标准公差数值如表 2-2 所示。

表 2-1 公称尺寸至 3 150 mm 的标准公差数值(摘自 GB/T 1800.1—2009)

公称尺寸/mm		标准公差等级																
		IT1	IT2	IT3	IT4	IT5	IT6	IT7	IT8	IT9	IT10	IT11	IT12	IT13	IT14	IT15	IT16	IT17	IT18
大于	至	μm											mm						
—	3	0.8	1.2	2	3	4	6	10	14	25	40	60	0.1	0.14	0.25	0.4	0.6	1	1.4
3	6	1	1.5	2.5	4	5	8	12	18	30	48	75	0.12	0.18	0.3	0.48	0.75	1.2	1.8
6	10	1	1.5	2.5	4	6	9	15	22	36	58	90	0.15	0.22	0.36	0.58	0.9	1.5	2.2
10	18	1.2	2	3	5	8	11	18	27	43	70	110	0.18	0.27	0.43	0.7	1.1	1.8	2.7
18	30	1.5	2.5	4	6	9	13	21	33	52	84	130	0.21	0.33	0.52	0.84	1.3	2.1	3.3
30	50	1.5	2.5	4	7	11	16	25	39	62	100	160	0.25	0.39	0.62	1	1.6	2.5	3.9
50	80	2	3	5	8	13	19	30	46	74	120	190	0.3	0.46	0.74	1.2	1.9	3	4.6
80	120	2.5	4	6	10	15	22	35	54	87	140	220	0.35	0.54	0.87	1.4	2.2	3.5	5.4
120	180	3.5	5	8	12	18	25	40	63	100	160	250	0.4	0.63	1	1.6	2.5	4	6.3
180	250	4.5	7	10	14	20	29	46	72	115	185	290	0.46	0.72	1.15	1.85	2.9	4.6	7.2
250	315	6	8	12	16	23	32	52	81	130	210	320	0.52	0.81	1.3	2.1	3.2	5.2	8.1
315	400	7	9	13	18	25	36	57	89	140	230	360	0.57	0.89	1.4	2.3	3.6	5.7	8.9
400	500	8	10	15	20	27	40	63	97	155	250	400	0.63	0.97	1.55	2.5	4	6.3	9.7
500	630	9	11	16	22	32	44	70	110	175	280	440	0.7	1.1	1.75	2.8	4.4	7	11
630	800	10	13	18	25	36	50	80	125	200	320	500	0.8	1.25	2	3.2	5	8	12.5
800	1 000	11	15	21	28	40	56	90	140	230	360	560	0.9	1.4	2.3	3.6	5.6	9	14
1 000	1 250	13	18	24	33	47	66	105	165	260	420	660	1.05	1.65	2.6	4.2	6.6	10.5	16.5

续表

公称尺寸 /mm		标准公差等级																
		IT1	IT2	IT3	IT4	IT5	IT6	IT7	IT8	IT9	IT10	IT11	IT12	IT13	IT14	IT15	IT16	IT17	IT18
大于	至	μm											mm					
1 250	1 600	15	21	29	39	55	78	125	195	310	500	780	1.25	1.95	3.1	5	7.8	12.5	19.5
1 600	2 000	18	25	35	46	65	92	150	230	370	600	920	1.5	2.3	3.7	6	9.2	15	23
2 000	2 500	22	30	41	55	78	110	175	280	440	700	1100	1.75	2.8	4.4	7	11	17.5	28
2 500	3 150	26	36	50	68	96	135	210	330	540	860	1350	2.1	3.3	5.4	8.6	13.5	21	33

注:①公称尺寸大于 500 mm 的 IT1~IT5 的标准公差数值为试行的;
②公称尺寸小于 1 mm 时,无 IT14~IT18。

表 2-2　IT01 和 IT0 的标准公差数值(摘自 GB/T 1800.1—2009)

公称尺寸/mm		标准公差等级	
		IT01	IT0
大于	至	公差/μm	
—	3	0.3	0.5
3	6	0.4	0.6
6	10	0.4	0.6
10	18	0.5	0.8
18	30	0.6	1
30	50	0.6	1
50	80	0.8	1.2
80	120	1	1.5
120	180	1.2	2
180	250	2	3
250	315	2.5	4
315	400	3	5
400	500	4	6

查取标准公差系列值时,不仅要注意公差等级和尺寸分段,还要注意尺寸分段是半开区间。

例 2-3　确定公称尺寸为 40 mm、80 mm 的 IT6 标准公差数值。

解　查表 2-1,公称尺寸 40 mm 属于 30~50 mm 尺寸段,所以,IT6 标准公差数值为 IT6=0.016 mm。

公称尺寸 80 mm 属于 50~80 mm 尺寸段,而不属于 80~120 mm 尺寸段(半开区间)。所以,IT6 标准公差数值为 IT6=0.019 mm。

2.3.2 孔、轴的基本偏差系列

孔、轴的基本偏差系列是对公差带位置的标准化。

1. 孔、轴的基本偏差代号和孔、轴的基本偏差系列

孔、轴的基本偏差代号用英文字母表示。在 26 个英文字母中不用字母 I(i)、L(l)、O(o)、Q(q)、W(w) 等 5 个字母以避免混淆，另加上 7 个双写字母 CD(cd)、EF(ef)、FG(fg)、JS(js)、ZA(za)、ZB(zb)、ZC(zc) 等共 28 种来代表孔、轴的基本偏差。孔的基本偏差代号用大写字母 A,B,…,ZC 表示，轴的基本偏差代号用小写字母 a,b,…,zc 表示。

图 2-14 所示为孔、轴基本偏差系列示意图。图中，基本偏差系列各公差带只画出一端，未画出的另一端取决于标准公差值的大小。

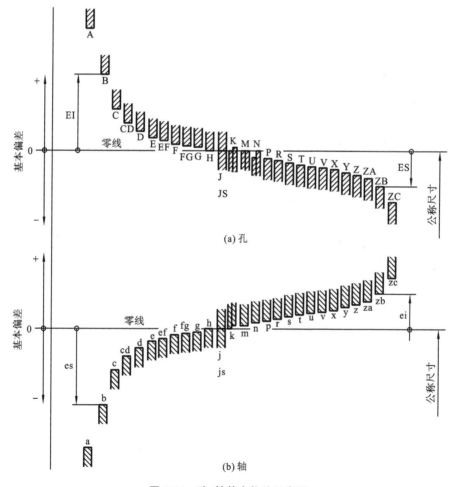

图 2-14 孔、轴基本偏差示意图

从图 2-14 中可以看出,偏差 A~H 是孔的下极限偏差(EI)靠近零线,是基本偏差;偏差 K~ZC 是孔的上极限偏差(ES)靠近零线,是基本偏差。同理,偏差 a~h 是轴的上极限偏差(es)靠近零线,所以 a~h 的上极限偏差(es)是基本偏差;偏差 k~zc 是轴的下极限偏差(ei)为基本偏差。

2. 轴的基本偏差数值

轴与基准孔(下极限偏差 EI=0)配合形成间隙配合时,轴的基本偏差(上极限偏差 es)的数值即为最小间隙量;形成过盈配合时,轴的基本偏差(下极限偏差 ei)与孔的上极限偏差形成最小过盈;形成过渡配合时,轴的基本偏差(下极限偏差 ei)与孔的上极限偏差形成最大间隙。所以,以基孔制配合为基础,根据间隙、过渡和过盈的各种配合需要,同时根据生产实践经验和统计分析结果确定出轴的基本偏差。

根据轴的基本偏差计算公式计算出轴的各种基本偏差数值,并将计算结果按一定的修约规则进行尾数圆整,得到轴的基本偏差数值表,如表 2-3 所示。(注:轴、孔的基本偏差计算公式见 GB/T1 800.1—2009 表 A.6)

3. 孔的基本偏差数值

同轴的基本偏差一样,孔的基本偏差也是根据生产实践经验和统计分析结果确定的。按照国家标准中给定的公式计算孔的基本偏差,并将计算值按规定的修约原则进行尾数圆整,得到孔的基本偏差数值表,如表 2-4 所示。

孔的基本偏差数值表有以下几个特征。

1) 孔 A~H 的基本偏差值

A~H 孔的基本偏差值与同名的轴的基本偏差(例如,孔的基本偏差 G 与轴的基本偏差 g)相对于零线是完全对称的。因而孔和轴同名的基本偏差的绝对值相等,而符号相反,即 EI=-es。

2) 孔 JS 和 J 的基本偏差值

JS 的基本偏差等于标准公差值的一半,既可以是上极限偏差,也可以是下极限偏差(两者与零线的距离相等)。

基本偏差 J 只存在于 IT6~IT8 三个公差等级中,在同一尺寸段,各级标准公差所对应的基本偏差 J 不同。

3) 孔 K、M、N 及 P~ZC 的基本偏差值

基本偏差 K、M、N 及 P~ZC 的基本偏差值均与公差等级有关。

对于公称尺寸至 500 mm、标准公差等级小于或等于 IT8 的孔的基本偏差 K、M、N,其基本偏差值为在查表所得的数值上再加上一个 Δ 值($\Delta = IT_n - IT_{n-1}$)。此时,孔的基本偏差的表达式为

$$ES = ES(计算值) + \Delta \quad [注:ES(计算值)是指表 2-4 所列数值] \quad (2-18)$$

标准公差等级大于 IT8(≥IT9),孔的基本偏差 K=0,M、N 的基本偏差就是表中的数值,不需再加 Δ 值。

对于公称尺寸至 500 mm、标准公差等级小于或等于 IT7 的孔的基本偏差 P~

表 2-3 轴的基本偏差数值（摘自 GB/T 1800.1—2009） 单位：μm

公称尺寸/mm		基本偏差数值（上极限偏差 es）										
		所有标准公差等级										
大于	至	a	b	c	cd	d	e	ef	f	fg	g	h	js
—	3	−270	−140	−60	−34	−20	−14	−10	−6	−4	−2	0	偏差=±$\frac{IT_n}{2}$，式中，IT_n 是 IT 值数
3	6	−270	−140	−70	−46	−30	−20	−14	−10	−6	−4	0	
6	10	−280	−150	−80	−56	−40	−25	−18	−13	−8	−5	0	
10	14	−290	−150	−95	—	−50	−32	—	−16	—	−6	0	
14	18	−290	−150	−95	—	−50	−32	—	−16	—	−6	0	
18	24	−300	−160	−110	—	−65	−40	—	−20	—	−7	0	
24	30	−300	−160	−110	—	−65	−40	—	−20	—	−7	0	
30	40	−310	−170	−120	—	−80	−50	—	−25	—	−9	0	
40	50	−320	−180	−130	—	−80	−50	—	−25	—	−9	0	
50	65	−340	−190	−140	—	−100	−60	—	−30	—	−10	0	
65	80	−360	−200	−150	—	−100	−60	—	−30	—	−10	0	
80	100	−380	−220	−170	—	−120	−72	—	−36	—	−12	0	
100	120	−410	−240	−180	—	−120	−72	—	−36	—	−12	0	
120	140	−460	−260	−200	—	−145	−85	—	−43	—	−14	0	
140	160	−520	−280	−210	—	−145	−85	—	−43	—	−14	0	
160	180	−580	−310	−230	—	−145	−85	—	−43	—	−14	0	
180	200	−660	−340	−240	—	−170	−100	—	−50	—	−15	0	
200	225	−740	−380	−260	—	−170	−100	—	−50	—	−15	0	
225	250	−820	−420	−280	—	−170	−100	—	−50	—	−15	0	
250	280	−920	−480	−300	—	−190	−110	—	−56	—	−17	0	
280	315	−1 050	−540	−330	—	−190	−110	—	−56	—	−17	0	

续表

公称尺寸/mm		基本偏差数值（上极限偏差 es）											
		所有标准公差等级											
大于	至	a	b	c	cd	d	e	ef	f	fg	g	h	js
315	355	−1 200	−600	−360	—	−210	−125	—	−62	—	−18	0	偏差=±$\frac{IT_n}{2}$，式中，IT_n 是 IT 值数
355	400	−1 350	−680	−400	—	—	—	—	—	—	—	—	
400	450	−1 500	−760	−440	—	−230	−135	—	−68	—	−20	0	
450	500	−1 650	−840	−480	—	—	—	—	—	—	—	—	
500	560	—	—	—	—	−260	−145	—	−76	—	−22	0	
560	630	—	—	—	—	—	—	—	—	—	—	—	
630	710	—	—	—	—	−290	−160	—	−80	—	−24	0	
710	800	—	—	—	—	—	—	—	—	—	—	—	
800	900	—	—	—	—	−320	−170	—	−86	—	−26	0	
900	1 000	—	—	—	—	—	—	—	—	—	—	—	
1 000	1 120	—	—	—	—	−350	−195	—	−98	—	−28	0	
1 120	1 250	—	—	—	—	—	—	—	—	—	—	—	
1 250	1 400	—	—	—	—	−390	−220	—	−110	—	−30	0	
1 400	1 600	—	—	—	—	—	—	—	—	—	—	—	
1 600	1 800	—	—	—	—	−430	−240	—	−120	—	−32	0	
1 800	2 000	—	—	—	—	—	—	—	—	—	—	—	
2 000	2 240	—	—	—	—	−480	−260	—	−130	—	−34	0	
2 240	2 500	—	—	—	—	—	—	—	—	—	—	—	
2 500	2 800	—	—	—	—	−520	−290	—	−145	—	−38	0	
2 800	3 150	—	—	—	—	—	—	—	—	—	—	—	

续表

基本偏差数值（下极限偏差 ei）

公称尺寸/mm 大于	至	IT5和IT6	IT7	IT8	k IT4~IT7	k >IT7	所有标准公差等级													
		j	j	j			m	n	p	r	s	t	u	v	x	y	z	za	zb	zc
—	3	−2	−4	−6	0	0	2	4	6	10	14	—	18	—	20	—	26	32	40	60
3	6	−2	−4	—	1	0	4	8	12	15	19	—	23	—	28	—	35	42	50	80
6	10	−2	−5	—	1	0	6	10	15	19	23	—	28	—	34	—	42	52	67	97
10	14	−3	−6	—	1	0	7	12	18	23	28	—	33	—	40	—	50	64	90	130
14	18	−3	−6	—	1	0	7	12	18	23	28	—	33	39	45	—	60	77	108	150
18	24	−4	−8	—	2	0	8	15	22	28	35	—	41	47	54	63	73	98	136	188
24	30	−4	−8	—	2	0	8	15	22	28	35	41	48	55	64	75	88	118	160	218
30	40	−5	−10	—	2	0	9	17	26	34	43	48	60	68	80	94	112	148	200	274
40	50	−5	−10	—	2	0	9	17	26	34	43	54	70	81	97	114	136	180	242	325
50	65	−7	−12	—	2	0	11	20	32	41	53	66	87	102	122	144	172	226	300	405
65	80	−7	−12	—	2	0	11	20	32	43	59	75	102	120	146	174	210	274	360	480
80	100	−9	−15	—	3	0	13	23	37	51	71	91	124	146	178	214	258	335	445	585
100	120	−9	−15	—	3	0	13	23	37	54	79	104	144	172	210	254	310	400	525	690
120	140	−11	−18	—	3	0	15	27	43	63	92	122	170	202	248	300	365	470	620	800
140	160	−11	−18	—	3	0	15	27	43	65	100	134	190	228	280	340	415	535	700	900
160	180	−11	−18	—	3	0	15	27	43	68	108	146	210	252	310	380	465	600	780	1 000
180	200	−13	−21	—	4	0	17	31	50	77	122	166	236	284	350	425	520	670	880	1 150
200	225	−13	−21	—	4	0	17	31	50	80	130	180	258	310	385	470	575	740	960	1 250
225	250	−13	−21	—	4	0	17	31	50	84	140	196	284	340	425	520	640	820	1 050	1 350
250	280	−16	−26	—	4	0	20	34	56	94	158	218	315	385	475	580	710	920	1 200	1 550
280	315	−16	−26	—	4	0	20	34	56	98	170	240	350	425	525	650	790	1 000	1 300	1 700

续表

公称尺寸/mm		基本偏差数值(下极限偏差 ei)																	
		所有标准公差等级																	
		j			k		m	n	p	r	s	t	u	v	x	y	z	za	zb	zc
大于	至	IT5和IT6	IT7	IT8	IT4~IT7	≤IT3 >IT7														
315	355	−18	−28	—	4	0	21	37	62	108	190	268	390	475	590	730	900	1 150	1 500	1 900
355	400									114	208	294	435	530	660	820	1 000	1 300	1 620	2 100
400	450	−20	−32	—	5	0	23	40	68	126	232	330	490	595	740	920	1 100	1 450	1 850	2 400
450	500									132	252	360	540	660	820	1 000	1 250	1 600	2 100	2 600
500	560	—	—	—	0	0	26	44	78	150	280	400	600	—	—	—	—	—	—	—
560	630									155	310	450	660	—	—	—	—	—	—	—
630	710	—	—	—	0	0	30	50	88	175	340	500	740	—	—	—	—	—	—	—
710	800									185	380	560	840	—	—	—	—	—	—	—
800	900	—	—	—	0	0	34	55	100	210	430	620	940	—	—	—	—	—	—	—
900	1 000									220	470	680	1 050	—	—	—	—	—	—	—
1 000	1 120	—	—	—	0	0	40	66	120	250	520	780	1 150	—	—	—	—	—	—	—
1 120	1 250									260	580	840	1 300	—	—	—	—	—	—	—
1 250	1 400	—	—	—	0	0	48	78	140	300	640	960	1 450	—	—	—	—	—	—	—
1 400	1 600									330	720	1 050	1 600	—	—	—	—	—	—	—
1 600	1 800	—	—	—	0	0	58	92	170	370	820	1 200	1 850	—	—	—	—	—	—	—
1 800	2 000									400	920	1 350	2 000	—	—	—	—	—	—	—
2 000	2 240	—	—	—	0	0	68	110	195	440	1 000	1 500	2 300	—	—	—	—	—	—	—
2 240	2 500									460	1 100	1 650	2 500	—	—	—	—	—	—	—
2 500	2 800	—	—	—	0	0	76	135	240	550	1 250	1 900	2 900	—	—	—	—	—	—	—
2 800	3 150									580	1 400	2 100	3 200	—	—	—	—	—	—	—

注:公称尺寸≤1 mm 时,基本偏差 a、b 均不采用。公差带 js7~js11,若 IT_n 值数是奇数,则取偏差 $=\pm\dfrac{IT_n-1}{2}$。

表 2-4 孔的基本偏差数值(摘自 GB/T 1800.1—2009)

单位: μm

公称尺寸/mm		基本偏差数值																			
		下极限偏差 EI											上极限偏差 ES								
		所有标准公差等级											IT6	IT7	IT8	≤IT8	>IT8	≤IT8	>IT8	≤IT8	>IT8	≤IT7
大于	至	A	B	C	CD	D	E	EF	F	FG	G	H	JS		J		K		M		N	P至ZC
—	3	+270	+140	+60	+34	+20	+14	+10	+6	+4	+2	0	偏差 =±$IT_n/2$, 式中,IT_n 是IT值数	+2	+4	+6	0	0	−2	−2	−4	−4	在大于 IT7 的相应数值上增加一个 Δ 值
3	6	+270	+140	+70	+46	+30	+20	+14	+10	+6	+4	0		+5	+6	+10	−1+Δ	—	−4+Δ	−4	−8+Δ	0	
6	10	+280	+150	+80	+56	+40	+25	+18	+13	+8	+5	0		+5	+8	+12	−1+Δ	—	−6+Δ	−6	−10+Δ	0	
10	14	+290	+150	+95	—	+50	+32	—	+16	—	+6	0		+6	+10	+15	−1+Δ	—	−7+Δ	−7	−12+Δ	0	
14	18																						
18	24	+300	+160	+110	—	+65	+40	—	+20	—	+7	0		+8	+12	+20	−2+Δ	—	−8+Δ	−8	−15+Δ	0	
24	30																						
30	40	+310	+170	+120	—	+80	+50	—	+25	—	+9	0		+10	+14	+24	−2+Δ	—	−9+Δ	−9	−17+Δ	0	
40	50	+320	+180	+130	—																		
50	65	+340	+190	+140	—	+100	+60	—	+30	—	+10	0		+13	+18	+28	−2+Δ	—	−11+Δ	−11	−20+Δ	0	
65	80	+360	+200	+150	—																		
80	100	+380	+220	+170	—	+120	+72	—	+36	—	+12	0		+16	+22	+34	−3+Δ	—	−13+Δ	−13	−23+Δ	0	
100	120	+410	+240	+180	—																		
120	140	+460	+260	+200	—	+145	+85	—	+43	—	+14	0		+18	+26	+41	−3+Δ	—	−15+Δ	−15	−27+Δ	0	
140	160	+520	+280	+210	—																		
160	180	+580	+310	+230	—																		
180	200	+660	+340	+240	—	+170	+100	—	+50	—	+15	0		+22	+30	+47	−4+Δ	—	−17+Δ	−17	−31+Δ	0	
200	225	+740	+380	+260	—																		
225	250	+820	+420	+280	—																		
250	280	+920	+480	+300	—	+190	+110	—	+56	—	+17	0		+25	+36	+55	−4+Δ	—	−20+Δ	−20	−34+Δ	0	
280	315	+1050	+540	+330	—																		
315	355	+1200	+600	+360	—	+210	+125	—	+62	—	+18	0		+29	+39	+60	−4+Δ	—	−21+Δ	−21	−37+Δ	0	
355	400	+1350	+680	+400	—																		

续表

公称尺寸/mm		A	B	C	CD	D	E	EF	F	FG	G	H	JS	IT6	IT7	IT8	≤IT8	>IT8	≤IT8	>IT8	≤IT8	>IT8	P至ZC
大于	至													J	J	J	K	K	M	M	N	N	
		下极限偏差 EI 所有标准公差等级											JS 偏差=±IT$_n$/2,式中,IT$_n$是IT值数	基本偏差数值 上极限偏差 ES									
400	450	+1500	+760	+440	—	+230	+135	—	+68	—	+20	0		+33	+43	+66	−5+Δ	—	−23+Δ	−26	−40+Δ	0	在大于IT7的相应数值上增加一个Δ值
450	500	+1650	+840	+480	—																		
500	560	—	—	—	—	+260	+145	—	+76	—	+22	0		—	—	—	0	—	−26	—	−44		
560	630	—	—	—	—																		
630	710	—	—	—	—	+290	+160	—	+80	—	+24	0		—	—	—	0	—	−30	—	−50		
710	800	—	—	—	—																		
800	900	—	—	—	—	+320	+170	—	+86	—	+26	0		—	—	—	0	—	−34	—	−56		
900	1000	—	—	—	—																		
1000	1120	—	—	—	—	+350	+195	—	+98	—	+28	0		—	—	—	0	—	−40	—	−66		
1120	1250	—	—	—	—																		
1250	1400	—	—	—	—	+390	+220	—	+110	—	+30	0		—	—	—	0	—	−48	—	−78		
1400	1600	—	—	—	—																		
1600	1800	—	—	—	—	+430	+240	—	+120	—	+32	0		—	—	—	0	—	−58	—	−92		
1800	2000	—	—	—	—																		
2000	2240	—	—	—	—	+480	+260	—	+130	—	+34	0		—	—	—	0	—	−68	—	−110		
2240	2500	—	—	—	—																		
2500	2800	—	—	—	—	+520	+290	—	+145	—	+38	0		—	—	—	0	—	−76	—	−135		
2800	3150	—	—	—	—																		

续表

公称尺寸 /mm		基本偏差数值 上极限偏差 ES 标准公差等级大于 IT7												Δ值 标准公差等级						
大于	至	P	R	S	T	U	V	X	Y	Z	ZA	ZB	ZC	IT3	IT4	IT5	IT6	IT7	IT8	
—	3	−6	−10	−14	—	−18	—	−20	—	−26	−32	−40	−60	0	0	0	0	0	0	
3	6	−12	−15	−19	—	−23	—	−28	—	−35	−42	−50	−80	1	1.5	1	3	4	6	
6	10	−15	−19	−23	—	−28	—	−34	—	−42	−52	−67	−97	1	1.5	2	3	6	7	
10	14	−18	−23	−28	—	−33	—	−40	—	−50	−64	−90	−130	1	2	3	3	7	9	
14	18	−18	−23	−28	—	−33	−39	−45	—	−60	−77	−108	−150	1	2	3	3	7	9	
18	24	−22	−28	−35	—	−41	−47	−54	−63	−73	−98	−136	−188	1.5	2	3	4	8	12	
24	30	−22	−28	−35	−41	−48	−55	−64	−75	−88	−118	−160	−218	1.5	2	3	4	8	12	
30	40	−26	−34	−43	−48	−60	−68	−80	−94	−112	−148	−200	−274	1.5	3	4	5	9	14	
40	50	−26	−34	−43	−54	−70	−81	−97	−114	−136	−180	−242	−325	1.5	3	4	5	9	14	
50	65	−32	−41	−53	−66	−87	−102	−122	−144	−172	−226	−300	−405	2	3	5	6	11	16	
65	80	−32	−43	−59	−75	−102	−120	−146	−174	−210	−274	−360	−480	2	3	5	6	11	16	
80	100	−37	−51	−71	−91	−124	−146	−178	−214	−258	−335	−445	−585	2	4	5	7	13	19	
100	120	−37	−54	−79	−104	−144	−172	−210	−254	−310	−400	−525	−690	2	4	5	7	13	19	
120	140	−43	−63	−92	−122	−170	−202	−248	−300	−365	−470	−620	−800	3	4	6	7	15	23	
140	160	−43	−65	−100	−134	−190	−228	−280	−340	−415	−535	−700	−900	3	4	6	7	15	23	
160	180	−43	−68	−108	−146	−210	−252	−310	−380	−465	−600	−780	−1 000	3	4	6	7	15	23	
180	200	−50	−77	−122	−166	−236	−284	−350	−425	−520	−670	−880	−1 150	3	4	6	9	17	26	
200	225	−50	−80	−130	−180	−258	−310	−385	−470	−575	−740	−960	−1 250	3	4	6	9	17	26	
225	250	−50	−84	−140	−196	−284	−340	−425	−520	−640	−820	−1 050	−1 350	3	4	6	9	17	26	
250	280	−56	−94	−158	−218	−315	−385	−475	−580	−710	−920	−1 200	−1 550	4	4	7	9	20	29	
280	315	−56	−98	−170	−240	−350	−425	−525	−650	−790	−1 000	−1 300	−1 700	4	4	7	9	20	29	
315	355	−62	−108	−190	−268	−390	−475	−590	−730	−900	−1 150	−1 500	−1 900	4	5	7	11	21	32	
355	400	−62	−114	−208	−294	−435	−530	−660	−820	−1 000	−1 300	−1 650	−2 100	4	5	7	11	21	32	
400	450	−68	−126	−232	−330	−490	−595	−740	−920	−1 100	−1 450	−1 850	−2 400	5	5	7	13	23	34	
450	500	−68	−132	−252	−360	−540	−660	−820	−1 000	−1 250	−1 600	−2 100	−2 600	5	5	7	13	23	34	

续表

公称尺寸/mm		基本偏差数值 上极限偏差 ES 标准公差等级大于IT7												Δ值 标准公差等级						
大于	至	P	R	S	T	U	V	X	Y	Z	ZA	ZB	ZC	IT3	IT4	IT5	IT6	IT7	IT8
500	560	−78	−150	−280	−400	−600	—	—	—	—	—	—	—	—	—	—	—	—	—
560	630	−78	−155	−310	−450	−660	—	—	—	—	—	—	—	—	—	—	—	—	—
630	710	−88	−175	−340	−500	−740	—	—	—	—	—	—	—	—	—	—	—	—	—
710	800	−88	−185	−380	−560	−840	—	—	—	—	—	—	—	—	—	—	—	—	—
800	900	−100	−210	−430	−620	−940	—	—	—	—	—	—	—	—	—	—	—	—	—
900	1 000	−100	−220	−470	−680	−1 050	—	—	—	—	—	—	—	—	—	—	—	—	—
1 000	1 120	−120	−250	−520	−780	−1 150	—	—	—	—	—	—	—	—	—	—	—	—	—
1 120	1 250	−120	−260	−580	−840	−1 300	—	—	—	—	—	—	—	—	—	—	—	—	—
1 250	1 400	−140	−300	−640	−960	−1 450	—	—	—	—	—	—	—	—	—	—	—	—	—
1 400	1 600	−140	−330	−720	−1 050	−1 600	—	—	—	—	—	—	—	—	—	—	—	—	—
1 600	1 800	−170	−370	−820	−1 200	−1 850	—	—	—	—	—	—	—	—	—	—	—	—	—
1 800	2 000	−170	−400	−920	−1 350	−2 000	—	—	—	—	—	—	—	—	—	—	—	—	—
2 000	2 240	−195	−440	−1 000	−1 500	−2 300	—	—	—	—	—	—	—	—	—	—	—	—	—
2 240	2 500	−195	−460	−1 100	−1 650	−2 500	—	—	—	—	—	—	—	—	—	—	—	—	—
2 500	2 800	−240	−550	−1 250	−1 900	−2 900	—	—	—	—	—	—	—	—	—	—	—	—	—
2 800	3 150	−240	−580	−1 400	−2 100	−3 200	—	—	—	—	—	—	—	—	—	—	—	—	—

注：① 公称尺寸小于或等于1 mm时，基本偏差A和B及大于IT8的N均不采用；公差带JS7至JS11，若IT_n值数是奇数，则取偏差 $=\pm\dfrac{IT_n-1}{2}$；

② 对小于或等于IT8的K、M、N和小于或等于IT7的P至ZC，所需Δ值从表内右侧选取，例如：18~30 mm段的K7，Δ=8 μm，所以ES=(−2+8) μm=+6 μm；18~30 mm段的S6，Δ=4 μm，所以ES=(−35+4) μm=−31 μm；特殊情况是250~315 mm段的M6，ES=−9 μm(代替−11 μm)。

ZC,其基本偏差值也要在查表所得的数值上再加上一个 Δ 值(见式(2-18)),而在标准公差等级大于 IT7 时,P～ZC 的基本偏差就是表 2-4 中的数值。Δ 值列于表 2-4 的右侧,可根据公差等级和公称尺寸查得。

例 2-4　确定轴 ϕ40 g 11 的极限偏差和极限尺寸。

解　查表 2-1,公称尺寸 40 mm 属于 30～50 mm 尺寸段,标准公差 IT11=160 μm;查表 2-3,得

$$基本偏差 = -9\ \mu m$$
$$上极限偏差(es) = 基本偏差 = -9\ \mu m$$
$$下极限偏差(ei) = 基本偏差 - 标准公差 = (-9-160)\ \mu m = -169\ \mu m$$

极限尺寸：　上极限尺寸 = (40-0.009) mm = 39.991 mm
　　　　　　下极限尺寸 = (40-0.169) mm = 39.831 mm

例 2-5　确定孔 ϕ130N4 的极限偏差和极限尺寸。

解　由表 2-1 查得,在公称尺寸段 120～180 mm 时的标准公差 IT4=12 μm;查表 2-4 并根据式(2-18),可得

$$基本偏差 = 上极限偏差(ES) = -27\ \mu m + \Delta = (-27+4)\ \mu m = -23\ \mu m\ (\Delta = 4\ \mu m)$$
$$下极限偏差(EI) = 基本偏差 - 标准公差 = (-23-12)\ \mu m = -35\ \mu m$$

极限尺寸：　上极限尺寸 = (130-0.023) mm = 129.977 mm
　　　　　　下极限尺寸 = (130-0.035) mm = 129.965 mm

例 2-6　确定公称尺寸段 18～30 mm 的 P7 的基本偏差。

解　由表 2-1 标准公差数值表查出公称尺寸段 18～30 mm 的 IT7=21 μm,IT6=13 μm;

查表 2-4 可得公称尺寸段 18～30 mm 孔的基本偏差 P 的数值:ES=-22 μm,在 IT7 时,Δ=8 μm。(也可根据 $\Delta = IT_n - IT_{(n-1)}$ 得 Δ=IT7-IT6=(21-13) μm=8 μm)

查表 2-4 并根据式(2-18)可得 P7 的基本偏差：

$$ES = ES(计算值) + \Delta = (-22+8)\ \mu m = -14\ \mu m$$

关于孔、轴的基本偏差有以下几点值得注意:①除 J 及 j 和 JS 及 js(严格地说两者无基本偏差)外,轴的基本偏差的数值与选用的标准公差等级无关;②CD(cd)、EF(ef)、FG(fg)三种基本偏差主要用于精密机械和钟表制造业,只有公称尺寸至 10 mm 的小尺寸有这三种基本偏差;③只有公差等级为 IT5～IT8 的轴有基本偏差 j 和公差等级为 IT5～IT8 的孔有基本偏差 J;④选用孔、轴的基本偏差数值时一定要注意表中的注释。例如,轴的公差带 js7～js11 和孔的公差带 JS7～JS11,若 IT_n 值数是奇数,则取偏差 = $\pm(IT_n-1)/2$,而不是偏差 = $\pm IT_n/2$。

在查孔的基本偏差时,要注意查取的孔的基本偏差值是否要加上附加的 Δ 值。Δ 值出现在高精度的孔的基本偏差中,是基于"工艺等价"考虑的。因为在常用尺寸段($\leqslant$500 mm)中,由于高级精度的孔比较难加工,为了使配合的孔、轴加工难易相同,一般采用的某一公差等级的孔要与更精一级的轴相配。这时,同名的基孔制和基

轴制配合(H7/p6 和 P7/h6 即为同名配合)具有相等的极限间隙或过盈。

例 2-7 查表确定 $\phi 20 H7/p6$，$\phi 20 P7/h6$ 孔与轴的极限偏差，并计算这两个配合的极限盈隙。

解 查表 2-1 确定孔和轴的标准公差：$IT6=13~\mu m$，$IT7=21~\mu m$；

查表 2-3 确定轴的基本偏差：p 的基本偏差为下极限偏差 $ei=+22~\mu m$，h 的基本偏差为上极限偏差 $es=0$。

查表 2-4 确定孔的基本偏差：H 的基本偏差为下极限偏差 $EI=0$，P 的基本偏差为上极限偏差 $ES=(-22+\Delta)=(-22+8)~\mu m=-14~\mu m$。

计算轴的另一个极限偏差：根据式(2-4)可得 p6 的另一个极限偏差 $es=ei+IT6=(+22+13)~\mu m=+35~\mu m$；h6 的另一个极限偏差 $ei=es-IT6=(0-13)~\mu m=-13~\mu m$。

计算孔的另一个极限偏差：根据式(2-3)可得 H7 的另一个极限偏差 $ES=EI+IT7=(0+21)~\mu m=+21~\mu m$；P7 的另一个极限偏差 $EI=ES-IT7=(-14-21)~\mu m=-35~\mu m$。

这两对配合的极限偏差可分别标注为

$$\phi 20 \frac{H7\binom{+0.021}{0}}{p6\binom{+0.035}{+0.022}}, \quad \phi 20 \frac{P7\binom{-0.014}{-0.035}}{h6\binom{0}{-0.013}}$$

计算极限间隙或过盈：

对于 $\phi 20 H7/p6$，$Y_{max}=EI-es=(0-0.035)~mm=-0.035~mm$

$Y_{min}=ES-ei=(+0.021-0.022)~mm=-0.001~mm$

对于 $\phi 20 P7/h6$，$Y_{max}=EI-es=(-0.035-0)~mm=-0.035~mm$

$Y_{min}=ES-ei=[-0.014-(-0.013)]~mm=-0.001~mm$

$\phi 20 H7/p6$ 与 $\phi 20 P7/h6$ 的最大和最小过盈均相同，两者的配合性质相同。

2.3.3 极限与配合在图样上的标注要求

产品图样一般有零件图、部件图和装配图等几种形式。在零件图上应标注极限偏差值或公差带，在装配图或部件图上应标注配合要求。

1. 在零件图上孔、轴的图样标注

在零件图上，孔、轴的公称尺寸之后标注零件的极限偏差值或公差带(见图 2-15(b)、(c))。以公称尺寸为 $\phi 50~mm$、公差带为 H7 的孔为例，该尺寸公差在零件图上的标注可用以下三种形式之一：①$\phi 50 H7$；②$\phi 50^{+0.025}_{0}$；③$50 H7\binom{+0.025}{0}$。第一种标注形式一般用于大批量生产，第二种标注形式一般用于单件、小批量生产，第三种标注形式常用于生产批量不明的零件图样的标注。

2. 在装配图上孔、轴的图样标注

在装配图上，孔和轴组成配合时要标注配合代号。配合代号写成分数形式，分子为孔的公差带代号，分母为轴的公差带代号，如 $\frac{H7}{g6}$ 或 H7/g6。而且，孔、轴的公称尺寸应标在配合代号之前，如 $\phi 50 H7/g6$。

极限与配合在图样上的标注可采用如图 2-15(a)所示的标注形式。

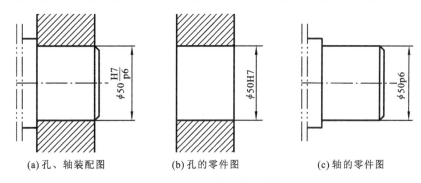

图 2-15　极限与配合在图样上的标注示例

2.3.4　孔、轴的公差带选用规定

公称尺寸至 500 mm 时,共有 20 级标准公差和 28 种基本偏差,除轴的基本偏差 j 限用于 4 个标准公差等级和孔的基本偏差 J 限用于 3 个标准公差等级外,标准公差和基本偏差组成的公差带,对于轴有 544 个,对于孔有 543 个。如此庞大的公差带数量虽然能满足广泛的需求,但有些公差带在实际中几乎应用不到(如 a01、g12 等)。最重要的是,同时应用所有的公差带是不经济的。因为这样会使加工零件的定值刀具规格繁多,所以对公差带的选用应加以限制。GB/T1801—2009 对公差带的选用作出了规定。

1. 公称尺寸至 500 mm 的孔、轴公差带

公称尺寸至 500 mm 属于常用尺寸段,应用范围较广。公称尺寸至 500 mm 时,对公差带规定了一般、常用和优先共 3 个层次。考虑到各行业的需求,标准提供多种公差带以供选用。轴用的一般、常用和优先公差带共 116 种(见图 2-16),其中常用公差带 59 种(图中方框内是常用公差带)。在常用公差带中又规定了 13 种公差带作为优先公差带,图中的圆圈内的是优先公差带。

一般、常用和优先孔用公差带共 105 种,如图 2-17 所示。图中方框内的 44 种为常用公差带,圆圈内的 13 种为优先公差带。

选择孔、轴公差带时,应优先选用圆圈中的优先公差带,其次选用方框中的常用公差带,最后选用其他公差带。在特殊情况下,一般、常用和优先公差带不能满足要求时,也允许根据零件的使用要求按国家标准中规定的标准公差和基本偏差自行组成需要的公差带。

2. 公称尺寸大于 500～3 150 mm 的孔、轴公差带

公称尺寸大于 500～3 150 mm 属于大尺寸段。由于大尺寸工件的生产批量和应用范围比常用尺寸段小,因此其公差带比常用尺寸段要少得多。公称尺寸大于 500～3 150 mm 时,国家标准规定轴公差带有 41 种(见图 2-18);孔的公差带有 31 种

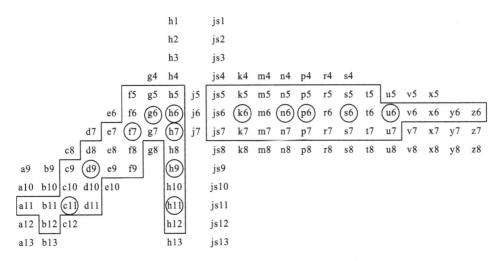

图 2-16　公称尺寸至 500 mm 的轴用公差带

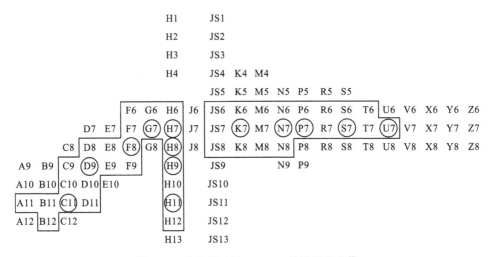

图 2-17　公称尺寸至 500 mm 的孔用公差带

		g6	h6	js6	k6	m6	n6	p6	r6	s6	t6	u6
	f7	g7	h7	js7	k7	m7	n7	p7	r7	s7	t7	u7
d8	e8	f8		h8	js8							
d9	e9	f9		h9	js9							
d10				h10	js10							
d11				h11	js11							
				h12	js12							

图 2-18　公称尺寸大于 500~3 150 mm 的轴公差带

(见图 2-19)。孔、轴配合一般采用基孔制的同级(孔、轴公差等级相等)配合。标准中没有对孔、轴的公差带选择次序进行推荐,可根据需要选用适合的公差带。

```
                    G6  H6  JS6  K6  M6  N6
                F7  G7  H7  JS7  K7  M7  N7
        D8  E8  F8      H8  JS8
        D9  E9  F9      H9  JS9
        D10             H10 JS10
        D11             H11 JS11
                        H12 JS12
```

图 2-19 公称尺寸大于 500～3 150 mm 的孔公差带

上述孔、轴的公差带的极限偏差可查 GB/T1800.2—2009 中的相关极限偏差表。

3. 公称尺寸至 18 mm 的孔、轴公差带

公称尺寸至 18 mm 孔、轴公差带主要适用于精密机械和钟表制造业。在 GB/T 1803—2003 国家标准中规定了 154 种孔用公差带（见图 2-20），169 种轴用公差带（见图 2-21）。标准中没有规定这些公差带的选用次序，实际选用时可根据生产需要进行选择。尺寸至 18 mm 孔、轴公差带对应的极限偏差可查 GB/T 1803—2003 标准中的孔、轴极限偏差表。

```
                                          H1   JS1
                                          H2   JS2
                    EF3 F3  FG3 G3  H3    JS3  K3  M3  N3  P3  R3
                    EF4 F4  FG4 G4  H4    JS4  K4  M4  N4  P4  R4
                E5  EF5 F5  FG5 G5  H5    JS5  K5  M5  N5  P5  R5  S5
        CD6 D6  E6  EF6 F6  FG6 G6  H6 J6 JS6  K6  M6  N6  P6  R6  S6  U6  V6  X6  Z6
        CD7 D7  E7  EF7 F7  FG7 G7  H7 J7 JS7  K7  M7  N7  P7  R7  S7  U7  V7  X7  Z7  ZA7 ZB7 ZC7
    B8  C8  CD8 D8  E8  EF8 F8  FG8 G8  H8   JS8  K8  M8  N8  P8  R8  S8  U8  V8  X8  Z8  ZA8 ZB8 ZC8
A9  B9  C9  CD9 D9  E9  EF9 F9  FG9 G9  H9   JS9  K9  M9  N9  P9  R9  S9  U9       X9  Z9  ZA9 ZB9 ZC9
A10 B10 C10 CD10 D10 E10 EF10               H10  JS10           N10
A11 B11 C11      D11                        H11  JS11
A12 B12 C12                                 H12  JS12
                                            H13  JS13
```

图 2-20 尺寸至 18 mm 的孔公差带

2.3.5 孔、轴配合的选用规定

极限与配合国家标准对孔、轴公差带作了规定，理论上任意一对孔、轴公差带都可以构成配合，但这样将使配合种类十分庞大。在实际工程中，为了减少定值刀、量具和工艺装备的品种及规格，需要简化公差配合的种类。因此，对孔、轴公差带相组合形成的配合作了进一步的限制，以使配合的选择比较经济、便捷和集中。

```
                                    h1      js1
                                    h2      js2
                        ef3 f3 fg3 g3 h3    js3 k3 m3 n3 p3 r3
                        ef4 f4 fg4 g4 h4    js4 k4 m4 n4 p4 r4 s4
          c5 cd5 d5 e5 ef5 f5 fg5 g5 h5 j5  js5 k5 m5 n5 p5 r5 s5 u5 v5 x5 z5
          c6 cd6 d6 e6 ef6 f6 fg6 g6 h6 j6  js6 k6 m6 n6 p6 r6 s6 u6 v6 x6 z6 za6
          c7 cd7 d7 e7 ef7 f7 fg7 g7 h7 j7  js7 k7 m7 n7 p7 r7 s7 u7 v7 x7 z7 za7 zb7 zc7
    b8 c8 cd8 d8 e8 ef8 f8 fg8 g8 h8        js8 k8 m8 n8 p8 r8 s8 u8 v8 x8 z8 za8 zb8 zc8
 a9 b9 c9 cd9 d9 e9 ef9 f9 fg9 g9 h9        js9 k9 m9 n9 p9 r9 s9 u9    x9 z9 za9 zb9 zc9
 a10 b10 c10 cd10 d10 e10 ef10 f10          h10 js10 k10
 a11 b11 c11     d11                        h11 js11
 a12 b12 c12                                h12 js12
 a13 b13 c13                                h13 js13
```

图 2-21 尺寸至 18 mm 的轴公差带

1. 公称尺寸至 500 mm 的配合

对公称尺寸至 500 mm 的配合规定了两种基准制的优先、常用配合。基孔制优先和常用配合规定如表 2-5 所示,常用配合 59 种,其中的 13 种为优先配合。基轴制的优先和常用配合规定如表 2-6 所示,共有 47 种常用配合,其中的 13 种为优先配合。

表 2-5 基孔制优先和常用配合

基准孔	轴																			
	a	b	c	d	e	f	g	h	js	k	m	n	p	r	s	t	u	v	x	y	z
	间隙配合								过渡配合				过盈配合								
H6	—	—	—	—	—	$\frac{H6}{f5}$	$\frac{H6}{g5}$	$\frac{H6}{h5}$	$\frac{H6}{js5}$	$\frac{H6}{k5}$	$\frac{H6}{m5}$	$\frac{H6}{n5}$	$\frac{H6}{p5}$	$\frac{H6}{r5}$	$\frac{H6}{s5}$	$\frac{H6}{t5}$	—	—	—	—	—
H7	—	—	—	—	—	$\frac{H7}{f6}$	$\frac{H7}{g6}$	$\frac{H7}{h6}$	$\frac{H7}{js6}$	$\frac{H7}{k6}$	$\frac{H7}{m6}$	$\frac{H7}{n6}$	$\frac{H7}{p6}$	$\frac{H7}{r6}$	$\frac{H7}{s6}$	$\frac{H7}{t6}$	$\frac{H7}{u6}$	$\frac{H7}{v6}$	$\frac{H7}{x6}$	$\frac{H7}{y6}$	$\frac{H7}{z6}$
H8	—	—	—	—	$\frac{H8}{e7}$	$\frac{H8}{f7}$	$\frac{H8}{g7}$	$\frac{H8}{h7}$	$\frac{H8}{js7}$	$\frac{H8}{k7}$	$\frac{H8}{m7}$	$\frac{H8}{n7}$	$\frac{H8}{p7}$	$\frac{H8}{r7}$	$\frac{H8}{s7}$	$\frac{H8}{t7}$	$\frac{H8}{u7}$	—	—	—	—
	—	—	—	$\frac{H8}{d8}$	$\frac{H8}{e8}$	$\frac{H8}{f8}$	—	$\frac{H8}{h8}$	—	—	—	—	—	—	—	—	—	—	—	—	—
H9	—	—	$\frac{H9}{c9}$	$\frac{H9}{d9}$	$\frac{H9}{e9}$	$\frac{H9}{f9}$	—	$\frac{H9}{h9}$	—	—	—	—	—	—	—	—	—	—	—	—	—
H10	—	—	$\frac{H10}{c10}$	$\frac{H10}{d10}$	—	—	—	$\frac{H10}{h10}$	—	—	—	—	—	—	—	—	—	—	—	—	—
H11	$\frac{H11}{a11}$	$\frac{H11}{b11}$	$\frac{H11}{c11}$	$\frac{H11}{d11}$	—	—	—	$\frac{H11}{h11}$	—	—	—	—	—	—	—	—	—	—	—	—	—
H12	—	$\frac{H12}{b12}$	—	—	—	—	—	$\frac{H12}{h12}$	—	—	—	—	—	—	—	—	—	—	—	—	—

注:① $\frac{H6}{n5}$、$\frac{H7}{p6}$ 在公称尺寸小于或等于 3 mm 和 $\frac{H8}{r7}$ 在小于等于 100 mm 时,为过渡配合;

② 标注 ▶ 的配合为优先配合。

表 2-6 基轴制优先和常用配合

基准轴	A	B	C	D	E	F	G	H	JS	K	M	N	P	R	S	T	U	V	X	Y	Z
				间 隙 配 合					过 渡 配 合			过 盈 配 合									
h5	—	—	—	—	—	$\frac{F6}{h5}$	$\frac{G6}{h5}$	$\frac{H6}{h5}$	$\frac{JS6}{h5}$	$\frac{K6}{h5}$	$\frac{M6}{h5}$	$\frac{N6}{h5}$	$\frac{P6}{h5}$	$\frac{R6}{h5}$	$\frac{S6}{h5}$	$\frac{T6}{h5}$	—	—	—	—	—
h6	—	—	—	—	—	$\frac{F7}{h6}$	$\frac{G7}{h6}$	$\frac{H7}{h6}$	$\frac{JS7}{h6}$	$\frac{K7}{h6}$	$\frac{M7}{h6}$	$\frac{N7}{h6}$	$\frac{P7}{h6}$	$\frac{R7}{h6}$	$\frac{S7}{h6}$	$\frac{T7}{h6}$	$\frac{U7}{h6}$	—	—	—	—
h7	—	—	—	—	$\frac{E8}{h7}$	$\frac{F8}{h7}$	—	$\frac{H8}{h7}$	$\frac{JS8}{h7}$	$\frac{K8}{h7}$	$\frac{M8}{h7}$	$\frac{N8}{h7}$	—	—	—	—	—	—	—	—	—
h8	—	—	—	$\frac{D8}{h8}$	$\frac{E8}{h8}$	$\frac{F8}{h8}$	—	$\frac{H8}{h8}$	—	—	—	—	—	—	—	—	—	—	—	—	—
h9	—	—	—	$\frac{D9}{h9}$	$\frac{E9}{h9}$	$\frac{F9}{h9}$	—	$\frac{H9}{h9}$	—	—	—	—	—	—	—	—	—	—	—	—	—
h10	—	—	—	—	—	$\frac{H10}{h10}$	—	$\frac{H10}{h10}$	—	—	—	—	—	—	—	—	—	—	—	—	—
h11	$\frac{A11}{h11}$	$\frac{B11}{h11}$	$\frac{C11}{h11}$	$\frac{D11}{h11}$	—	—	—	$\frac{H11}{h11}$	—	—	—	—	—	—	—	—	—	—	—	—	—
h12	—	$\frac{B12}{h12}$	—	—	—	—	—	$\frac{H12}{h12}$	—	—	—	—	—	—	—	—	—	—	—	—	—

注:标注 ▶ 的配合为优先配合。

在表 2-5 中可以看到,小于等于 IT7 公差等级的轴要与比轴低一个公差等级的孔相配合。例如,H8/f7,孔是 IT8,轴是 IT7。轴的公称等级大于等于 IT8 时,与之相配合的是同级的孔。在表 2-6 中,孔的公差等级小于 IT8 时,是与高一级的轴相配合;公差等级大于 IT8 时,是与同级轴相配合;公差等级等于 IT8 时的孔,一般是与高一级的轴相配合,在形成间隙配合时,孔与同级的轴相配合。

2. 公称尺寸大于 500～3 150 mm 的配合

1) 按互换性生产时的配合

采用互换性原则生产时,公称尺寸大于 500～3 150 mm 的配合一般采用基孔制配合,配合的孔、轴采用相同的公差等级,标准中没有规定该尺寸段的一般、常用配合。大尺寸孔、轴的标准公差等级及配合的选择可参考常用尺寸段孔、轴的选择方法。

2) 单件、小批生产时的可采用的配合——配制配合

在大尺寸段,如果是单件小批生产、公差等级较高的重要配合零件,根据其制造特点可采用配制配合。

所谓配制配合,是以一个零件的实际尺寸为基数来配制另一个零件的一种工艺措施。其原理是以比在互换性生产时低的公差来加工先加工件,再以先加工件的实

际尺寸为基准来配制加工另一零件。这样,就在降低加工难度的情况下满足了零件之间的配合要求。采用配制配合生产的零件不具有互换性。

在设计配制配合零件时,先按互换性生产选取公差配合。配制的结果应满足在互换性生产中结合件之间配合时的极限间隙或极限过盈要求。

配制配合中要指定一个零件(孔或轴)作为先加工件。一般选择较难加工但能得到较高测量精度的那个零件。在多数情况下是将孔作为先加工件。对选定的先加工件给予一个比较容易达到的公差(或按线性尺寸的未注公差)进行加工,以减低加工难度。

配制件(后加工件,多数情况下是轴)的公差可按所定的配合公差(孔、轴公差之和)来选取,所以配制件的公差比采用互换性生产时单个零件的公差要大。配制件的偏差和极限尺寸以先加工件的实际尺寸为基数来确定。这样,测量出的先加工件实际尺寸的准确度直接对配合性质产生影响。测量时要采用正确的测量方法,要注意温度、形状和位置误差对测量结果的影响。

配制配合在图样上的标注方法应有别于极限与配合的孔、轴配合的标注方法。标准中规定用代号 MF(matched fit)表示配制配合。借用基准孔的代号 H 或基准轴的代号 h 表示先加工件。

在装配图上,配制配合标注的配合代号是按互换性生产时的配合要求选取的,在其后要加上 MF 代号。例如,在装配图上标注为:

ϕ3 000 H6/f6 MF(先加工件为孔);

ϕ3 000 F6/h6 MF(先加工件为轴)。

在零件图上,对先加工件给一个较容易达到的公差,按此公差带进行标注。例如,若先加工件为孔,在孔的零件图上标注为:

ϕ3 000 H8 MF(在装配图上公差等级是 IT6,加工时按公差等级 IT8 加工);若先加工件按 GB/T 1804—2000《线性尺寸的未注公差》加工,则标注为 ϕ3 000 MF。

配制件(后加工件)轴的公差带,要根据已确定的配合公差选取。该公差带要符合互换性生产时的公差带。例如 f7(按互换性生产时轴的公差等级是 IT6),此时其最大间隙为 0.355 mm,最小间隙为 0.145。配制件在零件图上标注为:

ϕ3 000 f7 MF 或 ϕ3 000$_{-0.355}^{-0.145}$ MF。

举例说明如下。

例 2-8 公称尺寸为 ϕ3 000 的孔和轴,要求配合的最大间隙为 0.45 mm,最小间隙为 0.14 mm,试设计在单件生产时的配制配合。

解 (1) 按互换性生产选用极限与配合。

根据公式(2-15)可得配合公差:$T_f = X_{max} - X_{min} = (0.45 - 0.14)$ mm $= 0.31$ mm。

按 $T_h = T_s = T_f/2 = 0.155$ mm(孔、轴同级)进行孔、轴公差分配,查标准公差数值表(表 2-1),公称尺寸为 3 000 mm 时,IT6$=0.135$ mm,IT6 的公差值与孔、轴公差最接近。孔、轴公差等级均取为 IT6。选用基孔制时,轴的基本偏差与孔、轴相配合的最小间隙相等。查表2-3,当轴的基本偏差为f时,基本偏差es=－0.145 mm,与要求的配合最小间隙0.140 mm最为接近。所以,在互换性生产时选用的配合是 ϕ3 000 H6/f6 或 ϕ3 000 F6/h6。其最大间隙为0.415,最小间隙为0.145 mm,配合公差为0.27 mm。

(2) 按配制配合的极限与配合。

① 在图样上的标注。现确定采用孔为先加工件,则此配制配合在装配图上的标注为：

ϕ3 000 H6/f6 MF,见图 2-22(a)。

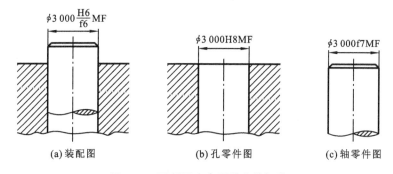

(a) 装配图　　(b) 孔零件图　　(c) 轴零件图

图 2-22　配制配合在图样上的标注

② 确定先加工件孔的公差带。给先加工件一个较容易达到的公差,例如取公差等级为IT8,则先加工件孔的公差带为H8。

零件图样上孔的标注为 ϕ3 000 H8 MF(见图 2-22(b))。

③ 确定配制件轴的公差带。在基孔制间隙配合中,轴的基本偏差(上极限偏差)等于最小配合间隙,所以,轴的上极限偏差应该等于要求的最小间隙 0.140 mm,查轴的基本偏差数值表(表2-3),当轴的基本偏差为f时,其偏差 es=－0.145 mm,满足要求。所以,轴的基本偏差为f。

轴的公差等级取为孔、轴的配合公差 0.31 mm($T_f = X_{max} - X_{min} = (0.45 - 0.14)$ mm=0.31 mm),查标准公差数值表(表2-1),当公称尺寸为 3 000 mm 时,IT7=0.210 mm,IT8=0.330 mm,轴的公差等级若选IT8则超差,所以,轴的公差等级应选IT7。因此,轴的公差带为f7,轴的极限偏差为 es=－0.145,ei=es－IT7=(－0.145－0.210) mm=－0.355 mm。

轴在零件图样上的标注为 ϕ3 000 f7MF,见图 2-22(c)。

④ 以先加工件的实际尺寸为基准,确定配制件的极限尺寸。在本例中,设孔(先加工件)按其极限尺寸加工后的实际尺寸为 ϕ3 000.195 mm,则配制件轴的极限尺寸为

上极限尺寸=(3 000.195－0.145) mm=3 000.05 mm

下极限尺寸=(3 000.195－0.355) mm=2 999.84 mm

本例的配制配合孔、轴公差带示意图如图 2-23 所示。

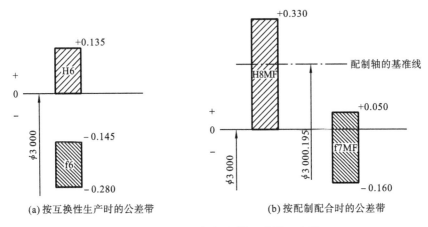

图 2-23 配制配合的孔、轴公差带示意图

2.4 极限与配合的选择

极限与配合的选择属于零件精度设计的范畴,它是机械产品设计中的主要环节之一。极限与配合的选择适当与否,不仅关系到机械产品的使用性能、质量、耐久性、可靠性,也对产品的经济性有很大影响。

极限与配合中最根本的问题是公差带,由孔、轴的公差带之间的位置关系实现配合性质的要求,由公差带的大小实现精度要求。极限与配合的选择原则可以概括地表达为:用比较经济合理的制造方法来满足机械产品的使用性能要求。选择极限与配合,必须兼顾产品的使用性能和制造成本两个方面的要求。

极限与配合的选择方法要根据具体情况来定,一般常用的方法有计算法、类比法、试验法等。计算法是根据使用要求,通过用理论公式计算来确定极限与配合。例如,动压润滑的滑动轴承,其轴颈与轴瓦的配合间隙与承载的最小油膜厚度有关,根据液体润滑理论可以计算其允许的最小间隙。又如,孔、轴之间仅依靠过盈量产生结合力来传递负荷的配合,可根据所传递负荷的大小,按弹性、塑性变形理论计算出所需要的最小过盈量。同时,最大过盈是由零件材料的强度来确定的,在最大过盈时所产生的变形不应超过零件强度极限。值得注意的是,零件配合有很多的不确定因素,用理论计算的方法不可能把各种实际因素考虑得十分周全,因此设计方案还需要通过试验验证。随着计算机大量应用于机械零件的精度设计和各种功能强大的应用软件的开发研制,用计算法来确定极限与配合是最为便捷、经济和可靠的。

试验法就是通过试验或统计分析的方法来确定满足产品工作性能所需的间隙量和过盈量,从而选取合适配合的一种方法。试验法比较可靠,但需进行大量的试验,成本高、周期长,因而主要用于对产品性能影响大而又缺乏经验的重要配合。

类比法也称经验类比法,即参考类似或相近的经过实践检验的机器或机构中的配合,再结合自己所设计产品的使用要求和应用条件的实际情况对其进行适当的修正,从而确定配合的方法。类比法是现有生产条件下使用较多、十分简便的方法。它需要设计人员具有丰富的经验并掌握充分的参考资料。

极限与配合的选用主要包括基准制、公差等级和配合种类三个方面的选择。

2.4.1 基准制的选择

基准制的选择不涉及精度问题,一般以不易加工件作为基准,即当孔与轴配合时,如果轴比较好加工,则选用基孔制。一般情况下优先选用基孔制,基孔制是孔的公差带固定(基本偏差 H,其偏差值为零),通过改变轴的基本偏差来形成各种配合的一种制度。

1. 从工艺性和经济性出发,优先选用基孔制

在常用尺寸段的批量生产中,孔通常用定值刀具(如钻头、铰刀、拉刀等)加工,用极限量规(如塞规)检验。即使孔的公称尺寸和公差等级相同,当其基本偏差改变(以获得各种配合)时,极限尺寸也就不同,这就需更换加工刀具和检验的量具。加工轴所用的刀具一般是车刀(或砂轮),同一把车刀(或砂轮)可以加工不同基本偏差(不同尺寸)的轴,所以,从工艺性和经济性来考虑,为了减少定值刀具、量具的规格和数量,应优先选用基孔制。

例如,一台机器上有 3 对公称尺寸和公差等级相同的孔、轴,要求分别形成间隙、过渡、过盈三种配合。现分别采用基孔制和基轴制来实现配合要求。

(1) 采用基孔制时,假设这三种配合分别为 $\phi 85H7/f6$(间隙配合)、$\phi 85H7/k6$(过渡配合)、$\phi 85H7/r6$。由于这三种配合的孔公差带均为 H7,其极限尺寸相同,所以用同一规格的刀具(例如拉刀)即可加工。同时,也可用同一规格的量具(例如塞规)来检验。而加工 $\phi 85f6$、$\phi 85k6$、$\phi 85r6$ 这三种规格的轴也只需同一把刀具(如车刀)即可。

(2) 采用基轴制时(要求采用基轴制和采用基孔制配合时的配合性质完全相同),这三种配合应该为 $\phi 85F7/h6$(间隙配合)、$\phi 85K7/h6$(过渡配合)、$\phi 85R7/h6$(过盈配合),这三种配合的孔公差带分别为 F7、K7、R7,它们的极限尺寸不同,所以需要三种规格的刀具进行加工,也需用三种规格的量具来检验,而加工轴的刀具相同。相比之下,采用基孔制时所需的定值刀具和量具较少,经济上较为合理。

在大尺寸段时,孔、轴的配合一般也选用基孔制。

2. 在下列情况下,应选用基轴制

(1) 当采用具有一定尺寸精度、几何精度和表面粗糙度的冷拉钢材做轴,其外径不再经切削加工即能满足使用要求时,采用基轴制在技术上、经济上都是合理的。不经加工直接将冷拉钢材作为轴使用,在农业、纺织机械中比较常见。

(2) 同一轴上不同的部位与孔配合,要求形成不同配合性质关系,当采用基孔制将使装配不易实现时,应采用基轴制。

例如，图 2-24(a)所示为一个滚子链结构示意图。滚子链(也称套筒滚子链)由内链板、外链板、销轴、套筒和滚子组成。销轴和外链板用过盈配合形成固定连接的外链节，套筒和内链板用过盈配合构成内链节。这样，内、外链节间就构成一个铰链。滚子与套筒、套筒与销轴均用间隙配合形成转动关系，套筒与内链板及滚子的配合是一轴和多孔的配合。若采用基孔制配合，为了形成套筒与内链板及滚子之间的配合要求，即套筒与内链板的过盈配合、与滚子的间隙配合，套筒的外径需做成阶梯状，如图 2-24(b)所示。这样，在装配时滚子要经过套筒的大直径处才能到达工作位置，使装配工艺不太合理。若采用基轴制配合，则可将套筒的外径做成光轴，如图 2-24(c)所示，这样，既方便加工，又利于装配。同样，销轴与外链板和滚子的配合也是一轴和多孔的配合，应采用销轴做基准轴的基轴制配合。

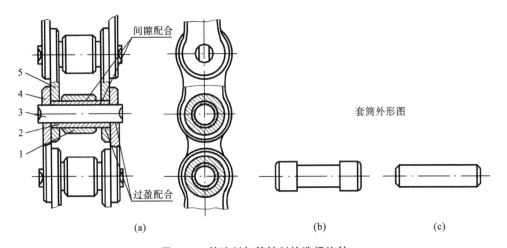

图 2-24　基孔制与基轴制的选择比较
1—滚子；2—套筒；3—销轴；4—外链板；5—内链板

另外，键与轴上的键槽孔和轮毂上的键槽配合也属于一轴与多孔相配合，也应采用基轴制。

3. 如果孔比轴容易加工，一般采用基轴制

对于公称尺寸至 18 mm 的孔、轴配合，一般采用基轴制。因为在尺寸较小时，孔用定值刀具加工，容易得到较高的加工精度。而轴的加工相对于孔的加工要困难些，这时一般采用基轴制作为孔、轴配合的基准制。

4. 与标准件配合时，应以标准件为基准件来确定基准制

滚动轴承的外圈与外壳孔相配合时，采用的是以外圈为基准的基轴制配合，轴颈与内圈的配合是以内圈为基准孔的基孔制配合，通过改变与轴承配合的外壳孔和轴颈的公差带来形成需要的配合。图 2-25 所示为一轴系部件图，轴承外圈与外壳孔处的配合只需注出外壳孔的公差带代号 H7。同样，轴承内圈与轴颈处的配合代号，只需注出轴颈的公差带代号 k6。

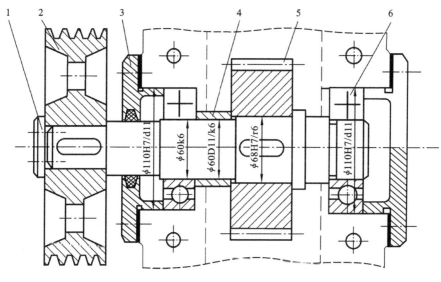

图 2-25 轴系部件图
1—轴端挡圈；2—带轮；3—轴承盖；4—套筒；5—齿轮；6—滚动轴承

5. 有特殊需要时可采用非基准制配合

在图 2-25 中，用于轴承内圈和齿轮轴向定位的套筒与轴在径向上的配合取间隙配合即可。由于轴颈处（轴与轴承内圈配合处）公差带是 k6，因而与套筒配合的轴的公差带也为 k6，套筒与该轴的配合采用基孔制时将形成过渡配合而不是间隙配合。因此，这时可采用非基准制配合，例如，$\phi 60D11/k6$。由于同样的原因，轴承外圈定位的轴承盖与箱体孔的配合选为 $\phi 110H7/d11$。

2.4.2 公差等级的选择

选择公差等级要遵循在保证零件使用要求的前提下，尽可能地考虑工艺的可能性和经济性的原则。公差等级的高低是由不同的工艺措施来实现的，精度提高必然带来产品成本费用的增大。在满足使用要求的前提下，应尽量选用较低的公差等级，以利于加工和降低成本。

公差等级的选择主要应从以下几个方面进行考虑。

1. 轴、孔的公差等级应相互适应

根据配合件的使用要求，就可以确定出孔、轴的配合公差 T_f。由式（2-14）可知，配合公差为孔、轴公差之和。所以孔、轴公差选取应满足 $T_f \geqslant T_h + T_s$。分配孔、轴公差要使孔、轴的公差等级相适应，即考虑所谓的工艺等价性。工艺等价性是指孔和轴加工难易程度应相同。一般可分成以下几种情况。

（1）在常用尺寸段，较高公差等级（8 级或以上）时，孔的加工一般比轴的加工困难，为了使孔、轴的工艺难度相同，一般采用孔比轴低一级的配合，如 H7/f6、H7/s6。

(2) 常用尺寸段,较低公差等级(>8 级)时,孔、轴加工难易程度相差无几,故推荐孔、轴采用同级配合,如 H9/d9。

(3) 在大尺寸段,孔的测量较轴容易一些,所以一般采用孔、轴同级配合。

(4) 在极小尺寸段(公称尺寸≤3 mm)时,根据工艺的不同,可选孔和轴同级、孔较轴高一级、孔较轴低一级。在钟表业,甚至有孔的公差等级较轴的公差等级高 2~3 级。

2. 公差等级与配合种类相关联

公差等级的高低(体现为公差带的宽度大小),将影响配合的稳定性和一致性。

对过渡和过盈配合,一般不允许其间隙或过盈的变动太大,如果公差等级过低,可能会使过盈量超过零件材料的极限强度。因此,在过渡或过盈配合中,孔、轴的公差等级应有较高的精度。通常,孔可选标准公差≤IT8,轴可选标准公差≤IT7。

对间隙配合,可允许有较大的间隙变动范围,例如,配合的孔、轴的公差等级可以选至 IT12。但间隙小的配合,公差等级应较高。而在较大的间隙配合中,公差等级可以低些。例如,可选用 H7/g6 和 H11/c11,而选用 H7/a6 则无实际意义(间隙大而公差带宽度小)。

3. 公差等级的高低应与典型零部件的精度匹配

齿轮是比较常见的传动件。齿轮孔及与齿轮孔相配合的轴,两者的公差等级取决于齿轮的精度等级。例如,齿轮的精度等级为 8 级,一般取齿轮孔的公差等级为 IT7,与齿轮孔相配合的轴的公差等级为 IT6。

滚动轴承与轴颈和外壳孔配合的公差等级与滚动轴承的精度等级有关,P0 级(普通级)的轴承,要求轴颈的公差等级为 IT6、外壳孔为 IT7。P6 级的轴承,一般要求轴颈的公差等级为 IT5、外壳孔为 IT6。

了解各公差等级应用范围及各种加工方法所具有的加工精度对选用孔、轴的公差等级是极为有益的,特别是用类比法选择公差等级时。表 2-7 所示为各级公差等级的应用范围,表 2-8 所示为各种加工方法的加工精度。

表 2-7 各公差等级的应用范围

应用	公差等级
	01 | 0 | 1 | 2 | 3 | 4 | 5 | 6 | 7 | 8 | 9 | 10 | 11 | 12 | 13 | 14 | 15 | 16 | 17 | 18
块规	01—1
量规	0—7
配合尺寸	5—12
特别精密零件的配合	2—5
非配合尺寸(大制造公差)	12—18
原材料公差	8—14

表 2-8　各种加工方法的加工精度

加工方法	公差等级																
	01	0	1	2	3	4	5	6	7	8	9	10	11	12	13	14	15	16
研磨	■	■	■	■	■	■	■											
珩					■	■	■	■										
圆磨						■	■	■	■	■								
平磨						■	■	■	■	■								
金刚石车						■	■	■										
金刚石镗						■	■	■										
拉削							■	■	■	■								
铰孔							■	■	■	■	■							
车									■	■	■	■	■	■				
镗									■	■	■	■	■	■				
铣										■	■	■	■	■				
刨、插										■	■	■	■	■				
钻孔											■	■	■	■				
滚压、挤压											■	■						
冲压												■	■	■				
压铸													■	■	■			
粉末冶金成形									■	■								
粉末冶金烧结										■	■	■						
砂型铸造、气割																	■	■
锻造																■	■	■

2.4.3　配合的选择

选择配合就是确定配合件间的相互关系，以保证机器有规定的工作能力。所以，应根据机器的使用要求和工作条件来选择配合。由前述的术语定义可知，配合是指公称尺寸相同的、相互结合的孔和轴的公差带之间的关系。

1. 根据工作要求确定配合类别

孔、轴的配合有间隙、过渡、过盈三种形式。选择配合的主要依据是使用要求和工作条件。

(1) 若工作时配合件之间有相对运动,应选用间隙配合。相对速度越大,则间隙应越大。如单位压力大,则间隙要小。

(2) 若配合件工作时无相对运动,且有定心要求或便于装拆,应选用过渡配合。定心要求不高时,也可以用基孔制的小间隙配合。采用过渡配合时,加键或销也可用于传递运动或载荷。

(3) 装配后需要靠过盈来传递载荷的,应当选用过盈配合,传动力大,过盈量要大。

在用类比法选择孔、轴的基本偏差代号时可参考表 2-9 中的应用实例,在选择配合时尽量用国家标准规定的优先配合;如果用优先配合满足不了要求,再选用常用配合。表 2-10 所示为采用优先配合的应用说明。

表 2-9 各种基本偏差的应用实例

配 合	基本偏差	各种偏差的特点及应用实例
间隙配合	a(A),b(B)	可得到特别大的间隙,很少采用。主要用于工作时温度高、热变形大的零件的配合,内燃机中铝活塞与汽缸钢套孔的配合为 H9/a9。图示是矩形花键轴、孔的配合,花键大径配合采用 H10/a11 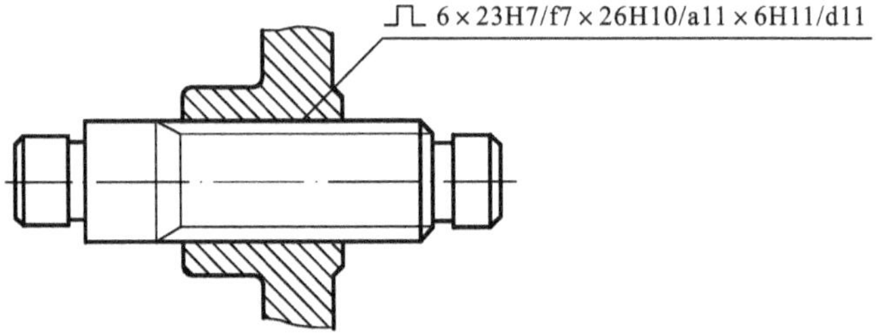 6×23H7/f7×26H10/a11×6H11/d11
	c(C)	可得到很大的间隙。一般用于工作条件较差(如农业机械)、工作时受力变形大及装配工艺性不好的零件的配合。推荐配合为 H11/c11。也适用于缓慢、松弛的动配合和高温工作的间隙配合,如内燃机排气阀杆与导管的配合为 H8/c7 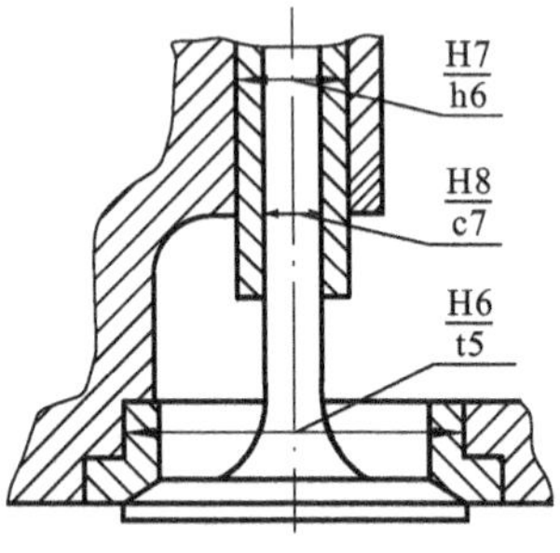
	d(D)	与 IT7~IT11 对应,适用于较松的间隙配合(如滑轮、活塞的带轮与轴的配合),以及大尺寸滑动轴承与轴颈的配合(如涡轮机、球磨机等的滑动轴承)。活塞环与活塞环槽的配合可用 H9/d9

续表

配 合	基本偏差	各种偏差的特点及应用实例	
间隙配合	e(E)	与 IT6～IT8 对应,具有明显的间隙,用于大跨距及多支点的转轴轴颈与轴承的配合,以及高速、重载的大尺寸轴颈与轴承的配合,如大型电动机、内燃机的曲轴轴承处的配合为 H7/e6 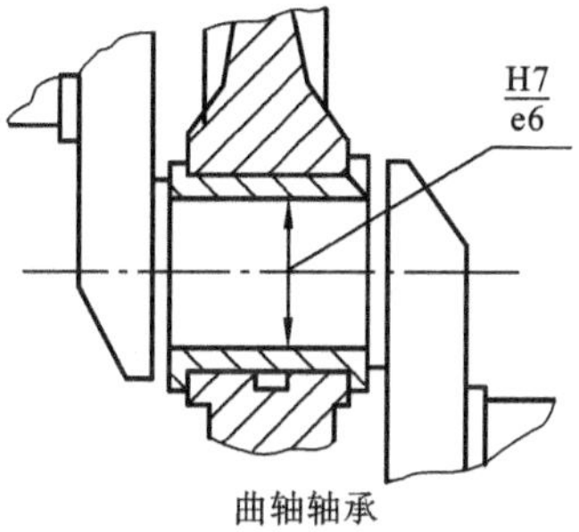	
	f(F)	多与 IT7～IT11 对应,用于一般的转轴的配合,受温度影响不大、采用普通润滑油的轴颈与滑动轴承的配合,如齿轮箱、小电动机、泵等的转轴轴颈与滑动轴承的配合。图示凸轮机构滚子从动件与销轴的配合为 H7/f6 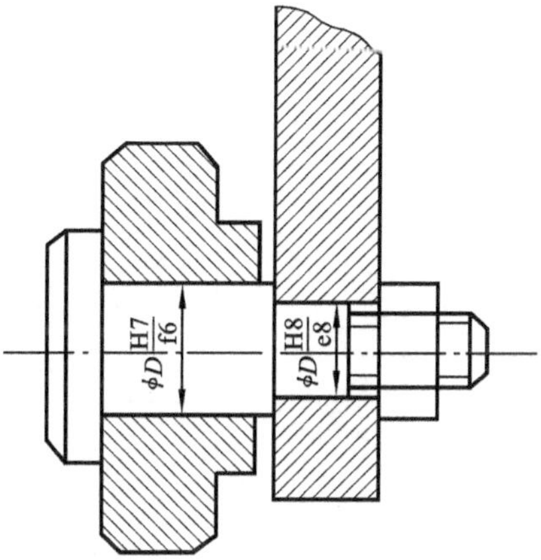	
	g(G)	多与 IT5～IT7 对应,形成配合的间隙较小,用于轻载精密装置中的转动配合,用于插销的定位配合,润滑、连杆销、钻套导孔等处的配合。图示百分表的测头与铜套的配合采用 H7/g6 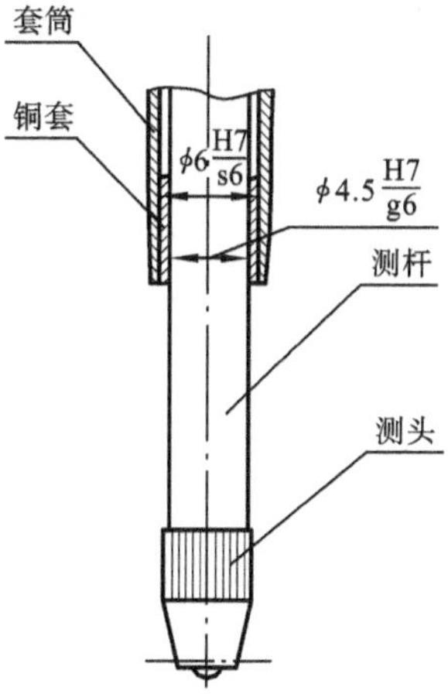	

续表

配 合	基本偏差	各种偏差的特点及应用实例	
间隙配合	h(H)	多与 IT4～IT11 对应,广泛用于无相对转动的配合、一般的定位配合。若没有温度、变形的影响,也可用于精密轴向移动部位,如图示车床尾座导向孔与滑动套筒的配合为 H6/h5 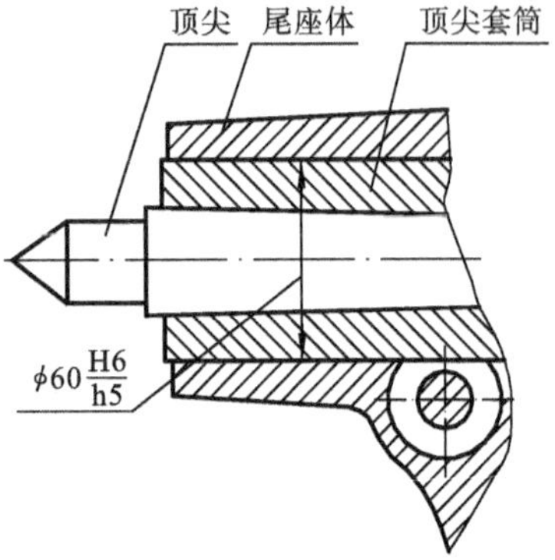	
过渡配合	js(JS)	多用于 IT4～IT7、具有平均间隙的过渡配合,用于略有过盈的定位配合,如联轴器与轴、齿圈与轮毂、滚动轴承外圈与外壳孔的配合等。一般用手或木槌装配。图示是凸轮尖顶从动件的推杆和尖顶的配合 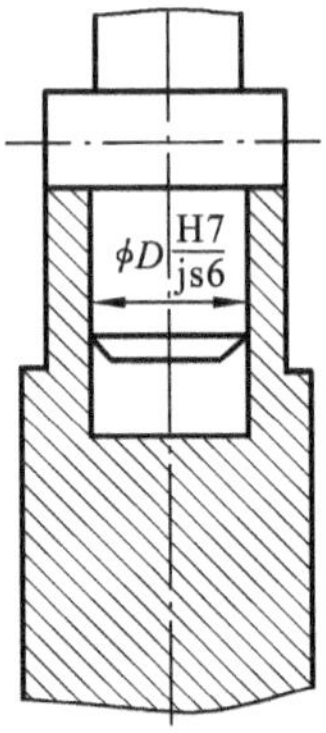	
过渡配合	k(K)	多用于 IT4～IT7、平均间隙接近于零的配合,推荐用于稍有过盈的定位配合,如滚动轴承的内、外圈分别与轴颈、外壳孔的配合。一般用木槌装配。图示的中心齿轮与轴套、齿轮轴与轴套的配合采用 H7/k6 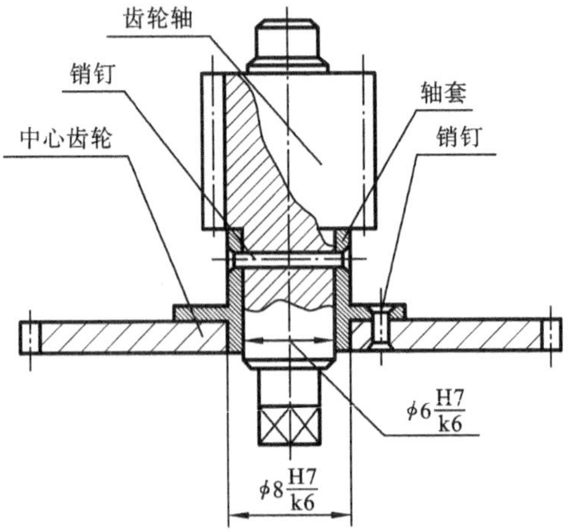	

续表

配合	基本偏差	各种偏差的特点及应用实例
过渡配合	m(M)	多用于 IT4～IT7、平均过盈较小的配合,用于精密的定位配合,如蜗轮的青铜轮缘与轮毂的配合等。图示的 V 形块与夹具体配合采用 H7/m6 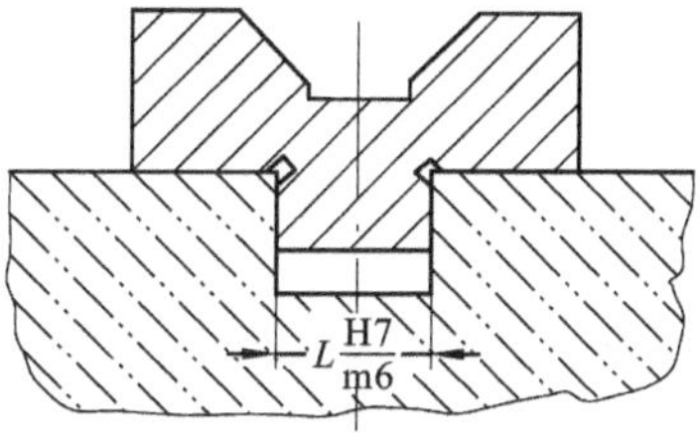
	n(N)	多用于 IT4～IT7、平均过盈较大的配合,很少形成间隙。加键时能传递较大转矩的配合,如冲床上齿轮的孔与轴的配合。用槌子或压力机装配。图示是夹具中的固定支承钉与夹具体的配合 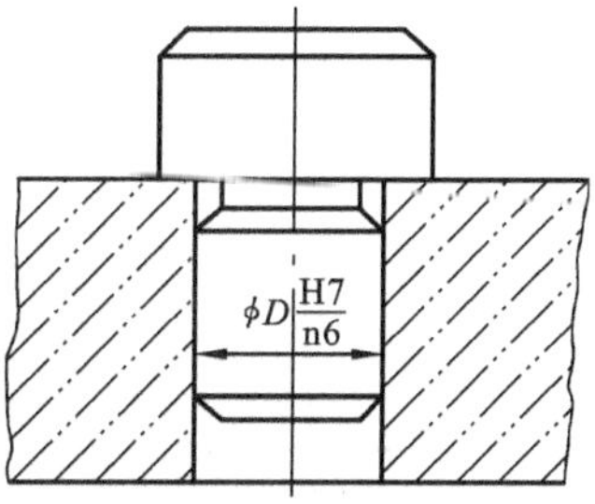
过盈配合	p(P)	多用于过盈小的配合。与 H6 或 H7 孔形成过盈配合,而与 H8 孔形成过渡配合。碳钢和铸铁零件形成的配合为标准压入配合,如卷扬机绳轮的轮毂与齿圈的配合为 H7/p6 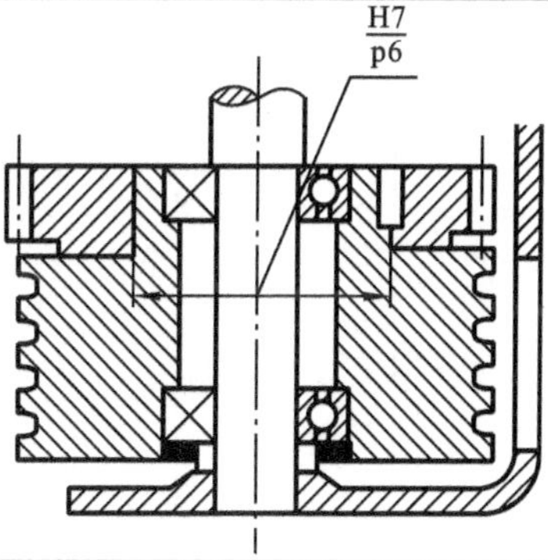
	r(R)	用于传递大转矩或受冲击负荷而需要加键的配合,如蜗轮孔与轴的配合为 H7/r6。必须注意,H8/r7 配合在公称尺寸 ≤100 mm 时,为过渡配合 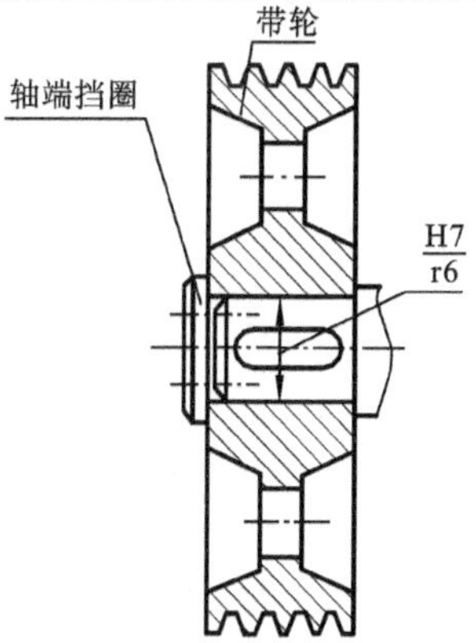

续表

配合	基本偏差	各种偏差的特点及应用实例
过盈配合	s(S)	用于钢和铸铁零件的永久性和半永久性结合,可产生相当大的结合力,如套环压在轴、阀座上用 H7/s6 配合 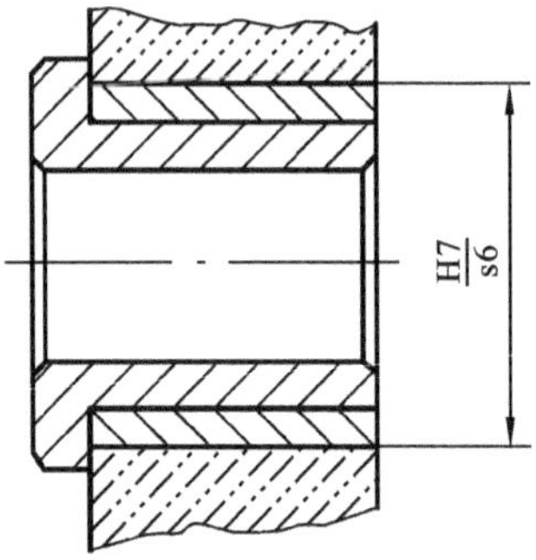
	t(T)	用于钢和铸铁零件的永久性结合,不用键就能传递转矩,需用热套法或冷轴法装配,如联轴器与轴的配合为 H7/t6
	u(U)	用于过盈大的配合,最大过盈需验算,用热套法进行装配。如火车车轮轮毂孔与轴的配合为 H6/u5,图示的带轮部件中主动锥齿轮孔与轴的配合采用 H7/u6 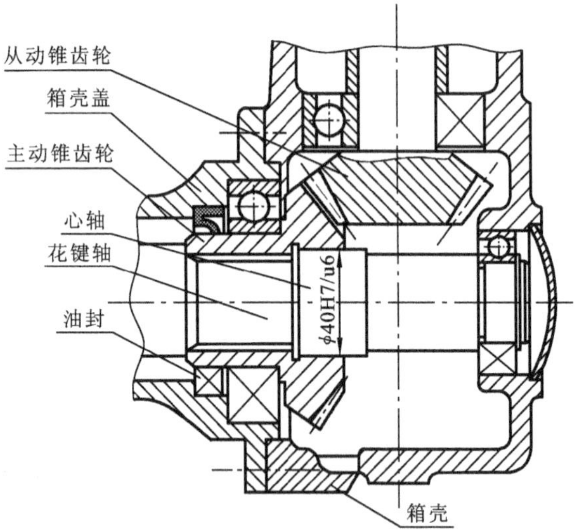
	v(V),x(X),y(Y),z(Z)	用于过盈特大的配合,目前使用的经验和资料很少,须经实验后才能应用

表 2-10　优先配合的应用说明

基孔制	基轴制	特性及说明
$\dfrac{H11}{c11}$	$\dfrac{C11}{h11}$	配合间隙非常大，液体摩擦较差，易产生紊流的配合。多用于很松的、转速较低的配合及大间隙、大公差的外露组件和要求装配方便的、很松的配合，如安全阀杆与套筒、农业机械和铁道车辆的轴与轴承等的配合
$\dfrac{H9}{d9}$	$\dfrac{D9}{h9}$	间隙很大的灵活转动配合，液体摩擦情况尚好。用于精度要求不高，或者有大的温度变化、高速或大的轴颈压力等情况下的转动配合。如一般通用机械中的滑键连接、空压机活塞与压杆、滑动轴承及较松的皮带轮的轴与孔的配合
$\dfrac{H8}{f7}$	$\dfrac{F8}{h7}$	具有中等间隙，属于带层流、液体摩擦良好的转动配合，用于精度要求一般、中等转速和中等轴颈压力的传动，也可用于易于装配的长轴或多支承的中等精度的定位配合。如机床中轴向移动的齿轮与轴、蜗轮或变速箱的轴承端盖与孔、离合器活动爪与轴、水工机械中轴与衬套等的配合
$\dfrac{H7}{g6}$	$\dfrac{G7}{h6}$	配合间隙很小，应用于有一定的相对运动，不要求自由转动，但可自由移动，要求精密定位的配合；也可用于转动精度高，但转速不高，以及转动时有冲击，但要求有一定的同轴度或精密性的配合。例如机床的主轴与轴承、机床的传动齿轮与轴、中等精度分度头的主轴与轴套、矩形花键的定心直径、可换钻套与钻模板、拖拉机连杆衬套与曲轴、压缩机十字头轴与连杆衬套等的配合
$\dfrac{H7}{h6}$	$\dfrac{G7}{h6}$	具有较小的间隙（最小间隙为零）的间隙定位配合，能较好地对准中心，常用于经常拆卸，或者在调整时需要移动或转动的连接处。工作时缓慢移动，同时要求较高的导向精度。例如，机床变速箱中的滑移齿轮和轴、离合器和轴、钻床横臂和立柱、往复运动的精确导向的压缩机连杆和十字头、橡胶滚筒密封轴上滚动轴承座与筒体等的配合
$\dfrac{H8}{h7}$	$\dfrac{H8}{h7}$	间隙极小的配合（最小间隙为零），常用于有较高的导向精度，零件间滑移速度很慢的配合；若结合表面较长，其形状误差较大，或者在变荷载时为防止冲击及倾斜，可用 H8/h7 代替 H7/h6。如柱塞燃油泵的调节器壳体和定位衬套、立式电动机和机座、一般电动机和轴承、缝纫机大皮带轮和曲轴等的配合
$\dfrac{H9}{h9}$	$\dfrac{H9}{h9}$	最小间隙为零的间隙定位配合，零件可自由装卸，传递扭矩时可加辅助的键、销，工作时相对静止不动，对同心度要求比较低。如齿轮和轴、皮带轮和轴、离心器和轴、滑块和导向轴、剖分式滑动轴承和轴瓦、安全联轴器销钉和套、电动机座上口和端盖等的配合
$\dfrac{H11}{h11}$	$\dfrac{H11}{h11}$	精度低的定心配合，低精度的铰链连接，工作时无相对运动（附加紧固件）的连接。如起重机链轮与轴，对开轴瓦与轴承座两侧的配合、连接端盖的定心凸缘、一般的铰接、粗糙机构中拉杆、杠杆等的配合、农业机械中不重要的齿轮与轴的配合等

续表

基孔制	基轴制	特性及说明
$\dfrac{\text{H7}}{\text{k6}}$	$\dfrac{\text{K7}}{\text{h6}}$	属精密定位配合,是被广泛采用的一种过渡配合,得到过盈的概率为 41.7%~45%,当公称尺寸至 3 mm 时,得到过盈的概率为 37.5%。用手锤轻打即可装卸,拆卸方便,同轴度精度高,用于冲击荷载不大的地方,当扭矩和冲击较大时应加辅助紧固件。如机床中不滑动的齿轮和轴、中型电动机轴与联轴器或皮带轮、减速器蜗轮和轴及精密仪器、航空仪表中滚动轴承与轴等的配合
$\dfrac{\text{H7}}{\text{n6}}$	$\dfrac{\text{N7}}{\text{h6}}$	允许有较大过盈的高精度定位配合,基本上为过盈,个别情况下才有小间隙,得到过盈的概率为 77.7%~82.4%。公称尺寸到 3 mm 时,H7/n6 的过盈概率为 62.5%,N7/h6 的过盈概率为 87.5%,平均过盈比 H7/m6、M7/h6 要大,比 H8/n7、N8/h7 也大。当承受很大的扭矩、振动及冲击荷载时,要加辅助紧固件。同轴度高,具有优良的紧密配合性,拆卸困难,多用于装配后不再拆卸的部位。如爪形离合器和轴、链轮轮缘和轮心、破碎机等振动机械中的齿轮和轴、柴油机泵座和泵缸、压缩机连杆衬套和曲轴衬套、电动机转子与支架等的配合
$\dfrac{\text{H7}}{\text{p6}}$	$\dfrac{\text{P7}}{\text{h6}}$	过盈定位配合,公称尺寸到 3 mm 时为过渡配合,得到过盈的概率为 75%,相对平均过盈为 0.000 13~0.002,相对最小过盈小于 0.000 43,是过盈最小的过盈配合,用于定位精度要求严格,以高的定位精度达到部件的刚性及对中要求,而对内孔承受压力无特殊要求,不依靠过盈传递摩擦负载,当传递扭矩时,则需要增加辅助紧固件。为轻型压入配合,采用压力机压入装配,适用于不拆卸的轻型静连接,变形较小、精度较高的部位。如冲击振动的重载荷的齿轮和轴、压缩机十字头销轴和连杆衬套、凸轮孔和凸轮轴、轴与轴承孔等的配合
$\dfrac{\text{H7}}{\text{s6}}$	$\dfrac{\text{S7}}{\text{h6}}$	中型压入配合中较松的一种过盈配合,公称尺寸大于 10 mm 时,相对平均过盈为 0.000 4~0.000 75,适用于一般钢件,或者用于薄壁件的冷缩配合,用于铸件能得到较紧的配合;用于不加紧固件的固定连接,过盈变化也比较小,因此适用于结合精度要求比较高的场合,且应用极为广泛。如空气钻外壳盖和套筒、柴油机气门导管和汽缸盖、燃油泵壳体和销轴等的配合
$\dfrac{\text{H7}}{\text{u6}}$	$\dfrac{\text{U7}}{\text{h6}}$	重型压入配合中较松的一种过盈配合,公称尺寸大于 10 mm 的相对平均过盈为 0.000 5~0.001 75,相对最小过盈为 0~0.003 3。用压力机或温差法装配,用于承受较大扭矩的钢件,不需要加紧固件即可得到十分牢固的连接。如拖拉机活塞销与活塞壳、中型电机转子轴和联轴器、船舵尾轴和衬套等的配合

2. 确定非基准件的基本偏差

确定配合的类别后,最重要的是确定配合的间隙或过盈量。当基准制和公差等级确定后,具体的间隙或过盈量的确定问题也就是选择非基准件的基本偏差代号的问题。在基孔制配合中,对于间隙配合,其最小间隙等于轴的基本偏差 es 的绝对值;对于过盈配合,在确定了基准孔的公差等级后,按要求的最小过盈来确定轴的基本偏差 ei;对过渡配合,在确定了基准孔的公差等级后,可由最大间隙量确定轴的基本偏差 ei。在采用基孔制、基轴制形成各种配合时,可得轴或孔的基本偏差与标准公差值和极限间隙或过盈的关系,如表 2-11 所示。

表 2-11 基孔(或基轴)制配合时,轴或孔的基本偏差与标准公差值和极限间隙或过盈的关系

基准制	配合性质	基本偏差	计算公式
基孔制	间隙配合	es	$es = -X_{min}$
	过渡配合	ei	$ei = T_h - X_{max}$
	过盈配合	ei	$ei = T_h + |Y_{min}|$
基轴制	间隙配合	EI	$EI = X_{min}$
	过渡配合	ES	$ES = X_{max} - T_s$
	过盈配合	ES	$ES = Y_{min} - T_s$

应注意的是,在基准制已定情况下,配合性质在大多数情况下仅与基本偏差有关,但有时还与公差等级和公称尺寸有关。例如,基孔制配合,轴基本偏差 n、公差等级为 IT5,与公差等级为 IT6 的基准孔配合时,是过盈配合;当轴的公差等级为 IT6,与 IT7 的基准孔配合时,是过渡配合。再比如,H8/r7 在公称尺寸小于或等于 100 mm 时,为过渡配合;在公称尺寸大于 100 mm 时,是过盈配合。

2.4.4 在选择配合时要注意的问题

一般的设计手册上给出的设计示例,适合一般生产条件和使用条件。实际公差配合的选择要根据配合件的具体使用场合、加工规模、生产工艺等因素进行对比分析,并作出必要的修正。

1. 孔、轴的工作环境温度对配合的影响

图样上极限与配合的标注是以标准温度 20℃时工件的状态为基准,检验结果也应以 20 ℃时的为准。

实际工作温度低于或高于 20 ℃时。由热变形引起的间隙或过盈变化量为

$$\Delta = D[\alpha_h(t_h - 20°) - \alpha_s(t_s - 20°)] \quad (2-19)$$

式中:D 为配合件的公称尺寸,单位为 mm;α_h、α_s 分别为孔、轴材料线膨胀系数,量纲为 1/℃;t_h、t_s 分别为孔、轴实际工作温度,单位为℃。

下面以活塞与缸套的配合为例来说明工作温度对配合的影响。

例 2-9 活塞与缸套工作时的温度要比装配时的温度高很多,所以必须考虑工作温度对配合的影响。活塞与缸体孔在工作时要求配合间隙在 0.12～0.30 mm 之间。已知活塞与缸体的公称尺寸 $D=100$ mm,活塞采用铝合金,其线膨胀系数 $\alpha_s=$

$23 \times 10^{-6}/℃$,工作温度 $t_s = 180℃$,缸体采用钢质材料,其线膨胀系数 $\alpha_h = 12 \times 10^{-6}/℃$,工作温度 $t_h = 110℃$,装配温度为 $20℃$,试设计此配合。

解 (1) 根据式(2-19)求出由于工作温度与装配温度不一致导致的间隙变动量为

$\Delta = D[\alpha_h(t_h - 20) - \alpha_s(t_s - 20)]$
$= 100 \times [12 \times 10^{-6} \times (110 - 20) - 23 \times 10^{-6} \times (180 - 20)]$ mm $= -0.26$ mm

即由于热变形,配合间隙将减小 0.26 mm。

(2) 在装配时应考虑热变形使间隙减小的影响,所以装配间隙应为

$X_{\max} = (0.30 + 0.26)$ mm $= +0.56$ mm
$X_{\min} = (0.12 + 0.26)$ mm $= +0.38$ mm

这样才能保证所需的工作间隙。

(3) 选用基准制。

选基孔制,EI = 0。

(4) 确定孔、轴的公差等级。

根据式(2-15),有

$T_f = X_{\max} - X_{\min} = (0.56 - 0.38)$ mm $= 0.18$ mm

因为 $T_f = T_h + T_s$,试取 $T_h = T_s = T_f/2 = 0.090$ mm,反查表 2-1 可知,IT9 的公差值与之比较接近,取 $T_h = T_s = 0.087$ mm。

(5) 确定非基准件(轴)的基本偏差代号和孔、轴的极限偏差值。

由表 2-11 可知,es = $-X_{\min} = -0.380$ mm;查表 2-3 可知,基本偏差 a 的 es = -0.380 mm,与之符合。因此,选用轴的公差带为 $\phi 100 a9$。根据式(2-4)求轴的另一偏差 ei,即

ei = es $- T_s = (-0.380 - 0.087)$ mm $= -0.467$ mm

因为是采用基孔制,所以 EI = 0,根据式(2-3)可得孔的另一偏差 ES,即

ES = EI $+ T_h = +0.087$ mm

(6) 校对。

该孔、轴配合代号:$\phi 100 \dfrac{H9(^{+0.087}_{0})}{a9(^{-0.380}_{-0.467})}$

$X_{\max}$ = ES $-$ ei = $[0.087 - (-0.467)]$ mm = $+0.554$ mm
$X_{\min}$ = EI $-$ es = $[0 - (-0.380)]$ mm = $+0.380$ mm

装配时保证最大间隙 $X_{\max} = +0.554$ mm,最小间隙 $X_{\min} = +0.380$ mm,能满足工作的配合间隙要求。

2. 装配变形的影响

轴在轴套中转动,两者为间隙配合。套筒与箱体孔的配合取过渡配合(有较小过盈的过渡配合)。由于套筒是薄壁件,将其装入箱体孔后,套筒内径会缩小,使配合间隙减小。在选用配合时要考虑装配变形对配合的影响。对此,可以先将套筒装入箱

体孔内,再加工套筒内孔,也可以适当加大套筒内径,来消除装配变形使尺寸减小而对配合的松紧程度造成的影响。

3. 加工方式与尺寸分布特性的影响

在大批量生产时,多用"调整法"加工,即按加工件的上、下极限尺寸的平均值调刀,加工出的尺寸变动范围接近正态分布。在单件小批生产时,多用"试切法"加工,孔的尺寸通常靠近下极限尺寸,轴的尺寸通常靠近上极限尺寸,即与大批量生产时相比,孔的尺寸偏小、轴的尺寸偏大。

设计手册上的配合示例一般是在大批量生产时的数据,在选择配合时要注意不同的生产方式对配合的影响。按"试切法"加工的零件的配合,往往比用"调整法"加工的配合紧些。

4. 按类比法选择配合时,要结合实际情况对类比对象进行修正

各种机器的应用场合、加工批量、材料的许用应力、负荷的大小和特性、装配条件及温度都会有或多或少的差异。因此,在对照实例选取配合时,应根据所设计的机器的具体情况,对间隙或过盈量进行适当的修正(见表 2-12)。

表 2-12 用类比法选择配合时对间隙或过盈量的修正

差 异 情 况	过盈量	间隙量	差 异 情 况	过盈量	间隙量
材料许用应力小	减小	—	配合长度较长	减小	增大
经常拆卸	减小	—	旋转速度高	增大	增大
有冲击负荷	增大	减小	有轴向运动	—	增大
工作时,配合件的工作温度有差异(轴温高于孔温)	减小	增大	单件、小批生产	减小	增大
工作时,配合件的工作温度有差异(孔温高于轴温)	增大	减小	装配精度高	减小	减小
配合面几何误差大	减小	增大	装配时可能有歪斜	减小	增大
表面粗糙度值大	增大	减小	润滑油的黏度大	—	增大

例 2-10 有一公称尺寸为 $\phi 35$ mm 的孔、轴配合,要求配合最大间隙为 $+0.010$ mm,最大过盈为 -0.035 mm,试确定孔、轴的公差等级和配合种类。

解 (1)选择基准制。

因没有特殊情况和要求,选用基孔制配合。

(2)公差等级的确定。

根据式(2-17),配合公差

$$T_f = X_{max} - Y_{max} = [0.010 - (-0.035)] \text{ mm} = 0.045 \text{ mm}$$

又因为 $T_f = T_h + T_s = 0.045$ mm,孔、轴在公差等级较高时,取孔比轴低一级,查表 2-1,初取 IT6=0.016 mm,IT7=0.025 mm,两者之和小于并接近配合公差 T_f,所以取孔的公差等级为 IT7，轴的为 IT6。

(3) 确定配合。

该配合是过渡配合，采用基孔制时，轴的基本偏差是下极限偏差(ei)。由表 2-11 可知，在过渡配合时：$ei=T_h-X_{max}$，所以 $ei=T_h-X_{max}=(0.025-0.010)$ mm $=+0.015$ mm。

查表 2-3，轴的基本偏差代号为 n，其偏差值 $ei=+0.017$ mm，与上述所需的轴的基本偏差最为接近，则取轴的公差带为 $\phi 35n6$。

根据式(2-4)，轴的另一极限偏差 $es=ei+T_s=(0.017+0.016)$ mm $=+0.033$ mm(注意：式中的 es 不能代 0.015 mm，因为它不是国际标准规定的偏差值)。孔的公差带为 H7，EI=0(基准孔)，根据式(2-3)可得 $ES=EI+T_h=+0.025$ mm。

孔、轴的配合为 $\phi 35H7/n6$，根据式(2-11)、式(2-12)可计算出该配合的最大间隙、最大过盈：$X_{max}=ES-ei=(0.025-0.017)$ mm $=+0.008$ mm，$Y_{max}=EI-es=(0-0.033)$ mm $=-0.033$ mm。

例 2-11 图 2-26 所示为卧式柱塞泵的装配图。试确定柱塞泵主要配合处的配合。

解 柱塞泵是一种供油装置，常用于机器的润滑系统中。它依靠凸轮旋转使柱塞作往复运动(柱塞由弹簧压紧到凸轮上)，使泵腔的容积和压力不断改变，将润滑油吸入泵腔并排到润滑系统中。凸轮的偏心距尺寸(5 mm)决定了柱塞往复的距离。当凸轮旋转，柱塞在压缩弹簧的作用力推动下向右移动时，泵腔的容积逐步增大，压力逐步减小，润滑油在外界大气压的作用下，推开上方单向阀门(吸油阀)的球体而进入泵腔中。当凸轮轴继续旋转时，柱塞在凸轮作用下，克服弹簧压力往左移动，上方单向阀中的球体在弹簧作用下关紧阀门。此时，泵腔容积逐步减小，压力逐步增大，润滑油经下方单向阀排出。

柱塞泵属一般机械，取泵件的公差为在一般机械制造中常用的较高公差等级 IT7(孔)和 IT6(轴)。

(1) 选轴承处的配合。

滚动轴承外圈与泵体、泵盖孔的配合按规定选基轴制。由于负荷不大，故泵体孔和泵盖孔的公差带可为 $\phi 35H7$(只标出一处)。滚动内圈与轴的配合按规定选基孔制，内圈工作时旋转，受循环负荷作用，轴颈的公差带确定为 $\phi 15k6$。

(2) 选衬套、衬盖与泵体的配合。

衬套与泵体 $\phi 42$ 孔的配合有定位要求，为保证与泵体孔的同心要求，选用 $\phi 42H7/js6$ 的配合。衬盖与泵体孔的配合也为定位配合，与衬套与泵体 $\phi 42$ 孔的配合相似，也不允许间隙过大而使两配合件间有明显的偏心，但结合面稍长，且用螺钉连接，因此选用 $\phi 50H7/h6$ 配合。

(3) 选柱塞与泵套、泵套与泵体的配合。

柱塞与泵套有相对移动，应采用间隙配合，但间隙不能过大，以免泄油，所以选用最小间隙为零的 $\phi 18H7/h6$ 配合。泵套外径 $\phi 30$ 与泵体的配合为定位配合，为保证两者的同轴性，选 $\phi 30H7/js6$ 配合。

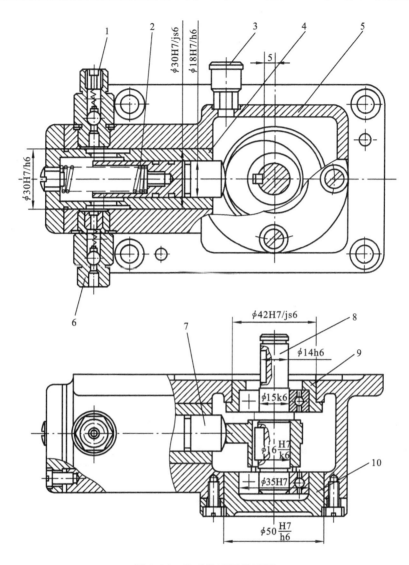

图 2-26 卧式柱塞泵装配图

1—进油阀;2—弹簧;3—油杯;4—泵套;5—泵体
6—单向阀(排油阀);7—柱塞;8—轴;9—衬套;10—衬盖

2.5 线性与角度尺寸的未注公差

  对于产品图样上零件的有些尺寸,如非配合尺寸、由工艺可以保证公差的某些尺寸等,为使图样简洁、突出重点标注,通常不需将这些尺寸的公差在产品图样上直接标注出来,而是在技术要求或技术文件上给出。这些未注公差的线性尺寸应符合 GB/T 1804—2000《一般公差 未注公差的线性和角度尺寸的公差》的规定。

一般公差是指在车间普通工艺条件下机床设备可保证的公差。采用一般公差的尺寸,在该尺寸后不需注出其极限偏差数值。

对功能上无特殊要求的要素可给出一般公差,线性尺寸的一般公差主要用于低精度的非配合尺寸。例如,外尺寸、内尺寸、阶梯尺寸、直(半)径、距离、倒圆半径和倒角高度等。未注公差适用于金属切削加工的尺寸,也适用于一般的冲压加工尺寸。

一般公差分精密(f)、中等(m)、粗糙(c)、最粗(v)四个公差等级。未注公差的线性尺寸的各公差等级的极限偏差数值如表 2-13 所示。

若线性尺寸采用一般公差,应在图样的标题栏附近或技术要求、技术文件(如企业标准)中注出标准号及公差等级代号。例如,选取中等级时,标注为

$$\text{GB/T 1804—m}$$

在技术要求中表示线性尺寸的一般公差时,应说明"未注公差尺寸按 GB/T 1804—m"。

表 2-13 线性尺寸的极限偏差数值　　　　　　　　　　　单位:mm

公差等级	尺寸分段							
	0.5~3	>3~6	>6~30	>30~120	>120~400	>400~1 000	>1 000~2 000	>2 000~4 000
f(精密级)	±0.05	±0.05	±0.1	±0.15	±0.2	±0.3	±0.5	—
m(中等级)	±0.1	±0.1	±0.2	±0.3	±0.5	±0.8	±1.2	±2
c(粗糙级)	±0.2	±0.3	±0.5	±0.8	±1.2	±2	±3	±4
v(最粗级)	—	±0.5	±1	±1.5	±2.5	±4	±6	±8

思考题及习题

2-1 已知一孔、轴配合,图样上标注为孔 $\phi 50^{+0.039}_{0}$、轴 $\phi 50^{+0.002}_{-0.023}$,试计算:(1)孔、轴的极限尺寸,并画出此配合的公差带图;(2)配合的极限间隙或极限过盈,并判断配合性质。

2-2 计算出表 2-14 中空格处数值,并按规定填写在表中。

表 2-14 习题 2-2 附表　　　　　　　　　　　单位:mm

公称尺寸	上极限尺寸	下极限尺寸	上极限偏差	下极限偏差	公差	尺寸标注
孔 $\phi 30$	30.053	30.020				
轴 $\phi 60$				−0.030	0.030	
孔 $\phi 80$	80.009				0.030	

续表

公称尺寸	上极限尺寸	下极限尺寸	上极限偏差	下极限偏差	公差	尺寸标注
轴 $\phi100$			-0.036	-0.071		
孔 $\phi300$		300.017	$+0.098$			
轴 $\phi500$						$\phi500_{-0.420}^{-0.020}$

2-3 如表 2-15 所示的各公称尺寸相同的孔、轴形成配合,根据已知数据计算出其他数据,并将其填入空格内。

表 2-15 习题 2-3 附表   单位:mm

公称尺寸	孔			轴			$X_{\max}$或$Y_{\min}$	$X_{\min}$或$Y_{\max}$	X_{av}或Y_{av}	T_f
	ES	EI	T_h	es	ei	T_s				
$\phi45$		0				0.025	$+0.089$		$+0.057$	
$\phi80$		0				0.019		-0.021	$+0.0245$	
$\phi180$			0.040	0				-0.068		0.065

2-4 使用标准公差和基本偏差表,查出下列公差带的上、下极限偏差。
(1) $\phi45e9$; (2) $\phi100k6$; (3) $\phi120p7$; (4) $\phi200h11$;
(5) $\phi50u7$; (6) $\phi80m6$; (7) $\phi140C10$; (8) $\phi250J6$;
(9) $\phi30JS6$; (10) $\phi400M8$; (11) $\phi1500N7$; (12) $\phi30Z6$。

2-5 说明下列配合符号所表示的配合制、公差等级和配合类别(如间隙配合、过渡配合或过盈配合),并查表计算其极限间隙或极限过盈,画出其尺寸公差带图。
(1) $\phi120H7/g6$ 和 $\phi120G7/h6$; (2) $\phi40K7/h6$ 和 $\phi40H7/k6$;
(3) $\phi15JS8/g7$; (4) $\phi50S7/h6$。

2-6 图 2-27 所示为发动机曲轴轴颈局部装配图,要求工作间隙在 $0.090\sim0.018$ mm 之间,试选择轴颈与轴套的配合。

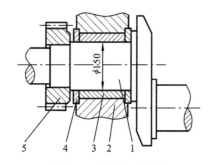

图 2-27 习题 2-6 附图
1—曲轴;2—连杆;3—轴套;4—止推垫片;5—齿轮

2-7 已知孔、轴配合,公称尺寸为 $\phi 25$ mm,极限间隙 $X_{max}=+0.086$ mm,$X_{min}=+0.020$ mm,试确定孔、轴的公差等级,并分别按基孔制和基轴制选择适当的配合。

2-8 设有一公称尺寸为 $\phi 180$ mm 的孔、轴配合,经分析和计算确定其最大间隙为 $+0.035$ mm,最大过盈为 -0.030 mm;若已决定采用基孔制,试确定此配合的配合代号,并画出其尺寸公差带图。

2-9 设有公称尺寸为 $\phi 120$ mm 的孔、轴形成过盈配合以传递扭矩。经计算,为保证连接可靠,其过盈不得小于 0.055 mm;为保证装配时不超过材料的强度极限,其过盈不得大于 0.112 mm。若已决定采用基轴制,试确定此配合的孔、轴公差带代号,并画出其尺寸公差带图。

2-10 某公称尺寸 $\phi 1\,600$ mm 的孔、轴配合,要求间隙在 $+0.105$ mm~$+0.385$ mm 之间,单件生产,采用配制配合。(1)确定先加工件和配制件的极限尺寸,并在图 2-28 上进行标注;(2)设先加工件的实际尺寸经测量为 $\phi 1\,600.180$ mm,求出配制件轴以孔的实际尺寸为零线的公差带代号,并画出此配制配合的孔、轴公差带示意图。

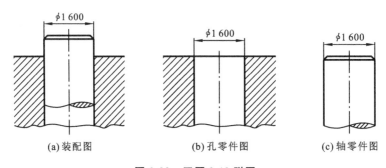

图 2-28 习题 2-10 附图

第 3 章　长度测量技术基础

3.1　测量的基本概念

机械制造中的测量技术主要研究对零件几何参数进行测量和检验的问题。测量是指以确定被测对象量值为目的的一组操作,其实质是将被测几何量与作为计量单位的标准量进行比较,从而确定被测几何量与计量单位的比值的过程。

任何一个测量过程必须有被测的对象和所采用的计量单位。此外,还有怎样进行测量和测量的准确程度如何的问题,这样,一个完整的测量过程包括测量对象、计量单位、测量方法和测量准确度四个要素。

1. 测量对象

测量对象主要是指几何量,包括长度、角度、几何误差、表面粗糙度及螺纹、齿轮的各种参数等。

2. 计量单位

为保证测量的正确性,必须保证测量过程中单位的统一,我国以国际单位制为基础确定了法定计量单位。在我国的法定计量单位中,长度单位为米(m),平面角的角度计量单位为弧度(rad)及度(°)、分(′)、秒(″)。机械制造中常用的长度计量单位为毫米(mm),$1 \text{ mm} = 10^{-3} \text{ m}$。在精密测量中,长度计量单位采用微米($\mu$m),$1 \ \mu\text{m} = 10^{-3} \text{ mm}$。在超精密测量中,长度计量单位采用纳米(nm),$1 \text{ nm} = 10^{-3} \ \mu\text{m}$。机械制造中常用的角度计量单位为弧度、微弧度($\mu$rad)和度、分、秒。$1 \ \mu\text{rad} = 10^{-6} \text{ rad}$,$1° = 0.017\ 453\ 3 \text{ rad}$。度、分、秒采用 60 进制,即 $1° = 60′$,$1′ = 60″$。

3. 测量方法

测量方法是对测量操作中逻辑结构的一般描述,通常指在测量时所采用的测量器具、测量原理和测量条件的综合。测量条件是测量时零件和测量器具所处的环境条件,如温度、湿度、振动和灰尘等。

4. 测量准确度

测量准确度是指测量结果与被测量的真值的一致程度。测量结果越接近真值,则测量准确度越高;反之,则测量准确度越低。

检验是指为确定被测量是否达到规定要求所进行的操作,从而判断是否合格,无须得出具体的量值。

对测量技术的基本要求是:保证测量精度,高的测量效率,低的测量成本。同时结合测量技术分析零件的加工工艺,采取相应措施,避免废品的产生。

3.2 长度量值传递系统

量值传递就是将国家计量基准(标准)所复现的计量单位量值,通过计量标准逐级传递到工作计量器具,以保证对被测对象所测量值的准确一致。传递一般是自上而下,由高等级向低等级进行。

量值传递是统一计量器具量值的重要手段,是保证计量结果准确可靠的基础。任何一种计量器具,由于种种原因,都存在不同程度的误差。新制造的计量器具,由于设计、加工、装配和元件质量等各种原因引起的误差是否在允许范围内,必须用适当等级的计量标准来检定,判断其是否合格。经检定合格的计量器具,经过一段时间使用后,由于环境的影响或使用不当、维护不良、部件的内部质量变化等因素将引起计量器具的计量特性发生变化,所以须定期用规定等级的计量标准对其进行检定,根据检定结果作出进行修理或继续使用的判断,经过修理的计量器具是否达到规定的要求,也须用相应的计量标准进行检定。因此,量值传递的必要性是显而易见的。

在几何量测量领域中,经常面临的是长度和角度的量值传递。长度量值的传递分别按 JJG 2001—1987《线纹计量器具检定系统》、JJG 2056—1990《长度计量器具(量块部分)检定系统》及相关检定规程的规定进行。角度的量值传递按 JJG 2057—2006《平面角计量器具检定系统表》及相关检定规程的规定进行。

1. 量块的形状、用途及尺寸系列

量块是没有刻度的端面量具,也称块规,是用特殊合金钢制成的长方体,如图3-1所示。量块具有线膨胀系数小、不易变形和耐磨性好等优点。量块有经过精密加工的平整、光洁的两个平行平面,称为测量面。两测量面之间的距离为工作尺寸 L,又称标称尺寸,具有很高的精度。量块的标称尺寸大于或等于 10 mm 时,其测量面的尺寸为 35 mm×9 mm;标称尺寸在 10 mm 以下时,其测量面的尺寸为 30 mm×9 mm。

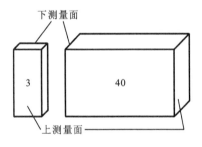

图 3-1 量块

量块的测量面非常平整和光洁,用少许压力推合两块量块,使它们的测量面紧密接触,两块量块就能研合在一起,量块的这种特性称为研合性。利用量块的研合性,就可使用不同尺寸的量块组合成所需的各种尺寸。

量块的应用较为广泛,除了作为量值传递的媒介以外,还用于检定和校准其他量具、量仪,在进行相对测量时调整量具和量仪的零位,以及用于精密机床的调整、精密划线和直接测量精密零件等操作。

在实际生产中,量块是成套使用的,每套量块由一定数量的不同标称尺寸的量块组成,以便组合成各种尺寸,满足一定尺寸范围内的测量需求。GB/T 6093—2001共规定了 17 套量块。常用成套量块的级别、尺寸系列、间隔和块数如表 3-1 所示。

表 3-1 常用的成套量块尺寸

套别	总块数	级别	尺寸系列/mm	间隔/mm	块数
1	91	0,1	0.5	—	1
			1	—	1
			1.001,1.002,…,1.009	0.001	9
			1.01,1.02,…,1.49	0.01	49
			1.5,1.6,…,1.9	0.1	5
			2.0,2.5,…,9.5	0.5	16
			10,20,…,100	10	10
2	83	0,1,2	0.5	—	1
			1	—	1
			1.005	—	1
			1.01,1.02,…,1.49	0.01	49
			1.5,1.6,…,1.9	0.1	5
			2.0,2.5,…,9.5	0.5	16
			10,20,…,100	10	10
3	46	0,1,2	1	—	1
			1.001,1.002,…,1.009	0.001	9
			1.01,1.02,…,1.09	0.01	9
			1.1,1.2,…,1.9	0.1	9
			2,3,…,9	1	8
			10,20,…,100	10	10
4	38	0,1,2(3)	1	—	1
			1.005	—	1
			1.01,1.02,…,1.09	0.01	9
			1.1,1.2,…,1.9	0.1	9
			2,3,…,9	1	8
			10,20,…,100	10	10

根据标准 GB/T6093—2001 规定,量块按标称长度的极限偏差、量块长度变动量、测量面的平面度公差、研合性和表面粗糙度分为 5 级,即 0 级、1 级、2 级和 3 级,另有一校准级 K 级。量块按级使用时,以标记在量块上的标称尺寸作为工作尺寸,该尺寸包含其制造误差。

按量块的测量不确定和长度变动量,JJG 146—2003《量块检定规程》将量块分为 5 等:1,2,3,4,5。其精度依次降低,1 等最高,5 等最低。量块按等使用时,所根据的主要是量块的检定尺寸,忽略的是检定量块中心长度的测量误差。

就同一量块而言,检定时的测量误差要比制造误差小得多。所以,量块按等使用时的精度比按级使用时要高,且能在保持量块原有使用精度的基础上延长其使用寿命。

2. 量块的尺寸组合及使用方法

量块是单值量具,一个量块只代表一个尺寸。实际工作中经常需要将多个量块组合起来使用。为了减少量块组合的累积误差,使用量块时,应尽量减少使用的块数,一般要求不超过 4 块。选用量块时,应根据所需组合的尺寸,从最后一位数字开始选择,每选一块,尺寸数字的位数便减少一位,以此类推,直至组合成完整的尺寸。

例 3-1 要组成 38.935 mm 尺寸,试选择组合的量块。

解 以 83 块一套的量块为例,有

$$
\begin{array}{ll}
38.935 & \\
-1.005 & \text{——第 1 块量块尺寸} \\
\hline
37.93 & \\
-1.43 & \text{——第 2 块量块尺寸} \\
\hline
36.5 & \\
-6.5 & \text{——第 3 块量块尺寸} \\
\hline
30 & \text{——第 4 块量块尺寸}
\end{array}
$$

共选取 4 块,尺寸分别为 1.005 mm、1.43 mm、6.5 mm、30 mm。

若采用 38 块一套的量块,则有

$$
\begin{array}{ll}
38.935 & \\
-1.005 & \text{——第 1 块量块尺寸} \\
\hline
37.93 & \\
-1.03 & \text{——第 2 块量块尺寸} \\
\hline
36.9 & \\
-1.9 & \text{——第 3 块量块尺寸} \\
\hline
35 & \\
-5 & \text{——第 4 块量块尺寸} \\
\hline
30 & \text{——第 5 块量块尺寸}
\end{array}
$$

共选取 5 块,其尺寸分别为 1.005 mm、1.03 mm、1.9 mm、5 mm、30 mm。

采用 83 块一套的量块,只需用 4 块量块,而采用 38 块一套的量块要用 5 块量块,所以采用 83 块一套的量块要好些。

量块是一种精密量具,其加工精度高,价格也较高,因而在使用时一定要十分注意,不能碰伤和划伤其表面,特别是测量面。量块选好后,在组合前先用航空汽油或苯洗净其表面的防锈油,并且用麂皮、软皮或软绸将各面擦干,然后用推压的方法将量块逐块研合。在研合时应保持动作平稳,以免测量面被量块棱角划伤,要防止腐蚀性气体侵蚀量块。使用时不得用手接触测量面,以免影响量块的组合精度。使用后,拆开组合量块,用航空汽油或苯将其洗擦干,并涂上防锈油,然后装在特制的木盒内。绝不允许将量块结合在一起存放。

为了拓宽量块的应用范围,可采用量块附件。量块附件主要有夹持器和各种量爪,如图 3-2(a)所示。将量块及其附件装配好后,可用于测量外径、内径或作精密划线等,如图 3-2(b)所示。

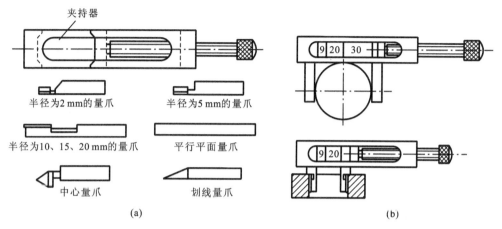

图 3-2　量块附件及其应用

3.3　常用计量器具和测量方法

3.3.1　计量器具的分类

计量器具按结构特点可分为以下四类。

1. 量具

量具是指以固定形式复现量值的计量器具,一般结构较简单,没有传动放大系统。只用来复现单一量值的量具称为单值量具,如量块、直角尺等。可用来复现一定范围内的一系列不同量值的量具,称为通用量具。通用量具按其结构特点分为以下几种:固定刻线量具,如钢尺、卷尺等;游标量具,如游标卡尺、万能角度尺等;螺旋测微量具,如内、外径千分尺和螺纹千分尺等。

2. 量规

量规是指没有刻度的专用计量器具,用于检验由零件要素的实际尺寸及形状、位置的实际情况所形成的综合结果是否在规定的范围内,从而判断零件被测的几何量是否合格。量规检验不能获得被测几何量的具体数值。如用光滑极限量规检验光滑圆柱形工件的合格性;用螺纹量规综合检验螺纹的合格性等。

3. 量仪

量仪是指能将被测几何量的量值转换成可直接观察的指示值或等效信息的计量器具。量仪一般具有传动放大系统。按对原始信号转换原理的不同,量仪又可分为以下四种。

(1) 机械式量仪 机械式量仪是指用机械方法实现原始信号转换的量仪,如指示表、杠杆比较仪和扭簧比较仪等。

(2) 光学式量仪 光学式量仪是指用光学方法实现原始信号转换的量仪,具有放大比较大的光学放大系统,如万能测长仪、立式光学计、工具显微镜、干涉仪等。

(3) 电动式量仪 电动式量仪是指将原始信号转换成电量形式信息的量仪。这种量仪具有放大和运算电路,可将测量结果用指示表或记录器显示出来。如电感式测微仪、电容式测微仪、电动轮廓仪、圆度仪等。

(4) 气动式量仪 气动式量仪是指以压缩空气为介质,通过其流量或压力的变化来实现原始信号转换的量仪,如水柱式气动量仪、浮标式气动量仪等。这种量仪结构简单,可进行远距离测量,也可对难以用其他计量器具测量的部位(如深孔部位)进行测量;但示值范围小,对不同的被测参数需要不同的测头。

4. 计量装置

计量装置是为确定被测几何量值所必需的计量器具和辅助设备的总称。计量装置能够测量较多的几何量和较复杂的零件,有助于实现检测自动化或半自动化,一般用于大批量生产中,以提高检测效率和检测精度。

3.3.2　测量方法的分类

在几何量测量中,测量方法可以按各种不同的形式进行分类。如按被测量值的获得方式,通常将测量方法分为直接测量和间接测量两种;按被测量的状态,可以将测量方法分为动态测量和静态测量等。

1. 直接测量

直接测量是指用一定的工具或设备就可以直接地确定未知量的测量。例如,用游标卡尺、千分尺测量物体的长度,用天平称量物质的质量,用温度计测量物体的温度等。它不需将被测量值与其他实测量进行某种函数关系的计算,而可直接得到被测量值。

直接测量又可分为绝对测量与相对测量。

若由仪器刻度尺上可以读出被测参数的整个量值,这种测量方法称为绝对测量,如用游标卡尺、千分尺测量零件尺寸。

若由仪器刻度尺上读出的值是被测参数对标准量的偏差,这种测量方法称为相对测量,如用量块调整比较仪测量零件尺寸。

2. 间接测量

间接测量是指所测的未知量不仅要由若干个直接测定的数据来确定,而且必须通过某种函数关系式的计算,或者通过图形的计算方能求得测量结果的测量。例如,在测量大型圆柱零件直径 D 时,可以先直接测出其圆周长 L,然后通过函数式 $D=L/\pi$ 来计算零件的直径。用膨胀仪测量材料的热膨胀系数 A,既要测定试体的原始长度 L,还要测定试体在加热时,对应于温度 T_2 与 T_1 时伸长的长度 ΔL,再通过公

式 $A=A_0+\Delta L/(T_2-T_1)$ 来计算出材料的平均线热膨胀系数。因此,这两种测量都属于间接测量。

间接测量的准确度取决于有关参数的测量准确度,并与所依据的计算公式有关。

3. 静态测量

静态测量是指在测量过程中被测零件与传感元件处于相对静止状态的测量,如用千分尺测量零件的直径。

4. 动态测量

动态测量也称瞬态测量,在测量过程中被测零件与传感元件处于相对运动状态,被测量随着时间延伸而变化。这种测量能反映被测参数的变化过程。例如,用轮廓仪测量被测零件的表面粗糙度、用激光丝杠动态检查仪测量丝杠螺旋线误差等。

5. 接触测量

接触测量是指测量时仪器的测量头与工件被测表面直接接触,并有测量力存在的测量。

6. 非接触测量

非接触测量是指测量时仪器的传感元件与被测表面不直接接触,没有测量力影响的测量,例如,采用光学投影法测量零件被放大影像,以及用气动量仪测量等。

7. 单项测量

单项测量是指分别测量工件的各个参数。例如,测量螺纹零件时,可分别测出螺纹的实际中径、螺距、半角等参数。为了分析造成加工次品的原因,常采用单项测量。

8. 综合测量

综合测量是指同时测量零件上与几个参数有关联的综合指标,从而综合地判断零件是否合格的测量。例如,用螺纹量规检验螺纹零件,检测效率高,但不能测出各分项的参数值,此即为综合测量。

3.4 计量器具与计量方法的术语及定义

常用的表示计量器具或与之含义接近的术语很多,我国常用计量器具或量具,在GPS 标准(如 GB/T 18779.1—2002、GB/T 24634—2009)中使用测量设备,在 ISO9001:2008《质量管理体系 要求》中也使用测量设备,在 2008 版(即第三版)的《国际通用计量学基本名词术语》(International Vocabulary of Metrology-basic and General Concepts and Associated Terms,VIM)中使用了测量装置、测量仪器、测量系统。

计量器具的度量指标是用来说明计量器具的性能,它是选择和使用计量器具、研究和判断测量方法正确性的依据,主要的度量指标如下。

1. 分度值(刻度值)

分度值(value of a scale division)是指在测量器具的标尺或分度盘上,相邻两刻线间所代表被测量的量值。如千分表的分度值为 0.01 mm。对于数显式仪器,其分度值称为分辨率。一般来说,分度值越小,计量器具的精度越高。

2. 刻度间距

刻度间距(scale spacing)是指计量器具的刻度尺或分度盘上相邻两刻线中心之间的距离。为便于目视估计,一般刻度间距为 1~2.5 mm。

3. 示值范围

示值范围(indication interval)是指由计量器具所显示或指示的最小值到最大值的范围。如光学比较仪的示值范围为 ±0.1 mm。

4. 测量范围

测量范围(measuring interval 或 working interval, measuring range)是指计量器具所能测量零件的最小值到最大值的范围。如某一千分尺的测量范围为 75~100 mm。某一光学比较仪的测量范围为 0~180 mm。

5. 灵敏度

灵敏度(sensitivity)是指计量器具对被测量变化的反应能力。若被测量变化为 ΔL,计量器具上相应变化为 Δx,则灵敏度 S 为 $S = \Delta x/\Delta L$。当 Δx 和 ΔL 为同一类量时,灵敏度又称放大比,其值为常数。放大比 K 的计算式为

$$K = c/i$$

式中:c 为计量器具的刻度间距;i 为计量器具的分度值。

通常,计量器具的分度值越小,则该计量器具的灵敏度越高。

6. 测量力

测量力(measuring force)是指计量器具的测头与被测表面之间的接触压力。在接触测量中,要求有一定的恒定测量力。测量力太大会使零件或测头产生变形,测量力不恒定会使示值不稳定。

7. 示值误差

示值误差(error of indication)是指计量器具上的示值与被测量真值的代数差。

在计量器具的标准、技术规范、检定规程中一般规定示值误差允许的极限值,也就是 GB/T 18779.1—2002 所指的测量设备的最大允许误差。JJG30—2002《通用卡尺检定规程》中,对测量范围为 0~150 mm、分度值为 0.01 或 0.02 mm 的卡尺,规定其示值误差的最大允许值为 ±0.02 mm。

8. 示值变动

示值变动(variation of indication)是指在测量条件不变的情况下,用计量器具对被测量件测量多次(一般为 5~10 次)所得示值中的最大差值。

9. 回程误差(滞后误差)

回程误差(hysterisis error)是指在相同条件下,对同一被测量进行往返两个方向测量时,计量器具示值的最大变动量。

10. 不确定度

通常所讲的不确定度(uncertainty)指测量不确定度,是表征合理地赋予被测量之值的分散性,与测量结果相联系的参数。

在新一代 GPS 标准中,不确定度的概念更具有一般性(见图 1-3),不再仅仅指测量不确定度,而是包括总体不确定度、相关不确定度、符合不确定度、规范不确定度、测量不确定度、方法不确定度、执行不确定度等多种形式。

3.5 常用长度测量仪器

测量装置由测头(敏感元件)、变换、放大、传递及指示等部分组成。在长度测量中,被测量主要是尺寸和角度,作用于敏感元件上的信号是直线和角位移。为了便于放大、传递和指示,需要将位移信号转换为其他的相应物理量,故在测量装置中需要变换。

按原理分类,变换有机械变换、光学变换、气动变换、电学变换和光电变换五大类。

3.5.1 机械变换式计量仪器

在机械变换中,被测量的变化将使测头产生相应的位移,并通过机械变换器进行转换(或放大)。

1. 螺旋变换式仪器

螺旋变换是利用螺旋运动副,将直线位移转换为角位移,或将角位移转换为直线位移,如图 3-3 所示。测微螺杆与转筒固定在一起,螺杆导程为 P,当转筒转动 θ 角时,测杆的直线位移为 $x=(\theta/2\pi)P$。此时,转筒外表面上的圆刻度位移为 $y=R\theta$。故放大比为

$$K = y/x = \frac{2\pi R}{P} \tag{3-1}$$

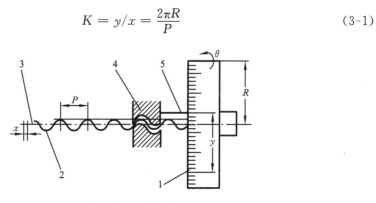

图 3-3 螺旋变换
1—转筒;2—测微螺杆;3—测杆;4—螺母;5—固定刻线

利用螺旋变换可以制成各种千分尺,分别用于测量孔径(内尺寸)、轴径(外尺

寸)、齿轮公法线、板厚、大尺寸、螺纹中径、深度等。用指示表代替千分尺的固定量头,则可制成带表千分尺,便于读数。

2. 杠杆齿轮变换

齿轮变换是利用齿轮传动系统,将测杆的位移放大,如图 3-4 所示,测杆上的齿条与小齿轮 1(齿数为 z_1,模数为 m)啮合,大齿轮 2(齿数为 z_2)与小齿轮 1 固定在同一转轴上,大齿轮 2 与小齿轮 3 啮合,指针与小齿轮 3 固定在同一转轴上。通过齿轮传动,测杆的位移 x 转换为指针端点的位移 y,其放大比为

$$K = \frac{y}{x} = \frac{2Rz_2}{mz_1z_3} \tag{3-2}$$

这种变换无传动原理误差,故测量范围较大。其变换精度主要受齿轮传动制造、安装误差的影响。利用齿轮变换可以制成各种指示表。如图 3-5 所示为千分表,其刻度值为 0.001 mm,测量范围为 0～1 mm。

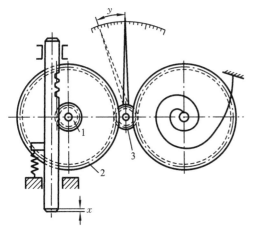

图 3-4　杠杆齿轮变换　　　　　　　图 3-5　千分表

3. 弹簧变换

弹簧变换是利用特制弹簧的弹性变形,将测杆的位移放大。弹簧变换有平行片簧变换和扭簧变换,而以扭簧变换应用最多。

扭簧比较仪的原理如图 3-6 所示,图 3-7 所示为其实物图。仪器的主要元件是横截面为 0.01 mm×0.25 mm 的由中间向两端左、右扭曲而成的扭簧片 3,它的一端连接在机壳的连接柱上,另一端连接在弹性杠杆 2 的一个支臂上。杠杆 2 的另一端与测杆 1 的上部接触。指针 4 粘在扭簧片的中部。测量时,测杆 1 向上或向下移动,从而推动杠杆 2 摆动。当杠杆 2 摆动时将使扭簧片 3 拉伸或缩短,引起扭簧片转动,因而使指针 4 偏转。扭簧比较仪的灵敏度很高,其分度值一般为 0.001、0.000 5、0.000 2、0.000 1 mm 和 0.000 02 mm,相应的示值范围为±0.03、±0.015、±0.006、±0.003 mm 和±0.001 mm。

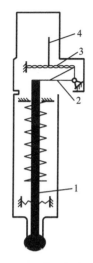
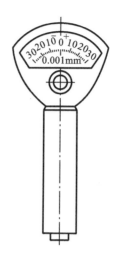

图 3-6 扭簧比较仪原理　　　　　图 3-7 扭簧比较仪

3.5.2 光学变换式计量仪器

光学变换主要利用光学成像的放大、缩小，光束方向的改变，光波干涉和光量变化等原理，实现对被测量值的变换。它是一种高精度的变换方式。

1. 影像变换

光学影像变换是利用光学系统将物体成像于目镜视场或影屏上，以便于瞄准和观测。影像变换广泛应用于光学计量仪器，如各式投影仪、工具显微镜、光学测长仪、光学比较仪等中，可用来放大被测对象的轮廓或形貌，或放大基准标尺，以便于读数。

图 3-8 所示为测长仪，测量前先将测轴与尾座中的测砧接触，从读数显微镜中读数。装上工件，使工件与测砧接触。然后移动测轴与工件接触，并再次从读数显微镜读数。两次读数之差即为工件尺寸。

图 3-9 所示为 TESA Scope Ⅱ 300 V 型立式投影仪。

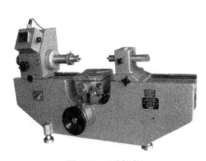

图 3-8 测长仪　　　　　　　　图 3-9 立式投影仪

2. 光学杠杆变换

光学杠杆变换利用的是光学自准直原理和机械的正切杠杆原理。光学比较仪（也称光学计）采用了光学杠杆变换原理。如图 3-10 所示，自物镜焦平面上的焦点 c 处发出的光，经物镜后变成一束平行光到达平面反射镜 P，若平面反射镜与光轴垂直，则经过平面反射镜反射的光由原路回到发光点 c，即发光点 c 与像点 c' 重合。若反射镜与光轴不垂直而偏转一个 α 角成为 P_1，则反射光束与入射光束间的夹角为 2α。反射光束汇聚于像点 c 与 c'' 之间的距离为

$$l = f\tan 2\alpha \tag{3-3}$$

式中：f 为物镜的焦距；α 为反射镜偏转角度。

反射镜角度的偏转由光学计的测杆来推动。测杆的一端与平面反射镜 P 相接触。当测量时，推动反射镜 P 绕支点 O 摆动，测杆移动一个距离 s，则反射镜偏转一个 α 角，其关系为

$$s = b\tan\alpha \tag{3-4}$$

式中：b 为测杆到支点 O 的距离。

这样，测杆的微小移动 s 就可以通过正切杠杆机构和光学装置放大，变成光点和像点间的距离 l。其放大倍数为

$$K = \frac{l}{s} = \frac{f\tan 2\alpha}{b\tan\alpha} \approx \frac{2f}{b} \tag{3-5}$$

从式(3-5)可看出，光学杠杆变换可以在不增加仪器轮廓尺寸的前提下，得到比机械杠杆大得多的放大比。

光学比较仪（光学计）是利用光学杠杆变换原理制成的典型量仪，有立式和卧式两种。前者只能用于测量外尺寸，后者还可用于测量内尺寸。

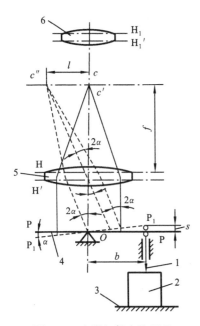

图 3-10 光学杠杆变换原理
1—测杆；2—工件；3—工作台；
4—平面反射镜；5—物镜；6—目镜

立式比较仪的外形图如图 3-11 所示，其原理如图 3-12 所示。光源由侧面射入，经棱镜反射照亮分划板 2 上的刻度尺。刻度尺共有 ±100 格，它位于物镜 4 的焦平面上，并处于主光轴的一侧，而反射回的刻度尺像位于另一侧（如图中左下角所示）。测量时，经光源照亮的标尺光束由直角棱镜 3 折转 90°到达物镜 4 和反射镜 5，再返回分划板 2，从目镜中可观察到刻度尺像（刻度尺被遮去）。当测杆 6 移动时，反射镜 5 偏转，从而使返回的刻度尺像相对于指示线产生相应的移动，因而可以进行读数。

当式(3-5)中 $f=200$ mm，臂长 $b=5$ mm 时，放大倍数 $K=80$。由于光学计的目镜放大倍数为 12 倍，故光学计的总放大倍数为 (12×80) 倍$=960$ 倍。分划板上标尺刻度间距约为 0.08 mm，标尺的刻度值为 0.001 mm，标尺示值范围为 ±0.1 mm，仪器的测量范围为 0～180 mm。

图 3-11 立式比较仪

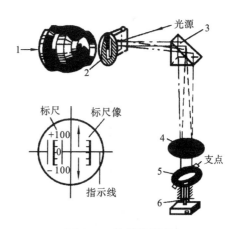

图 3-12 比较仪原理
1—目镜；2—分划板；3—直角棱镜；
4—物镜；5—反射镜；6—测杆

利用扩大光学杠杆放大比制成的超级光学比较仪,其标尺的刻度值可达 0.2 μm,甚至 0.1 μm。

3. 干涉式

干涉式量仪是利用光波干涉原理,将被测量的信号转换为干涉带的信号输出。

在光学计量仪器中,利用干涉原理制成的仪器很多,包括用于长度基准量值传递的干涉仪等；用于长度绝对测量的干涉仪、测量大尺寸的通用干涉仪、NPL(英国国家物理研究所)干涉仪、激光干涉测长仪等；用于长度比较测量的接触式干涉仪、非接触干涉内径测微仪、非接触式干涉指示仪等。此外,还有用于测量精密角度、形状误差和微观表面形貌等的干涉仪。

在生产中常用的是立式接触式干涉仪,其外形如图 3-13 所示,其光路如图 3-14 所示。光源 1 发出的光经过聚光镜 2、滤色片 3 后射入分光镜 4。光束从分光镜上分成两束：一束光透过分光镜 4、补偿镜 5 到达和仪器测杆连在一起的反射镜 6,然后从反射镜返回,穿过补偿镜 5、到达分光镜 4；另一束光先由分光镜 4 反射至参考镜 7,再由参考镜 7 反射回分光镜 4。此两束光相遇后产生干涉。从目镜 10 即可看到干涉条纹。测量前先装上滤光片 3(以该滤光片波长作为标准),然后调整参考镜 7 与光轴的倾角,从而可以调整干涉条纹的方向与宽度,并可定出此状态下刻度尺 9 的分度值。取下滤光片,再用白光照明。此时,在目镜 10 中可以看到零级干涉条纹是一条黑线,以此黑线作为仪器指针进行读数。由上述光路可知,这种仪器是按迈克尔逊干涉原理设计的。

图 3-13 接触式干涉仪

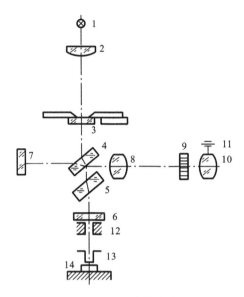

图 3-14 干涉仪光路

3.5.3 气动变换式计量仪器

气动变换式计量仪器是利用气体在流动过程中某些物理量(如流量、压力、流速等)的变化来实现长度测量的一种装置,一般由过滤器、稳压器、指示器和测量头四个部分组成。过滤器用来将气源的压缩空气进行过滤,清除其中的灰尘、水和油分,使空气干燥和清洁;稳压器用来保持空气压力的恒定;指示器用来将工件尺寸变化转变为压力(或流量)变化,并指出尺寸变化大小;测量头用来感受被测尺寸的变化。

根据工作原理不同,气动变换式计量仪器一般可分为气压转换式量仪和气流转换式计式量仪两类。前者利用气压计指示工件尺寸的变化,后者利用气体流量计指示工件尺寸的变化。

1. 气压转换式量仪

如图 3-15 所示,具有恒定压力 F_0 的压缩空气,经主喷嘴 R_0 进入测量室,再通过测量喷嘴 R 和喷嘴前的间隙 Z 流入大气。当间隙 Z 发生变化时,测量室气压 F 将随之改变。这样,就把尺寸变化信号转换为气压变化信号。

测量压力 F 与压缩空气工作压力 F_0 的关系为

$$F = \frac{F_0}{1+\left(\dfrac{A}{A_0}\right)^2} = \frac{F_0}{1+\left(\dfrac{4dZ}{d_0^2}\right)^2} \tag{3-6}$$

式中:A_0 为主喷嘴截面积,若主喷嘴直径为 d_0,则 $A_0 = \pi d_0^2/4$;A 为测量喷嘴前间隙流通面积,若测量喷嘴直径为 d,则 $A = \pi dZ$。

由式(3-6)可知,测量室气压 F 与间隙 Z 是非线性关系(见图 3-15(b))。因此,

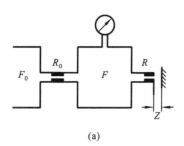 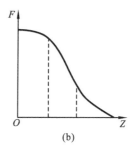

图 3-15 气压转换式原理

为了减少测量结果的非线性误差,量仪应在 F-Z 曲线近似直线的一段内进行工作。

2. 气流转换式量仪

气流转换式量仪是将工件尺寸变化转换成气体流量的变化,然后通过浮标在锥形玻璃管中浮动的位置进行读数。当被测工件尺寸发生变化时,测量喷嘴与工件间的间隙 s 发生变化,因而使流过喷嘴的气体流量 Q 也发生变化,从而引起浮标位置的变化。当流过浮标与锥管间的空气流量与从测量喷嘴流出的气体流量相等时,浮标不动,即可从浮标相对于玻璃管上刻度尺的位置读出读数。若流量为 Q、测量喷嘴直径为 d、测量间隙为 s,则

$$Q = f(\pi d s) \tag{3-7}$$

当测量喷嘴选定后,流量 Q 仅与间隙 s 的变化有关,即 $Q=f(s)$。它说明间隙 s 的变化会引起气体流量的改变。

我国中原量仪厂生产的浮标式气动量仪分单管式、双管式和三管式三种。仪器的放大倍数一般为 2 000 倍、5 000 倍和 10 000 倍,其相应的示值范围分别为:0~0.09 mm,0~0.035 mm 和 0~0.018 mm。相应的分度值分别为:0.002 mm,0.001 mm 和 0.000 5 mm。

气动量仪喷嘴可装在比较仪座上做长度测量,也可以装上气动塞规(测孔量头)和气动卡规(测轴量头)分别检验孔、轴直径。

3.5.4 电动变换式计量仪器

电动变换式计量仪器是将被测量信号转换为电阻、电容及电感等电量的变化,产生电压或电流输出,经放大和计算后进行显示。电学变换的精度很高,信号输出方便,且易于实现远距离测量和自动控制,故在生产和科研中得到广泛应用。

电动变换式量仪种类很多,一般可分为电接触式、电感式、电容式、电涡流式和感应同步器等。下面主要介绍电感式、电容式量仪的基本原理。

1. 电感式

电感式量仪的传感器一般分为电感式和互感式两种。电感式又可分为气隙式、截面式和螺管式三种。互感式也可分为气隙式和螺管式两种。

图 3-16 所示为电感式传感器的工作原理，它由线圈 1、铁心 2、衔铁 3 组成。铁心与衔铁间有一个空气隙，其厚度为 δ。仪器测杆与衔铁连接在一起。当工件尺寸发生变化时，测杆向上（或向下）移动，从而改变气隙厚度 δ，如图 3-16(a)所示，或改变通磁气隙面积 S，因测杆移动 Δb，导磁面积 S 也发生变化，如图 3-16(b)所示。

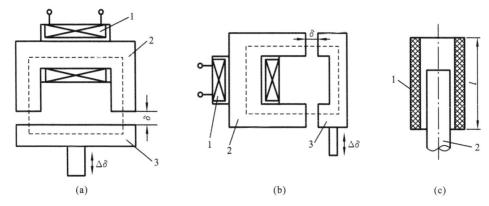

图 3-16　电感式传感器结构

1—线圈；2—铁心；3—衔铁

据磁路的基本原理可知，电感量的计算式为

$$L = \frac{W^2}{R_m} \tag{3-8}$$

式中：W 为线圈的匝数；R_m 为磁路的总磁阻。

图 3-16(a)、(b)中磁路的总磁阻 R_m 的计算式为

$$R_m = \sum \frac{l_i}{\mu_i S_i} + \frac{2\delta}{\mu_0 S} \tag{3-9}$$

式中：l_i 为导磁体的长度（即铁心 2 和衔铁 3 的总长）；μ_i 为导磁体的磁导率；S 为导磁体的截面积；μ_0 为空气的磁导率；δ 为空气隙厚度。

因为一般导磁体的磁阻比空气的磁阻小得多，计算时可以忽略，则电感量为

$$L \approx \frac{W^2 \mu_0 S}{2\delta} \tag{3-10}$$

由式(3-10)可以看出，电感量与气隙 δ 成反比，与通磁气隙面积 S 成正比。因此，改变气隙 δ 或改变通磁气隙面积 S 均能使电感量发生变化。用改变气隙而使电感量发生变化的原理制成的传感器，称为气隙式电感传感器，如图 3-16(a)所示；用改变通磁气隙的面积而使电感量发生变化的原理制成的传感器，称为截面式电感传感器，如图 3-16(b)所示。

图 3-16(c)所示为螺旋管式传感器，图中部件 1 是线圈，部件 2 是与测杆相连的衔铁，当衔铁向上或向下移动时，电感量发生变化。

气隙式电感传感器灵敏度最高，且其灵敏度随气隙的增大而减小，非线性误差大，故只能用于微小位移的测量。截面式电感传感器灵敏度比变间隙型低，理论灵敏

度为常数,因而线性好,量程比气隙式电感传感器大。螺管式电感传感器在三种结构中量程最大,可达几十毫米,灵敏度较低,但结构简单,因而应用比较广泛。

上述三种形式传感器中,不论哪一种形式,在实践中均做成差动式(即传感器有上、下两线圈,其感应信号均接入放大电路)。这样可改善环境温度与电源电压波动对测量准确度的响应,以及改善测杆的位移与电感量的非线性关系。

2. 电容式

电容式位移传感器是将被测的位移转换成电容器电容量的变化。它以各种类型的电容器作为转换元件,在大多数情况下,是由两平行极板组成的以空气为介质的电容器,有时也有由两平行圆筒或其他形状平行面组成的。因此,电容式传感器工作原理可用平行板电容器来说明,如图 3-17 所示。当不考虑边缘电场影响时,其电容量为

$$C = \frac{\varepsilon A}{\delta} \quad (3-11)$$

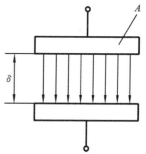

图 3-17 平行板电容器

式中:C 为电容量;ε 为极板间介质的介电系数;A 为平行极板相互覆盖的有效面积;δ 为两平行极板之间的距离。

由式(3-11)可知,平行板电容器的电容量是 ε,δ,A 的函数,即 $C=f(\varepsilon,\delta,A)$。如果保持其中两个参数不变,而只改变一个参数,那么被测量参数的改变就可由电容量 C 的改变反映出来。如将上极板固定,下极板与被测运动物体相连,当被测运动物体上下移动(δ 变化)或左右移动(A 变化)时,会引起电容量的变化,通过一定的测量电路可将这种电容量变化转变成电压、电流、频率等信号输出,根据输出信号的大小,即可测定运动物体位移的大小。

电容式位移传感器的结构根据工作原理的不同,可分为变间隙式(δ 变化)、变面积式(A 变化)和变介电系数式(ε 变化)三种;按极板形状不同,则有平板形和圆柱形两种,其电容量变化是由于活动极板的位移引起的。

3.5.5 光电变换式计量仪器

光电变换式量仪先利用光学方法进行放大或瞄准,再通过光电元件将几何量转换为电量进行检测,以实现几何量的测量。光电变换式量仪可分为光栅式量仪、激光式量仪和视觉检测式量仪。这类仪器有光栅尺、激光测长机等。

1. 光栅式量仪

光栅式量仪是利用光栅所产生的莫尔条纹和光电效应,将测量位移所得的光信号转换为电信号,对直线位移或角位移进行精密测量的。

光栅的种类很多,常用的有物理光栅和计量光栅。物理光栅按材料分类有玻璃光栅和金属光栅,也就是透射光栅和反射光栅。玻璃光栅由很多间距相等的不透光的刻线和刻线间的透光缝隙构成。计量光栅又分为长光栅和圆光栅两种,前者用于

测量直线位移,后者用于测量角度位移。

将两块栅距相同的长光栅叠放在一起,使两光栅线纹间保持 0.01～0.1 mm 的间距,并使两块光栅的线纹相交一个很小角度,可得到如图 3-18 所示的莫尔条纹。从几何的观点来看,莫尔条纹就是同类(明的或暗的)线纹交点的连线。

根据图 3-18 所示的几何关系可得光栅栅距(线纹间距) W,莫尔条纹宽度 B 和两光栅线纹变角 θ 之间的关系为

$$\tan\theta = \frac{W}{B} \tag{3-12}$$

当交角很小时,有

$$\theta \approx \frac{W}{B} \quad \text{或} \quad B \approx \frac{W}{\theta} \tag{3-13}$$

由于 θ 是弧度值,是一个较小的小数,因而 $1/\theta$ 是一个较大的数。这样测量莫尔条纹宽度比测量光栅线纹宽度容易得多,由此可知莫尔条纹具有放大作用。图中,当两光栅尺沿 X 方向产生相对移动时,莫尔条纹也在大约与 X 向垂直的 Y 方向上产生移动,光栅移动一个栅距,莫尔条纹随之移动一个条纹间距。

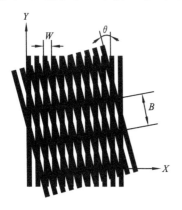

图 3-18 莫尔条纹

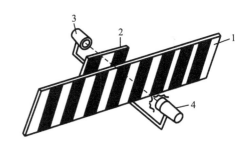

图 3-19 光栅示意图

1—标尺光栅;2—指示光栅;3—硅光电池;4—光源

光栅计数装置种类很多,图 3-19 所示为一种简单的光栅示意图。光源 4 发出的光经过标尺光栅 1 和指示光栅 2 刻线不重合处透射出去,形成清晰的明暗相间的莫尔条纹,硅光电池 3 将莫尔条纹转换为电信号输出。

2. 激光式量仪

激光在长度测量中的应用越来越广,如用干涉法测量线位移,用双频激光干涉法测量线位移和小角度,用环形激光测量圆周分度,用激光运行时间测量大距离等。下面主要介绍应用较广的激光三角法。

激光三角法位移测量的原理是:用一束激光以某一角度聚焦在被测物体表面,然后从另一角度对物体表面上的激光光斑进行成像,物体表面激光照射点的位置高度

不同,所接受散射或反射光线的角度也不同,用 CCD 光电探测器测出光斑像的位置,就可以计算出主光线的角度,从而计算出物体表面激光照射点的位置高度;当物体沿激光线方向发生移动时,测量结果就将发生改变,从而实现用激光测量物体的位移。具体原理如图 3-20 所示,半导体激光器 1 被镜片 2 聚焦到被测物体 6 上,反射光被镜片 3 收集,投射到 CCD 阵列 4 上;信号处理器 5 通过三角函数计算阵列 4 上的光点位置得到被测物体到仪器的距离。

3. 视觉检测式量仪

视觉检测技术是精密测试技术领域内最具有发展潜力的新技术,它综合运用了电子学、光电探测、图像处理和计算机技术,将机器视觉引入工业检测中,实现对物体(产品或零件)三维尺寸或位置的快速测量,具有非接触、速度快、柔性好等突出优点,在现代制造业中有着重要的应用前景。

一个典型的工业机器视觉系统包括光源、镜头、CCD 照相机、图像处理单元(或图像捕获卡)、图像处理软件、监视器、通信及输入/输出单元等。

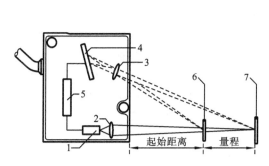

图 3-20 激光三角测量原理
1—半导体激光器;2,3—镜片;4—线性 CCD 阵列;
5—信号处理器;6—被测物体 a;7—被测物体 b

图 3-21 视觉系统用于轴承检测

机器视觉检测系统采用 CCD 照相机将被检测的目标转换成图像信号,传送给专用的图像处理系统,根据像素分布和亮度、颜色等信息,转变成数字化信号,图像处理系统对这些信号进行各种运算来抽取目标的特征,如面积、数量、位置、长度等,再根据预设的允许度和其他条件输出结果,包括尺寸、角度、个数、合格/不合格、有/无等,实现自动识别功能。图 3-21 所示为在轴承装配线上利用视觉系统检查轴承中滚珠有无脱落。

3.6 三坐标测量机

三坐标测量机(coordinate measuring machine,CMM)是 20 世纪 60 年代发展起来的一种高效率的精密测量仪器,被广泛地应用于机械制造、电子、汽车和航空航天等工业中。它可以进行零部件的尺寸、形状、位置、方向误差的检测,配合高性能的计算机软件,可以进行箱体、导轨、涡轮、叶片、缸体、凸轮、齿轮、螺纹等空间形面的测量,并利用扫描功能对连续曲面进行扫描。利用计算机直接控制功能,可以编制测量程序,通过执行程序实现自动测量,这给大批量生产零部件的检测带来了很大的方便。其优点还表现在:①通用性强,可实现空间坐标点的测量,方便地测量出各种零部件的三维轮廓尺寸和几何精度;②测量结果的重复性好,无论生产型还是计量型的三坐标测量机,都可以实现很高的测量重复性;③可方便地进行数据处理和程序控制,可以和加工中心等生产设备方便地进行数据交换,能满足逆向工程的需要;④既有用于检测实验室内的高精度的计量型CMM,又有能用于车间现场且具有较高精度的生产型CMM。

更重要的是,CMM将是符合新一代GPS标准的测量要求,能按照新标准的严格定义测量局部尺寸和几何误差的主要测量仪器。CMM能够实现要素的分离、提取、滤波、拟合、集成及构造操作,能够实现评估和一致性的评价。带有按新一代GPS标准开发的评估软件的CMM是能严格地按照第4章将介绍的包容要求、最大实体要求、最小实体要求,根据从被测实际要素上提取的足够多的坐标点的信息,判断局部尺寸是否超越最小实体尺寸或最大实体尺寸,提取组成要素是否超越最大实体边界、最大实体实效边界、最小实体实效边界的计量仪器。

CMM的生产厂家很多,如德国Zeiss、意大利DEA、美国Brown & Sharp、日本Mitutoyo、我国青岛海克斯康等公司。CMM的种类繁多,形式各异,性能多样,按结构形式可分为移动桥式、固定桥式、龙门式、悬臂式、水平臂式、坐标镗式、卧镗式、仪器台式等。按测量范围可分为小型CMM、中型CMM、大型CMM。按测量精度分低精度CMM、中等精度CMM、高精度CMM,或者分为生产型CMM、计量型CMM。按自动化程度分为数字显示及打印型CMM、带有小型计算机型CMM、计算机数字控制(CNC)型CMM。随着计算机和软件技术的发展,现在大多数在用的CMM都属于CNC型。近年来,还出现了纳米测量精度的CMM。

作为一种坐标测量仪器,CMM主要用于比较被测量与标准量,并将比较结果用数值表示出来。CMM需要三个方向的标准器(标尺),利用导轨实现沿相应方向的运动,还需要三维测头对被测量进行探测和瞄准。此外,强大的数据处理功能、编程和自动检测功能和各种功能的计算机软件是坐标测量机应用越来越广泛的主要原因。

CMM可分为主机、测头、电气系统三部分。主机包括框架结构、标尺系统、导轨、驱动装置、平衡部件、转台及附件等。电气系统包括电气控制系统、计算机硬件部分、测量机软件、打印与绘图装置等。三维测头是三维测量的传感器,可以在三个方向感受瞄准信号和微小位移,实现瞄准和测微功能。测量机的测头有硬测头、电气测头、光学测头等。测头有接触式和非接触式两种。非接触式测头(non-contact probe)是指不需与待测表面发生实体接触的探测系统,例如光学探测系统、激光扫描探测系统。按输出的信号分,有用于发信号的触发式测头和用于扫描的瞄准式、测微式测头等。

图3-22所示为德国Zeiss的CONTURA G2 RDS型桥式CMM,其RDS旋转探头座可达到20 736个空间位置。Zeiss已经将VAST扫描技术应用于RDS探头座,可以用于测量和扫描曲率大的小叶片和扫描测量位于不同位置的槽的形状和位置。配有ViScan光学测头,可实现光学影像测量分析,可通过单点、扫描或cross-hair测

量位于不同高度的几何元素。

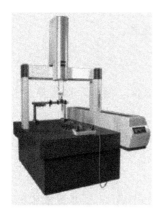

图 3-22　Zeiss 的 CONTURA G2 RDS 型桥式 CMM

图 3-23　海克斯康的 PMM-C2 型 CMM

图 3-23 所示为青岛海克斯康的 PMM-C2 型 CMM，它采用封闭框架设计，固定龙门。花岗岩材料的工作台可移动，底座是整体燕尾式导轨设计。工作台和导轨之间是预载荷空气轴承，陶瓷 Z 轴配有精密导向系统。除了执行标准测量任务外，如发动机箱体及传动齿轮箱检测，还能够处理具有复杂形状工件的测量。PMM-C 测量机还能检测齿轮。配合专业软件，还能够完成齿轮、滚刀、拉刀、成形刀具和剃齿刀、球状蜗杆及双包络蜗轮等零件的测量。

3.7　误差理论和数据处理

3.7.1　测量误差的基本概念

由于受到计量器具和测量条件的影响，在任何测量过程中都不可避免地会产生测量误差。所谓测量误差 δ，是指测量结果 x 与被测量的真值 Q 之差，即

$$\delta = x - Q \tag{3-14}$$

式(3-14)所表达的测量误差，反映了测得值偏离真值的程度，也称绝对误差。由于测量结果 x 可能大于或小于真值 Q，因此测量误差可以是正值或负值。若不计其符号正负，则可用绝对值表示，即

$$|\delta| = |x - Q| \tag{3-15}$$

于是，真值 Q 可表示为

$$Q = x \pm \delta \tag{3-16}$$

式(3-15)表明，可用测量误差来说明测量的精度。测量误差的绝对值愈小，说明测得值愈接近于真值，测量精度也愈高；反之，测量精度就愈低。比较不同尺寸的测量精度时，可应用相对误差的概念。

相对误差 ε 是指绝对误差的绝对值 $|\delta|$ 与被测量真值之比，即

$$\varepsilon = \frac{|\delta|}{Q} \approx \frac{|\delta|}{x} \times 100\% \tag{3-17}$$

相对误差是一个无量纲的数值,通常用百分数(%)表示。

3.7.2 测量误差的分类

按误差的特点与性质,测量误差包括系统误差和随机误差两类不同性质的误差。

1. 系统误差

在相同条件下,多次重复测量时,其绝对值和符号保持不变或按一定规律变化的误差即为系统误差。它是在重复性条件下,对同一被测量进行无穷多次测量所得结果的平均值与被测量真值之差。

系统误差按照误差数值是否变化可分为定值系统误差(如在相对测量中标准器的误差等)和变值系统误差(如表盘安装偏心所造成的示值误差等)。按照对误差变化规律掌握的程度可分为已定系统误差和未定系统误差。已定系统误差的规律是确定的,因而可以设法消除或在测量结果中加以修正,但对未定系统误差,由于其变化规律未掌握,往往无法消除,而按随机误差处理。

系统误差的来源可以是已知的或未知的。对已知的来源,如果可能,可以从测量方法上采取各种措施予以减小或消除,例如对测长机的阿贝误差可以采取对称布置的棱镜和物镜系统而基本上得到补偿。

2. 随机误差

在相同条件下,多次重复测量时,其绝对值和符号以不可预定的方式变化的测量误差即为随机误差,也称偶然误差。随机误差是由许许多多微小的随机因素所造成的,如在测量过程中温度的微量变化、地面的微振、机械间隙和摩擦力的变化等。对于任何一次测量,随机误差都是不可避免的,虽然不能消除,但通常可以通过增加观测次数来减小。

测量误差不应与测量中产生的过失和错误相混淆。测量中的过错常称为"粗大误差"或"过失误差",它不属于定义的测量误差的范畴。

总之,测量误差包括系统误差和随机误差,由于误差的不确定性,不可能通过测量得到它们的准确值。

3.7.3 测量的精度

精度和误差是两个相对的概念,可以用误差的大小来表示精度的高低,即误差越小,精度越高。由于误差可分为系统误差与随机误差,因此笼统的精度概念已不能反映上述误差的差异,从而引出以下的概念。

1. 测量精密度

测量精密度是指在规定条件下,对相同的或类似的对象进行重复测量所得到的示值或测得值之间的一致程度。

所谓规定条件,可以是诸如重复性条件、中间精密度条件或再现性条件等。故测量精密度用来表示测量重复性、中间测量精密度和测量再现性。术语"测量精密度"一般只用于定性描述测量结果的精密程度,定量表示时用"测量重复性"和"测量再现性"等术语。

测量精密度反映随机误差影响的程度。随机误差越大,精密度就越低。

测量精密度有时被错误地称为测量准确度。

2. 测量正确度

测量正确度反映系统误差影响的程度。系统误差大,正确度就低。

3. 测量准确度(精确度)

测量准确度反映测量结果与被测量真值之间的一致程度,它是系统误差与随机误差的综合。

准确度是一个定性的概念,不应将其定量化。当一次测量提供了较小的测量误差时,可以被称为更准确的测量。测量准确度不应被用做测量正确度,测量精密度也不能用做测量准确度,但测量准确度和这两者有关。

现以射击打靶为例,说明系统误差和随机误差的关系,如图 3-24 所示。图中小圆圈代表靶心,小黑点代表弹孔。图 3-24(a)表明系统误差小而随机误差大,即正确度高,精密度低,因为这时弹孔很分散,但其弹孔的平均值靠近靶心。图 3-24(b)表明系统误差大而随机误差小,即正确度低,精密度高,因为这时弹孔比较集中,但其弹孔的平均值距靶心远。图 3-24(c)表明系统误差和随机误差均小,因为弹孔较集中,其平均值距靶心最近。所以,正确度、精密度都高,也可以说其准确度最高。

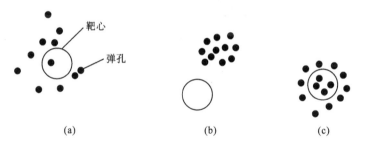

图 3-24 随机误差和系统误差的关系

3.7.4 测量误差的来源

测量误差对于任何测量过程都是不可避免的,测量误差的来源主要包括以下几个方面。

1. 基准件误差

任何基准件,如光波波长、线纹尺、量块等,都包含误差,这种误差将直接影响测量结果。进行测量时,首先必须选择满足测量精度要求的测量基准件,一般要求其误差为总的测量误差的 1/5~1/3。

2. 计量器具误差

计量器具误差是指计量器具本身在设计、制造和使用过程中造成的各项误差,如测量力引起的误差及校正零位用的标准器误差等。

3. 测量方法误差

测量方法误差是指由于测量方法不完善而引起的误差,如采用近似的测量方法或间接测量法等造成的误差。

4. 环境误差

环境误差是指由于外界环境如温度、湿度、振动等影响而产生的误差。

5. 测量人员导致的误差

这类误差是指由测量人员主观因素和操作技术所引起的误差,如读数误差和疏忽大意造成的误差等。

3.7.5 测量误差及数据处理

测量数据处理的目的是为了寻求被测量最可信赖的数值和评定这一数值所包含的误差。在测量数据中,可能同时存在系统误差、随机误差和粗大误差。下面就对测量误差及数据处理进行分析。

1. 随机误差的特性

下面讨论的一个测量实验,是对某一零件在相同条件下进行 150 次重复测量,可得 150 个测得值,然后将测得值进行分组,每隔 0.01 mm 为一组,分为 11 组,各测得值及出现次数如表 3-2 所示。

表 3-2 测得值及出现次数

测得值范围	出现次数 n_i	相对出现次数 n_i/N
7.305~7.315	$n_1=1$	0.007
7.315~7.325	$n_2=3$	0.020
7.325~7.335	$n_3=8$	0.053
7.335~7.345	$n_4=18$	0.120
7.345~7.355	$n_5=28$	0.187
7.355~7.365	$n_6=34$	0.227
7.365~7.375	$n_7=29$	0.193
7.375~7.385	$n_8=17$	0.113
7.385~7.395	$n_9=9$	0.060
7.395~7.405	$n_{10}=2$	0.013
7.405~7.415	$n_{11}=1$	0.007

注:N 为测量总次数,等于 150。

若以横坐标表示测得值 x_i，纵坐标表示相对出现次数 n_i/N（n_i 为每组出现的测得值次数，N 为测量总次数），则得如图 3-25（a）所示的图形。连接每个小方图的上部中点得一折线，该折线称为实际分布曲线。如果测量总次数 N 很大（$N\to\infty$），而间隔 Δx 分得很细（$\Delta x\to 0$），以 $n_i/N\Delta x$ 代替 n_i/N，以 δ 代替 x_i，则可得到如图 3-25（b）所示的光滑曲线，即随机误差的正态分布曲线。

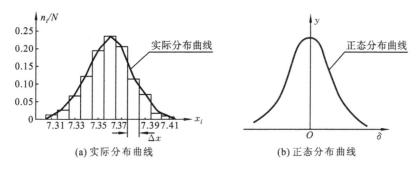

图 3-25　随机误差的分布曲线

从上述测量结果中可以看出，服从正态分布规律的随机误差具有下列四大特性。
（1）对称性　绝对值相等的正误差与负误差出现的概率相等。
（2）单峰性　绝对值小的误差出现的概率比绝对值大的误差出现的概率大。
（3）有界性　在一定的测量条件下，误差的绝对值不会超过一定的界限。
（4）抵偿性　在相同条件下，进行重复测量时误差的算术平均值随测量次数的增加而趋于零。

根据概率论原理可知，正态分布曲线可用数学公式表示为

$$y=\frac{1}{\sigma\sqrt{2\pi}}e^{-\frac{\delta^2}{2\sigma^2}} \tag{3-18}$$

式中：y 为概率密度；δ 为随机误差；e 为自然对数的底（$e=2.71828$）；σ 为标准偏差，也称均方根误差，即

$$\sigma=\sqrt{\frac{1}{n}(\delta_1^2+\delta_2^2+\cdots+\delta_n^2)}=\sqrt{\frac{1}{n}\sum_{i=1}^{n}\delta_i^2} \tag{3-19}$$

可见，σ 越小，则 $\delta_1,\delta_2,\cdots,\delta_n$ 也越小，即随机误差的分布范围也越小，说明测量精度比较高。因此标准偏差 σ 的大小反映了随机误差的分散特性和测量精度的高低。通过计算，随机误差在 $\pm 3\sigma$ 范围内出现的概率为 99.73%，即在 370 次测量中只有 1 次测量的误差不在此范围内，所以一般以 $\pm 3\sigma$ 为随机误差的极限误差。

由于被测量的真值是未知量，在实际应用中常常进行多次测量，当测量次数 n 足够多时，可以用测量列 $x_1,x_2,\cdots,x_n$ 的算术平均值 $\bar{x}$ 作为最近测量值，即

$$\bar{x}=\frac{1}{n}(x_1+x_2+\cdots+x_n)=\frac{1}{n}\sum_{i=1}^{n}x_i \tag{3-20}$$

测量列中各测量值与测量列的算术平均值的代数差称为残余误差，即

$$\nu_i = x_i - \bar{x}$$

σ 可以用下式进行估计,即

$$\hat{\sigma} = \sqrt{\frac{1}{n-1}(\nu_1^2 + \nu_2^2 + \cdots + \nu_n^2)} = \sqrt{\frac{1}{n-1}\sum_{i=1}^{n}\nu_i^2} \qquad (3-21)$$

2. 测量误差的合成

一般情况下,测量结果总误差可分为总的系统误差 $\delta_{总系}$ 和总的极限误差 $\delta_{总lim}$ 两大部分,可将有关的各项误差分别按以下规律合成。

1) 系统误差的合成

设间接被测量 y 与 n 个直接测得值 $x_1, x_2, \cdots, x_n$ 之间的函数关系为

$$y = f(x_1, x_2, \cdots, x_n)$$

对上式全微分,可得 y 的系统误差与各分量的系统误差的关系为

$$\Delta y = \frac{\partial f}{\partial x_1}\Delta x_1 + \frac{\partial f}{\partial x_2}\Delta x_2 + \cdots + \frac{\partial f}{\partial x_n}\Delta x_n$$

式中:Δy 为间接被测量 y 的系统误差;$\Delta x_1, \Delta x_2, \cdots, \Delta x_n$ 为直接测量分量的系统误差;$\frac{\partial f}{\partial x_i}$ 为误差传递函数。

若 y 与 $x_1, x_2, \cdots, x_n$ 的函数关系为线性关系,即

$$y = a_1 x_1 + a_2 x_2 + \cdots + a_n x_n$$

则有

$$\Delta y = a_1 \Delta x_1 + a_2 \Delta x_2 + \cdots + a_n \Delta x_n$$

误差传递系数为

$$\frac{\partial f}{\partial x_i} = a_i$$

2) 随机误差的合成

设直接测量各分量 x_i 为随机变量,且相互独立,则 y 的方差与各分量的方差关系可表示为

$$\sigma_y^2 = \left(\frac{\partial f}{\partial x_1}\sigma_{x_1}\right)^2 + \left(\frac{\partial f}{\partial x_2}\sigma_{x_2}\right)^2 + \cdots + \left(\frac{\partial f}{\partial x_n}\sigma_{x_n}\right)^2$$

若各分量均为正态分布,在置信概率为 99.73% 的条件下,各分量的测量极限误差为 $\Delta_{\lim x_i} = \pm 3\sigma_{x_i}$,则 y 的测量极限误差(置信概率为 99.73%)为

$$\Delta_{\lim y} = \pm 3\sigma_y = \pm 3\sqrt{\left(\frac{\partial f}{\partial x_1}\sigma_{x_1}\right)^2 + \left(\frac{\partial f}{\partial x_2}\sigma_{x_2}\right)^2 + \cdots + \left(\frac{\partial f}{\partial x_n}\sigma_{x_n}\right)^2}$$

$$= \pm \sqrt{\left(\frac{\partial f}{\partial x_1}\Delta_{\lim x_1}\right)^2 + \left(\frac{\partial f}{\partial x_2}\Delta_{\lim x_2}\right)^2 + \cdots + \left(\frac{\partial f}{\partial x_n}\Delta_{\lim x_n}\right)^2}$$

若

$$y = a_1 x_1 + a_2 x_2 + \cdots + a_n x_n$$

则有

$$\Delta_{\lim y} = \pm \sqrt{(a_1 \Delta_{\lim x_1})^2 + (a_2 \Delta_{\lim x_2})^2 + \cdots + (a_n \Delta_{\lim x_n})^2}$$

系统误差应在测量结果中消去,因此最终测量结果可表达为

测量结果 = 消去总系统误差后的测量值 ± 测量极限误差

如用千分尺测量某零件,量得直径为 21.175 mm。经误差分析发现由千分尺不对零等因素引起的系统误差为 $+5~\mu$m,由于量具本身和测量方法等因素引起的极限误差为 $\pm 4~\mu$m,则

测量结果 $=[(21.175-0.005)\pm 0.004]$ mm $=21.170\pm 0.004$ mm

函数的实验标准偏差一般可表示为

$$s_y = \sqrt{\left(\frac{\partial f}{\partial x_1}\right)^2 s_{x_1}^2 + \left(\frac{\partial f}{\partial x_2}\right)^2 s_{x_2}^2 + \cdots + \left(\frac{\partial f}{\partial x_n}\right)^2 s_{x_n}^2} \qquad (3\text{-}22)$$

例 3-2 设有一厚度为 1 mm 的圆弧样板,如图 3-26 所示。在万能工具显微镜上测得 $s = 23.664$ mm,$\Delta s = -0.004$ mm;$h = 10.000$ mm,$\Delta h = +0.002$ mm,已知在万能工具显微镜上用影像法测量平面工件时的测量极限误差公式为

纵向:$\Delta_{\lim} = \pm \left(3 + \dfrac{L}{30} + \dfrac{HL}{4\,000}\right) \mu$m

横向:$\Delta_{\lim} = \pm \left(3 + \dfrac{L}{50} + \dfrac{HL}{2\,500}\right) \mu$m

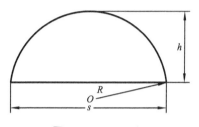

图 3-26 圆弧样板

式中:L 为被测长度;H 为工件上表面到玻璃台面的距离。求 R 的测量结果。

解 (1) 计算系统误差。

R 与 s、h 的函数关系为

$$R = \frac{s^2}{8h} + \frac{h}{2}$$

对 R 进行全微分,得

$$\Delta R = \frac{s}{4h}\Delta s - \left(\frac{s^2}{8h^2} - \frac{1}{2}\right)\Delta h$$

即有

$$\frac{\partial R}{\partial s} = \frac{s}{4h} = \frac{23.664}{4 \times 10} = 0.591\,5$$

$$\frac{\partial R}{\partial h} = -\left(\frac{s^2}{8h^2} - \frac{1}{2}\right) = -0.199\,5$$

已知 $\Delta s = -0.004$ mm,$\Delta h = +0.002$ mm

将 $\dfrac{\partial R}{\partial s}$、$\dfrac{\partial R}{\partial h}$、$\Delta s$、$\Delta h$ 代入上式,得 R 的系统误差为

$$\Delta R = [0.591\,5 \times (-0.004) - 0.199\,5 \times 0.002] \text{ mm} = -0.002\,8 \text{ mm}$$

(2) 估计随机误差。

计算 s、h 的测量极限误差:

$$\Delta_{\lim s} = \pm \left(3 + \frac{23.664}{30} + \frac{1 \times 23.664}{4\,000}\right) \mu\text{m} = \pm 3.8~\mu\text{m}$$

$$\Delta_{\lim h} = \pm \left(3 + \frac{10}{50} + \frac{1 \times 10}{2\,500}\right) \mu\text{m} = \pm 3.2~\mu\text{m}$$

$$\Delta_{\lim R} = \sqrt{\left(\frac{\partial R}{\partial s}\right)^2 \Delta_{\lim s}^2 + \left(\frac{\partial R}{\partial h}\right)^2 \Delta_{\lim h}^2} = \pm 0.0023 \text{ mm}$$

(3) 测量结果表达。

将 $s = 23.664$ mm, $h = 10.000$ mm 代入 R 的计算式,得

$$R = \left(\frac{23.664^2}{8 \times 10.000} + \frac{10.000}{2}\right) \text{ mm} = 11.9998 \text{ mm}$$

R 的测量结果可表示为

$$R = [(11.9998 + 0.0028) \pm 0.0023] \text{ mm} = (12.003 \pm 0.0023) \text{ mm}$$

例 3-3 求算术平均值的标准偏差。

解 在相同条件下,对某一量进行 n 次重复测量,获得测量列为 $x_1, x_2, \cdots, x_n$。

算术平均值 $\bar{x} = \frac{1}{n}(x_1 + x_2 + \cdots + x_n) = \frac{x_1}{n} + \frac{x_2}{n} + \cdots + \frac{x_n}{n}$

将上式看做各测得值的函数值,由函数的实验标准偏差公式(3-22),得

$$s_{\bar{x}} = \sqrt{\left(\frac{1}{n}\right)^2 s_{x_1}^2 + \left(\frac{1}{n}\right)^2 s_{x_2}^2 + \cdots + \left(\frac{1}{n}\right)^2 s_{x_n}^2}$$

由于是重复性条件下的测量,则

$$s_{x_1} = s_{x_2} = \cdots = s_{x_n} = s$$

所以

$$s_{\bar{x}} = \frac{s}{\sqrt{n}}$$

3. 重复性条件下测量结果的处理

在重复性条件下,对某一量进行 n 次重复测量,获得测量列为 $x_1, x_2, \cdots, x_n$。

在这些测得值中,可能同时包含有系统误差、随机误差,为了获得可靠的测量结果,应将测量数据按上述误差分析原理进行处理。现将其处理步骤通过以下的例子加以说明。

例 3-4 对某一工件的同一部位进行 10 次重复测量,测得值分别为 10.049, 10.047, 10.048, 10.046, 10.050, 10.051, 10.043, 10.052, 10.045, 10.049,试求其测量结果。

解 (1) 计算算术平均值。

$$\bar{x} = \frac{1}{n}\sum_{i=1}^{n} x_i = \frac{1}{10}(10.049 + 10.047 + \cdots + 10.049) \text{ mm} = 10.048 \text{ mm}$$

(2) 求残余误差 ν_i。

$$\nu_i = x_i - \bar{x}, \quad \nu_1 = 0.01, \quad \nu_2 = -0.01, \quad \nu_3 = 0$$

以此类推可求出其他的残余误差值。

(3) 判断有无系统误差。

从残余误差看,其大致正负相间,可认为该测量列无明显的按某种规律变化的系统误差。

(4) 求标准偏差。

由于总体标准偏差 σ 未知,故用测量数据求样本标准偏差 s,有

$$\hat{\sigma} = s = \sqrt{\frac{\sum_{i=1}^{n} v_i^2}{n-1}} = \sqrt{\frac{0.000\ 07}{9}}\ \text{mm} = 0.002\ 8\ \text{mm}$$

(5) 求算术平均值的标准偏差。

$$s_{\bar{x}} = \frac{s}{\sqrt{n}} = \frac{0.002\ 8}{\sqrt{10}}\ \text{mm} = 0.000\ 88\ \text{mm}$$

(6) 测量结果。

该工件的测量结果表示为

$$\bar{x} \pm 3s_{\bar{x}} = 10.048 \pm 0.002\ 6\ \text{mm}$$

3.8 测量不确定度

3.7.5 节介绍了通过系列测量值的算术平均值及其测量极限误差来表示测量结果的方法,但现在国际上对测量结果大多都采用测量不确定度来表示。与此有关的标准、指南有:

Guide to the expression of uncertainty in measurement(GUM)第 1 版;

JJF 1059—1999《测量不确定度表示指南》;

GB/T 18779.2—2004《产品几何量技术规范(GPS) 工件与测量设备的测量检验 第 2 部分:测量设备校准和产品检验中 GPS 测量的不确定度评定指南》;

GB/T 18779.3—2009《产品几何量技术规范(GPS) 工件与测量设备的测量检验 第 3 部分:关于对测量不确定度的表述达成共识的指南》;

JCGM 100:2008《Evaluation of measurement data——Guide to the expression of uncertainty in measurement》。

3.8.1 测量不确定度术语

1. 测量不确定度

测量不确定度(uncertainty of measurement)是表征合理地赋予被测量之值的分散性,与测量结果相联系的参数。

为了表征测量值的分散性,测量不确定度用标准偏差表示。当然,为了定量描述,实际上是用标准偏差的估计值来表示测量不确定度。有关注意事项如下。

(1) 此参数可以是诸如标准偏差或其倍数,或说明了置信水准的区间的半宽度。

(2) 测量不确定度是"说明了置信水准的区间的半宽度"。也就是说,测量不确定度需要用两个数来表示:一个是测量不确定度的大小,即置信区间;另一个是置信水准(或称置信概率),表明测量结果落在该区间有多大把握。测量不确定度由多个

分量组成,其中的一些分量可用测量列结果的统计分布估算,并用实验标准偏差表征;另一些分量可用基于经验或其他信息的假定概率分布估算,也可用标准偏差表征。

(3) 测量结果应理解为被测量之值的最佳估计,而所有的不确定度分量均贡献给了分散性,包括那些由系统效应引起的(如与修正值和参考测量标准有关的)分量。

(4) 不确定度恒为正值,当由方差得出时,取其正平方根。

(5) 不确定度一词指可疑程度。就广义而言,测量不确定度为对测量结果正确性的可疑程度。不带形容词的不确定度用于一般概念,当需要明确某一测量结果的不确定度时,要适当采用一个形容词,比如合成标准不确定度或扩展不确定度;但不要用随机不确定度和系统不确定度这两个术语,必要时可用随机效应导致的不确定度和系统效应导致的不确定度。

例如测量一尺寸为 37.2 mm 或加或减 0.05 mm,置信概率为 99%。该结果可以表示为:37.2±0.05 mm,置信概率为 99%。

2. 标准不确定度

标准不确定度是指以标准偏差表示的测量不确定度。

标准不确定度(standard uncertainty)用符号 u 表示。它不是由测量标准引起的不确定度,而是指不确定度由标准偏差的估计值表示,表征测量值的分散性。

测量结果的不确定度往往由许多原因引起,对每个不确定度来源评定的标准偏差,称为不确定度分量,用 u_i 表示。

标准不确定度分量有两类评定方法:A 类评定和 B 类评定。

(1) A 类标准不确定度　用对一系列测量值进行统计分析的方法进行不确定度评定(即 A 类评定)得到的标准不确定度称为 A 类标准不确定度,用符号 u_A 表示。

(2) B 类标准不确定度　用不同于对一系列测量值进行统计分析的方法进行不确定度评定(即 B 类评定)得到的标准不确定度称为 B 类标准不确定度,用符号 u_B 表示。

3. 合成标准不确定度

合成标准不确定度(combined standard uncertainty)是指由各标准不确定度分量合成得到的标准不确定度。当测量结果由若干个其他量的值求得时,合成标准不确定度是这些量的方差和协方差的适当和的正平方根值。合成标准不确定度用符号 u_C 表示。

合成标准不确定度仍然是标准偏差,它是测量结果标准偏差的估计值,表征了测量结果的分散性。

4. 扩展不确定度

扩展不确定度(expanded uncertainty)是确定测量结果统计包含区间的量,它由合成标准不确定度的倍数得到。扩展不确定度用符号 U 表示,它是将合成标准不确定度扩展了 k 倍得到的,即

$$U = ku_c$$

为正确理解测量不确定度,应明确下列几种情况不是测量不确定度。

(1) 操作人员失误不是不确定度。这一类不应计入对不确定度的贡献,应当并可以通过仔细工作和核查来避免发生。

(2) 允差不是不确定度。允差是对工艺、产品或仪器所选定的允许极限值。

(3) 技术条件不是不确定度。技术条件规定的是对产品或仪器的期望值。技术条件包含的内容往往包含"非技术"的质量项目,例如外观。

(4) 准确度(更确切地说,应叫不准确度)不是不确定度。确切地说,"准确度"是一个定性的术语,如人们可能说,测量是"准确"的或"不准确"的。

(5) 误差不是不确定度。测量误差与测量不确定度的主要区别如表 3-3 所示。

表 3-3 测量误差与测量不确定度的主要区别

序号	测 量 误 差	测量不确定度
1	测量结果减去被测量的真值,是具有正号和负号的量值	用标准偏差或其倍数的半宽度(置信区间)表示,并需要说明置信概率。无符号参数(或取正号)
2	表明测量结果偏离真值	说明合理地赋予被测量之值(最佳估值)的分散性
3	客观存在,不以人的认识程度而改变	与评定人员对被测量、影响量及测量过程的认识密切相关
4	不能准确得到真值,而是用约定真值代替真值,此时只能得到真值的估计值	通过实验、资料、根据评定人员的理论和实践经验进行评定,可以定量给出
5	按性质可分为随机误差和系统误差两大类,都是无穷多次测量下的理想概念	不必区分性质,必要时可表述为"随机效应或系统效应引起的不确定度分量"。可将评定方法分为"A 类或 B 类标准不确定度评定方法"
6	已知系统误差的估计值,可对测量结果进行修正,得到已修正的测量结果	不能用来修正测量结果

(6) 统计分析不是不确定度分析。统计学可以用来得出各类结论,而这些结论本身并不告诉我们任何关于不确定度的信息。不确定度分析只是统计学的一种应用。

3.8.2 测量不确定度的来源

通常测量不确定度来源可以从以下几个方面考虑:

(1) 对被测量的定义不完整或不完善;

(2) 实现被测量定义的方法不理想;

(3) 取样的代表性不够,即被测量的样本不能完全代表所定义的被测量;

(4) 对测量过程受环境影响的认识不周全,或对环境条件的测量与控制不完善;

(5) 对模拟式仪器的读数存在人为偏差(偏移);
(6) 测量仪器计量性能(如灵敏度、鉴别力、分辨力、稳定性及死区等)的局限性;
(7) 赋予计量标准的值或标准物质的值不准确;
(8) 引用的数据或其他参数的不确定度;
(9) 测量方法、测量程序和测量系统的近似、假设和不完善;
(10) 在相同条件下被测量在重复观测中的随机变化等。

3.8.3 测量不确定度评定步骤

测量不确定度的评定包括以下步骤。

1. 确定被测量和测量方法

包括测量原理、环境条件、所用仪器设备、测量程序和数据处理等。

2. 建立数学模型

确定被测量与各输入量之间的函数关系。如果对被测量不确定度有贡献的分量未包括在数学模型中,应特别加以说明,如环境因素的影响。

3. 求被测量的最佳估值

不确定度评定是对测量结果的不确定度的评定,而测量结果应理解为被测量值的最佳估计。确定不确定度的各种来源。

4. 确定各输入量的标准不确定度

包括不确定度的 A 类评定和 B 类评定。

5. 确定各个输入分量标准不确定度对输出量的标准不确定度的贡献

首先由数学模型对各输入量求偏导数从而确定灵敏系数,然后由输入量的标准不确定度分量求输出量对应的标准不确定度分量。

6. 求合成标准不确定度

利用不确定度传播率,对输出量的标准不确定度分量进行合成。

7. 求扩展不确定度

根据被测量的概率分布和所需的置信水准,确定包含因子,由合成标准不确定度计算扩展不确定度。

8. 报告测量结果的不确定度

报告测量结果时应给出其不确定度,即合成标准不确定度或扩展不确定度;对扩展不确定度应说明包含因子。

3.8.4 评定不确定度的两种方法

1. 标准不确定度 A 类评定

A 类评定:用对观察列进行统计分析的方法来评定标准不确定度,亦即采用统计方法进行的标准不确定度估计(通常采用重复测量)。

A 类评定的基本方法是计算单次测量结果实验标准差与平均值实验标准差。

对一个或一组相同的样品在相同条件下做若干次重复测量,其测得结果未必是相同的。由于诸如电噪声、振动等各种各样因素的变化,测量值彼此之间会有区别而且分布在其平均值周围。如果这种随机影响相对于其他不确定度分量是明显的,则必须对它进行定量分析,随后还必须包含在合成不确定度内。例如在重复性条件下得出 n 个观测结果 $x_1, x_2, \cdots, x_n$,则 n 次独立观测结果的算术平均值就是被测量的最佳估值,其实验标准偏差 s 即表示被测量分散性的一个量。表 3-4 所示为平均值和标准偏差的估算步骤,即标准不确定度 A 类评定的步骤。

表 3-4 标准不确定度 A 类评定

序号	运算说明	数学公式
1	对某量进行 n 次重复测量	$x_i (i=1,2,\cdots,n)$
2	计算测量结果的平均值,即测量结果之和除以测量次数 n	$\bar{x} = \sum_{i=1}^{n} x_i / n$
3	求测量结果的残差	$\nu_i = x_i - \bar{x}$
4	对每一个残差求平方和,再将残差平方和除以 $(n-1)$,其结果称为方差 V	$V = \sum_{i=1}^{n}(x_i - \bar{x})^2 / (n-1)$
5	计算单次测量结果的估计标准偏差(实验标准偏差,贝塞耳公式)	$s(x) = \sqrt{\dfrac{\sum_{i=1}^{n}(x_i - \bar{x})^2}{n-1}}$
6	求单次测量的标准不确定度	$u(x) = s(x)$
7	求平均值的标准偏差	$s(\bar{x}) = s(x)/\sqrt{n}$ $u(\bar{x}) = s(\bar{x})$

例 3-5 某实验室事先对某一长度量进行 $n=10$ 次重复测量,测量值列于表 3-5 中。按表 3-4 的计算步骤得到单次测量的估计标准偏差 $s(x) = 0.074$ mm。(1)在同一系中在以后做了单次 ($n'=1$) 测量,测量值 $x=46.3$ mm,求这次测量的标准不确定度 $u(x)$;(2)在同一系统中做了 3 次 ($n'=3$) 测量, $\bar{x} = \dfrac{45.4 + 45.3 + 45.5}{3}$ mm = 45.4 mm,求这次测量的标准不确定度 $u(\bar{x})$。

表 3-5 对某一长度量进行 $n=10$ 次重复测量的测量值

次数 i	1	2	3	4	5	6	7	8	9	10
测量值/mm	46.4	46.5	46.4	46.3	46.5	46.3	46.3	46.4	46.4	46.4
平均值/mm	\multicolumn{10}{c}{46.39}
单次测量的标准偏差 $s(x)$/mm	\multicolumn{10}{c}{0.074}

解 (1)对于单次测量,其标准不确定度等于 1 倍单次测量的标准偏差,即

$$x = 46.3 \text{ mm}, \quad u(x) = s(x) = 0.074 \text{ mm}$$

(2) 对于 $n' = 3$ 测量,其测量结果为

$$\bar{x} = \frac{45.4 + 45.3 + 45.5}{3} \text{ mm} = 45.4 \text{ mm}$$

$\bar{x}$ 的标准不确定度为

$$u(\bar{x}) = \frac{s(x)}{\sqrt{n'}} = \frac{0.074}{\sqrt{3}} \text{ mm} = 0.04 \text{ mm}$$

如取 $k=2$,即置信概率为 0.9546,对表中测量结果的扩展不确定度可以表示为

$$U = k u(x) = 2 \times 0.074 \text{ mm} = 0.148 \text{ mm}$$

2. 标准不确定度 B 类评定

B 类评定:用不同于对观察列进行统计分析的方法,来评定标准不确定度。可根据其他信息的标准不确定度估计。这些信息可能来自过去的经验、校准证书、生产厂的技术说明书、手册、出版物、常识等。

B 类不确定度评定是根据经验和资料及假设的概率分布估计的标准(偏)差表征,也就是说其原始数据并非来自观测列的数据处理,而是基于实验或其他信息来估计的,含有主观鉴别的成分。B 类不确定度的信息来源一般有如下几种:

(1) 以前的观测数据;

(2) 对有关技术资料的测量仪器特性的了解和经验;

(3) 生产企业提供的技术说明文件;

(4) 校准证书(检定证书)或其他文件提供的数据、准确度的等级或级别,包括目前仍在使用的极限误差、最大允许误差等;

(5) 手册或某些资料给出的参考数据及其不确定度;

(6) 规定试验方法的国家标准或类似技术文件中给出的重复性限或复现性;

(7) 测量仪器的示值不够准确;

(8) 标准物质的标准值不够准确;

(9) 引用的数据或其他参量的不够准确;

(10) 取样的代表性不够,即被测样本不能完全代表所定义的被测量;

(11) 化学分析中的基体效应、分析空白、干扰影响、回收率及反映效率等系统影响;

(12) 测量方法和测量程序的近似和假设;

(13) 其他因素。

已知 X_i 估计值 x_i 分散区间的半宽为 a,且落在 $-a$ 至 $+a$ 范围内的概率 p 为 100%,通过对分布的估计,可以得出 x_i 的标准不确定度为

$$u(x_i) = \frac{a}{k}$$

例如用于测量的某台设备的校准证书中说明,在它的校准范围内的测量不确定

度为 $U(x)=0.30\%$,置信概率 $p=90\%$。由置信概率 90%,可以假定等效于用包含因子 $k=1.64$ 来表示该不确定度的。因此,在其校准范围内,由该设备引起的标准不确定度 $u(x)$ 为

$$u(x) = \frac{U(x)}{k} = \frac{0.30\%}{1.64} = 0.18\%$$

3. 合成标准不确定度

求合成标准不确定度需确定各个输入分量的标准不确定度对输出量 y 的标准不确定度的贡献,即在求出各个输入量的不确定度分量 $u_i(x)$ 之后,还需要计算传播系数(灵敏系数)c_i,最后计算由此引起的被测输出量 y 的标准不确定度分量为

$$u_i(y) = |c_i| u(x_i) = \left|\frac{\partial f}{\partial x_i}\right| u(x_i) \tag{3-23}$$

式中传播系数或灵敏系数 $c_i = \dfrac{\partial f}{\partial x_i}$ 的含义是,输入量的估计值 x_i 的单位变化引起的输出量的估计值 y 的变化量(即起到了不确定度的传播作用)。得到各标准不确定度分量 $u(y)$ 后,需要将各分量合成给出被测量 Y 的合成标准不确定度 $u_c(y)$。下标 c 是"combined"(合成)的第一个字母。合成之前必须将所有的不确定度分量都换算为标准不确定度。合成时,需要考虑各输入量之间的相关性。

无论各标准不确定度分量是由 A 类评定还是 B 类评定得到,合成标准不确定度是由各标准不确定度分量合成得到的。测量结果 y 的合成标准不确定度用符号 $u_c(y)$ 表示。

(1) 当输入量间不相关时,评定合成标准不确定度 $u_c(y)$ 的通用公式为

$$u_c(y) = \sqrt{\sum_{i=1}^{N} u_i^2(y)} \tag{3-24}$$

(2) 当被测量的函数形式为 $Y = A_1 X_1 + A_2 X_2 + \cdots + A_N X_N$,且各输入量间不相关时,合成标准不确定度 $u_c(y)$ 为

$$u_c(y) = \sqrt{\sum_{i=1}^{N} A_i^2 u^2(x_i)} \tag{3-25}$$

(3) 当被测量的函数形式为 $Y = A(X_1^{p_1} + X_2^{p_2} + \cdots + X_N^{p_N})$,且各输入量间不相关时,合成标准不确定度 $u_c(y)$ 为

$$\frac{u_c(y)}{y} = \sqrt{\sum_{i=1}^{N} \left[\frac{p_i u(x_i)}{x_i}\right]^2} \tag{3-26}$$

如果式(3-26)中 $p_i = 1$,则被测量的测量结果的相对合成标准不确定度是每个输入量的相对合成标准不确定度的方和根值

$$\frac{u_c(y)}{y} = \sqrt{\sum_{i=1}^{N} \left[\frac{u(x_i)}{x_i}\right]^2} \tag{3-27}$$

思考题及习题

3-1 仪器读数在 30 mm 处的示值误差为 +0.003 mm，当用它测量工件时，读数正好是 30 mm，工件的实际尺寸是多少？

3-2 选择 83 块成套量块，组成下列尺寸(mm)。
(1) 28.785；   (2) 58.275；   (3) 30.155。

3-3 产生测量误差的因素有哪些？测量误差分几类？各有何特点？

3-4 在相同条件下，在立式光学比较仪上，对某轴的直径进行 10 次重复测量，按测量顺序记录测得值分别为：30.454，30.459，30.454，30.459，30.458，30.459，30.456，30.458，30.458，30.455(单位为 mm)，求表示测量系列值的标准偏差和最后测量结果。

3-5 用游标卡尺测量箱体孔的中心距(见图 3-27)，有如下三种测量方案：①测量孔径 d_1，d_2 和孔边距 L_1；②测量孔径 d_1，d_2 和孔边距 L_2；③测量孔边距 L_1 和孔边距 L_2。若已知它们的测量不确定度 $U_{d1}=U_{d2}=40\ \mu m$，$U_{L1}=60\ \mu m$，$U_{L2}=70\ \mu m$，试计算三种测量方案的测量不确定度，并确定应采用哪种测量方案。

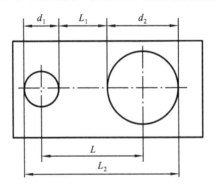

图 3-27 习题 3-5 附图

第4章 几何公差及误差检测

4.1 概 述

4.1.1 几何误差的产生及其影响

从图样到形成零件,必须经过加工过程。无论采取何种加工工艺,采用何种精度的加工设备,无论操作工人的技术有多高,要使加工所得零件的实际几何参数完全达到理想的要求是不可能,也是不必要的。加工误差反映在完工零件上,造成零件实际几何参数的不定性,其表现就是同一批零件同一部位的实际尺寸都不相同,即存在尺寸误差;同一零件同一几何参数的不同部位,或相关几何参数的相对位置、方向、跳动等各处都不同,即构成形状、位置、方向、跳动误差,统称为几何误差。如图4-1所示的零件由直径为ϕd_1、ϕd_2的两段圆柱面组成,图4-1(a)所示为其理想的形状和相应的几何公差要求,由于加工过程中存在的机床本身传动链、主轴、导轨的误差,以及刀具的几何误差和磨损,加工中的受力变形和热变形等各种因素的影响,实际加工出来的零件如图4-1(b)(为便于观察,零件的误差是夸张的)所示存在着误差,包括尺寸偏差、形状误差、位置误差、方向误差、跳动误差。

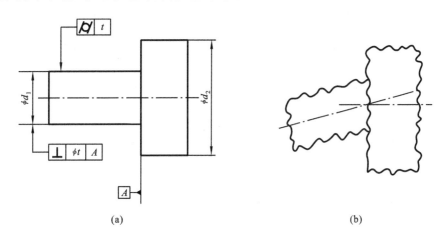

图 4-1 实际零件的加工误差

几何误差对零件的使用功能有较大影响。
(1)影响零部件的功能要求 如机床导轨表面的直线度、平面度误差会影响到机床刀架的运动精度。齿轮箱上各轴承孔的位置误差、齿轮两个轴的平行度误差会影响到齿轮的啮合精度。形状误差对配合的密封性有很大影响,如发动机的汽缸盖底面的平面度误差过大,即使拧紧缸盖螺栓后,仍不能保证燃烧室有足够的密封性,以致造成漏气、降压,使发动机功率降低。又如凸轮、冲模、锻模等的工作表面,其形状误差会直接影响其工作精度或被加工工件的几何形状的精度。

(2) 影响到配合零件的配合要求　如圆柱面的形状误差,在间隙配合中会使间隙大小分布不均匀,加快磨损,使得配合间隙越来越大,影响到使用要求,以致降低零件的使用寿命。

(3) 影响零件的自由装配性　当存在形状误差和方向误差、位置误差时,往往使装配和拆卸难以进行。

总之,零件的形状、位置、方向和跳动误差对产品的工作精度、寿命都有直接影响,特别是对在高速、高压、高温、重载条件下工作的机器和精密测量仪器的影响更大,因此,为保证零件的互换性和制造的经济性,需要限制其几何误差。

4.1.2　几何公差及相关标准

几何公差是用来限制几何误差的,我国 GPS 标准体系中与几何公差有关的主要标准有:

GB/T 1182—2008《产品几何技术规范(GPS)　几何公差　形状、方向、位置和跳动公差标注》;

GB/T 1184—1996《形状和位置公差　未注公差值》;

GB/T 1958—2004《产品几何量技术规范(GPS)　形状和位置公差 检测规定》;

GB/T 4249—2009《产品几何量技术规范(GPS)　公差原则》;

GB/T 13319—2003《产品几何量技术规范(GPS)　几何公差 位置度公差注法》;

GB/T 16671—2009《产品几何量技术规范(GPS)　几何公差 最大实体要求、最小实体要求和可逆要求》;

GB/T 17851—1999《形状和位置公差 基准和基准体系》;

GB/T 17852—1999《形状和位置公差 轮廓的尺寸和公差注法》;

GB/T 18780.1—2002《产品几何量技术规范(GPS)　几何要素 第 1 部分:基本术语和定义》;

GB/T 18780.2—2003《产品几何量技术规范(GPS)　几何要素 第 2 部分:圆柱面和圆锥面的提取中心线、平行平面的提取中心面、提取要素的局部尺寸》。

几何公差分为形状公差、方向公差、位置公差和跳动公差,相应的几何特征项目名称及符号如表 4-1 所示。

表 4-1　特征项目符号

公差类型	几何特征	符号	有无基准
形状公差	直线度	—	无
	平面度	▱	无
	圆度	○	无
	圆柱度	⌭	无
	线轮廓度	⌒	无
	面轮廓度	⌓	无
方向公差	平行度	∥	有
	垂直度	⊥	有
	倾斜度	∠	有
	线轮廓度	⌒	有
	面轮廓度	⌓	有
位置公差	位置度	⌖	有或无
	同心度（用于中心点）	◎	有
	同轴度（用于轴线）	◎	有
	对称度	═	有
	线轮廓度	⌒	有
	面轮廓度	⌓	有
跳动公差	圆跳动	↗	有
	全跳动	⌰	有

4.1.3　要素及其分类

要素（feature）是指点、线、面。其中，点包括圆心、球心、中心点、交点等；线包括直线（平面直线、空间直线）、曲线、轴线、中心线等；面包括平面、曲面、圆柱面、圆锥面、球面、中心面等。

几何要素是对零件规定几何公差的具体对象。无论多么复杂的零件，都是由若干几何要素构成的，如图 4-2 所示的零件，即可以分解为球面、球心、圆锥面、圆柱面、圆锥顶点、轴线、表面素线等要素。

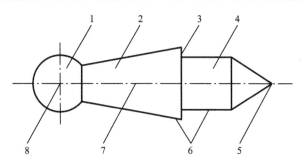

图 4-2 要素

1—球面；2—圆锥面；3—端平面；4—圆柱面；5—锥顶；6—素线；7—轴线；8—球心

几何要素及其各个要素术语的定义已在第 2 章中介绍，几何要素及其定义间的相互关系如图 4-3 和图 4-4 所示。

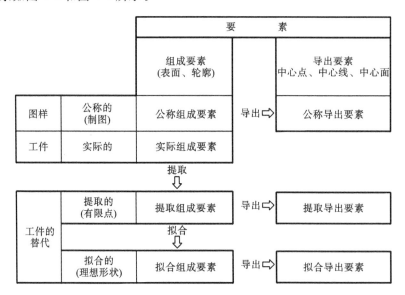

图 4-3 几何要素定义间相互关系的结构框图

几何要素存在于以下三个范畴中。

(1) 设计的范畴 设计的范畴是指设计者对未来工件的设计意图的一些表述，包括公称组成要素、公称导出要素等。

(2) 工件的范畴 工件的范畴是指物质和实物的范畴，包括实际组成要素、工件实际表面。

(3) 检验和评定的范畴 通过用计量器具进行检验来表示，以提取足够多的点来代表实际工件，并通过滤波、拟合、构建等操作后对照规范进行评定，包括提取组成要素、提取导出要素、拟合组成要素和拟合导出要素。

正确理解这三个范畴之间的关系非常重要。

除了以上要素类型外，按功能要求，要素可分为单一要素和关联要素：单一要素

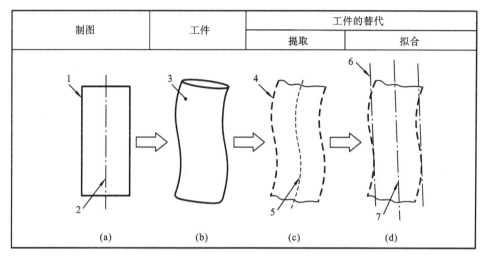

图 4-4 圆柱形表面各种要素间的关系
1—公称组成要素；2—公称导出要素；3—实际(组成)要素；4—提取(组成)要素；
5—提取导出要素；6—拟合组成要素；7—拟合导出要素

是对要素本身提出形状公差要求的被测要素；关联要素是相对基准要素有方向或(和)位置功能要求而给出位置公差要求的被测要素。在图 4-5 中，ϕd_1 圆柱面为单一要素，ϕd_1 轴线为关联要素。

按检测关系，要素可分为被测要素和基准要素：被测要素是图样上给出了几何公差要求，需要研究和测量的要素；基准要素是图样上规定用来确定被测要素的方向或位置的要素。图 4-5 中，ϕd_1 圆柱面、轴线为被测要素，ϕd_2 左端面为基准要素。

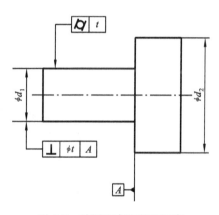

图 4-5 被测要素和基准要素

4.1.4 提取中心线和提取中心面

中心线和中心面都是导出要素，在使用坐标测量仪器测量时，测头都是直接与被测零件的轮廓接触，测量首先得到的是提取圆柱面、提取圆锥面和提取平面等提取组成要素，由这些提取组成要素才能计算出提取导出要素。

1. 圆柱(锥)面的提取中心线

圆柱(锥)面的提取中心线(extracted median line)是指圆柱(锥)面的各横截面中心的轨迹，其中：横截面的中心是拟合圆的圆心；横截面垂直于由提取表面得到的拟合圆柱(锥)面(其半径可能与公称半径不同)的轴线。

用三坐标测量机测量圆柱时，测得的是一系列直角坐标点。用圆度仪测得的是一系列极坐标点,当能通过光栅等方式得到轴线的坐标时,得到的是圆柱坐标点。

除非另有规定,圆柱(锥)面的提取中心线应用下列约定:

(1) 拟合圆是最小二乘圆;

(2) 拟合圆柱(锥)面是最小二乘圆柱(锥)面。

如图 4-6 所示,提取中心线是由提取表面得到的,是有形状误差的中心线。在测量圆柱的过程中,首先通过测量从实际圆柱面提取足够多的坐标点形成提取圆柱面,然后采取最小二乘法计算出拟合圆柱面,该圆柱面的半径可能与公称半径不同,拟合圆柱面的轴线就是该拟合圆柱面的中心线;显然,拟合圆柱面和拟合轴线都是没有误差的。随后,以垂直于拟合轴线的平面作横截面,得到各横截面上提取线,以提取线通过最小二乘法得到拟合圆,进而得到各截面拟合圆的圆心,圆柱面的提取中心线就是这些横截面的拟合圆圆心的连线。如图 2-3 所示,提取圆柱面的局部直径就是横截面上通过拟合圆圆心与提取线相交的两相对点的距离。

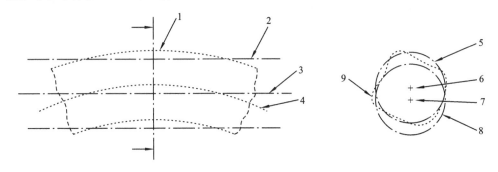

图 4-6　圆柱面的提取中心线

1—提取表面;2—拟合圆柱面;3—拟合圆柱面轴线;4—提取中心线;
5—拟合圆;6—拟合圆圆心;7—拟合圆柱面轴线;8—拟合圆柱面;9—提取线

显然,这样的局部直径不是用通常的两点法量具(如游标卡尺、千分尺、比较仪等)能测量得到的,而需要用三坐标测量机及其他具有坐标测量功能的专用量具,采用逐点测量方法,从被测圆柱上提取足够多的坐标点,再经过软件计算和处理,才可以获得符合新定义的局部直径,当然也可以获得符合新定义的拟合圆柱面、拟合圆柱面轴线、拟合圆和拟合圆心。提取要素的任意一点都有唯一的相对点,且两点之间的连线均通过拟合圆的圆心。实际圆柱的拟合轴线是由拟合圆柱导出的,而与提取中心线无关。

如图 4-7 所示,圆锥面的提取中心线是通过提取圆锥面得到的,也是存在形状误差的轴线。拟合圆锥面也是通过这一系列的坐标点计算得到的最小二乘圆锥面,拟合圆锥面的角度可能与公称角度不同,但形状也是理想的。拟合圆锥面轴线是该拟合圆锥面的中心线,同样是没有形状误差的。

2. 提取中心面

提取中心面(extracted median surface)是指两对应提取表面的所有对应点之间

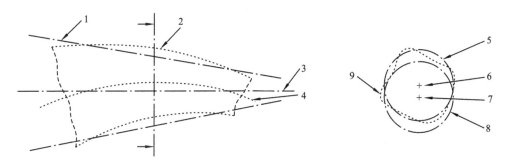

图 4-7 圆锥面的提取中心线

1—拟合圆锥面；2—提取表面；3—拟合圆锥面轴线；4—提取中心线；5—拟合圆；
6—拟合圆圆心；7—拟合圆锥轴线；8—拟合圆锥面；9—提取线

中点的轨迹,其中:所有对应点的连线均垂直于拟合中心平面;拟合中心平面是由两对应提取表面得到的两拟合平行平面的中心平面。

图 4-8 反映了提取表面、拟合平面、拟合中心平面、提取中心面之间的关系和区别。除非另有规定,两拟合平行平面由最小二乘法得到,没有形状误差,且两拟合平行平面之间的距离可能与公称距离不同。

用坐标测量机测量时,通过测量两个实际平面得到两个提取平面,然后按照一定的准则(通常也是最小二乘法)计算出两拟合平行平面,通过该两平行平面才能得到拟合中心平面。作拟合中心平面的垂线与两提取平面相交,如图 2-4 所示,两个交点间的距离是两平行提取表面的局部尺寸,一系列垂线中间点的轨迹构成了提取中心面。

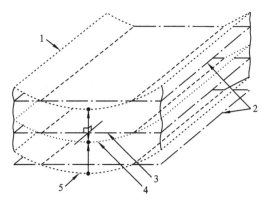

图 4-8 提取中心面

1—提取表面；2—拟合平面；3—拟合中心平面；
4—提取中心面；5—提取表面

显然,和圆柱面的局部直径一样,两平行提取表面的局部尺寸也不是游标卡尺、千分尺等两点量具能测量的。故新标准涉及的局部尺寸对计量量具提出了新要求,即测量时既要能根据被测对象和被测量的测量要求从实际组成要素上提取足够多的点,又要有计算机软件来进行计算,这样才能得到局部尺寸和本章介绍的各项几何误差。

4.1.5 几何公差带的主要形式

公差带是由一个或几个理想的几何线或面所限定的、由线性公差值表示其大小

的区域。和尺寸公差带不同,几何公差带根据几何公差项目和具体标注的不同,其形状也可能不同。主要的几何公差带如下:

(1) 圆内的区域;
(2) 两同心圆之间的区域;
(3) 两同轴圆柱面之间的区域;
(4) 两等距曲线之间的区域;
(5) 两平行直线之间的区域;
(6) 圆柱面内的区域;
(7) 两等距曲面之间的区域;
(8) 两平行平面之间的区域;
(9) 球内的区域。

除非有进一步的要求(如有附加性说明),被测要素在公差带内可以具有任意形状、方向和位置。除非另有规定,公差适用于整个被测要素。相对于基准给定的几何公差仅限制被测要素相对基准的变动,不限制基准本身的几何误差,基准要素的几何公差可以根据零件的功能要求另行规定。

4.1.6 几类几何公差之间的关系

几何公差分形状公差、方向公差、位置公差、跳动公差。如果要保证零部件的功能需要,可以对其规定一种或多种几何特征的公差以限定要素的几何误差。限定要素某种类型的几何误差,也能限制该要素其他类型的几何误差。如:要素的位置公差可同时控制要素的位置误差、方向误差和形状误差;要素的方向公差可同时控制要素的方向误差和形状误差;要素的跳动公差可以控制要素的形状误差,如果被测要素和基准要素的公称导出要素同轴,则还可以控制被测要素的轴线和基准的同轴度误差。

需要注意的是,要素的形状公差只能控制要素本身的形状误差。

和传统的 GPS 标准比,本章讲述的现行 GPS 标准在术语上的主要区别如下:
(1) "形状和位置公差"改为"几何公差";
(2) "形状和位置误差"改为"几何误差";
(3) "被测实际要素"改为"被测提取要素";
(4) "理想要素"改为"拟合要素";
(5) "实际轴线"改为"提取中心线";
(6) "实际中心面"改为"提取中心面;
(7) "轮廓要素"改为"组成要素";
(8) "中心要素"改为"导出要素"。

需要指出的是,上述变化不只是术语本身的变化,也包括术语本身定义和内涵的变化。

4.2 形状公差与形状误差的测量

4.2.1 形状公差和形状误差

1. 形状公差

单一实际要素的形状所允许的变动全量,称为形状公差。

2. 形状误差

形状误差是指被测提取要素对其拟合要素的变动量。提取组成要素是在实际要素上提取足够多的点形成的,显然,在形状误差的评定中,确定拟合要素的位置是评定形状误差的前提。拟合要素的位置应符合最小条件,即被测提取要素对其拟合要素的最大变动量为最小。此时,对被测实际要素评定的误差值为最小。被测提取要素的拟合要素可以有很多,但显然符合最小条件的拟合要素只有一个。

对于提取组成要素(线轮廓度、面轮廓度除外),符合最小条件的拟合要素位于工件实际表面之外且与被测提取组成要素相接触,并使被测提取组成要素对拟合要素的最大变动量为最小。如图 4-9 中,A_1B_1 为符合最小条件的拟合要素。直线 A_1B_1 与平行于它的另一条与它距离为 h_1 的直线所夹的两平行直线间的区域即是被测提取要素的最小包容区域,h_1 就是该被测要素的形状误差。

对提取导出要素(中心线、中心面等),符合最小条件的拟合要素位于被测提取导出要素之中,并使被测提取导出要素对拟合要素的最大变动量为最小。如图 4-10 所示,L_1 就是符合最小条件的拟合要素。轴线为 L_1、直径为 ϕd_1 的圆柱面内区域即是被测提取要素的最小包容区域,d_1 就是该被测要素的形状误差。

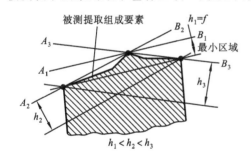

图 4-9 提取组成要素的拟合要素

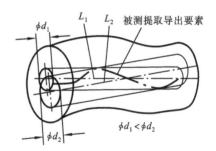

图 4-10 提取导出要素的拟合要素

3. 形状公差带

形状公差带是指限制实际要素变动的区域,零件实际要素在该区域内为合格,否则为不合格。形状公差带的形状因标注的形状公差项目不同而不同,形状公差带的大小由形状公差值确定。需要注意的是,由提取要素确定的拟合要素可以和相应的公称要素的位置和方向不同,实质上意味着形状公差带的方向和位置都是浮动的。

如图4-9、图4-10所示,形状误差的评定通过作被测提取要素的包容区域来进行,包容区域的宽度或直径就是形状误差值。最小条件是评定形状误差的基本原则,即只要可能,尽量采用最小包容区域,此时评定的形状误差值最小。在满足功能要求的前提下,允许采用近似方法来评定形状误差。

评定形状误差(也包括其他几何误差)的包容区域的形状和相应的公差带是一致的,但宽度或直径由被测提取要素和评定时所确定的拟合要素决定。

4.2.2 直线度

直线度(straightness)用于限制平面内的直线或空间直线的形状误差。直线度公差带有以下三种作用:

(1) 用于控制平面内的被测直线的形状精度;
(2) 用于控制被测空间直线给定方向上的形状精度;
(3) 用于控制被测空间直线任意方向上的形状精度。

1. 标注与公差带

1) 给定平面内的直线度

如图4-11所示,公差带为在给定平面内和给定方向上,间距等于公差值0.1的两条平行直线之间所夹的区域。即在如图4-11(b)所示的任一平行于投影面的平面内,上平面的提取(实际)线应限定在间距等于0.1 mm的两平行直线之间,超出这个范围,就意味着该零件不合格。

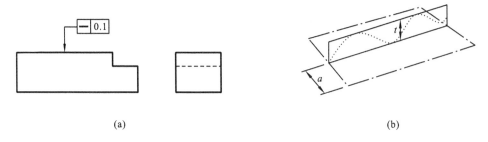

图4-11 给定平面内的直线度及其公差带

a—任一距离

2) 给定方向上的直线度

如图4-12所示,公差带为间距等于公差值0.1 mm的两个平行平面所限定的区域,即提取(实际)的棱边应限定在间距等于0.1 mm的两平行平面之间,超出这个范围,就意味着该零件不合格。

3) 任意方向上的直线度

如图4-13所示,由于公差值前加注了符号ϕ,公差带为直径等于公差值0.08 mm的圆柱面所限定的区域,即外圆柱面的提取(实际)中心线应限定在直径等于0.08 mm的圆柱面内。

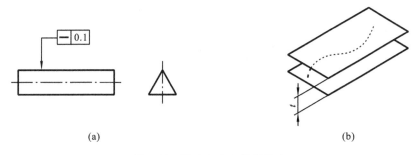

图 4-12 给定方向上的直线度

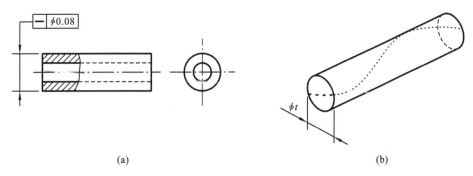

图 4-13 任意方向上的直线度

2. 直线度误差的测量

直线度误差测量的方法分为直接测量法、间接测量法和组合测量法三种。

直接测量法就是通过测量可直接获得被测直线各点坐标值或直接评定直线度误差的方法,包括间隙法、指示器法、干涉法、光轴法、钢丝法和三坐标测量机测量法等。

图 4-14 所示为指示器法(也称打表法),是用带指示器的测量装置测出被测直线相对于测量基线的偏离量,进而评定直线度误差的方法,适用于中、小平面及圆柱、圆锥面素线或轴线的直线度误差测量。测量时,先将被测零件支承在平板上,调整支架使被测直线的两端基本等高。然后沿平板移动表架,等距测量被测要素上的各点。该方法的缺点

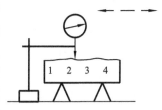

图 4-14 用打表法测量直线度误差

是测量精度与平板精度有关,平板本身的制造误差会被带入到测量结果之中,且被测件不宜过大。

用三坐标测量机测量组成要素的直线度误差时,先从被测直线上测量一系列点的坐标值,然后通过坐标测量机的软件计算出被测直线的直线度误差。很多三坐标测量机的软件采用的是最小二乘法评定。测量中心轴线的直线度误差也是先测量一系列圆柱面上的点的坐标,然后通过计算机软件来评定的。

间接测量方法是通过测量不能直接获得被测直线各点坐标值,需经过数据处理

获得各点坐标值的方法,包括自准直仪法、水平仪法、跨步仪法、表桥法、平晶法等。图 4-15 所示为自准直仪和水平仪测量,此时,准直光线或水平面是测量基准,所测得的数据是工件上两点的连线与水平面的夹角,据此通过两点间的间距可以算出两点间的高度差。评定时先将这些测量数据转换为高度差,再通过累加换算到统一的坐标系,然后进行作图或计算,从而求出直线度误差值。当然,也可以用角度值为单位进行累加再作误差曲线,求出包容区域的宽度后,再换算为长度单位。

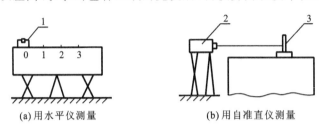

(a) 用水平仪测量　　　　　(b) 用自准直仪测量

图 4-15　水平仪和自准直仪测量直线度误差
1—水平仪;2—自准直仪;3—放射镜

组合方法是通过两次测量,利用误差分离技术,消除测量基线本身的直线度误差,从而提高测量精度的方法,包括反向消差法、移位消差法、多测头消差法,该方法适用于高精度零件的直线度误差测量。

有时,直线度误差还可以用直线度量规进行检验,以判断被测零件是否超越最大实体实效边界,适用于检验轴线直线度公差遵守最大实体要求的零件(见本章 4.4 节)。具体的检验直线度误差的方法可参考 GB/T 1958—2004、GB/T 11336—2004。

3. 直线度误差的评定

2003 年,国际标准化组织发布的 ISO/TS 12180-1、ISO/TS 12180-2、ISO/TS 12181-1、ISO/TS 12181-2、ISO/TS 12780-1、ISO/TS 12780-2、ISO/TS 12781-1、ISO/TS 12780-2 分别对圆柱度、圆度、直线度、平面度评定的术语、参数和规范操作集(specification operators,也有文献译为规范算子)进行了规定。这些技术规范已于 2009 年 11 月转化为国家标准,其编号分别为 GB/T 24633.1、GB/T 24633.2、GB/T 24632.1、GB/T 24632.2、GB/T 24631.1、GB/T 24631.2、GB/T 24630.1、GB/T 24630.2。但由于其规范操作方法涉及的数学知识较深,与其配套的测量设备及评定软件很少,故这种评定方法在我国的广泛运用还需要很长时间,因此本章仍主要介绍传统的直线度、平面度、圆度、圆柱度的评定方法。

当单一被测要素处于距离小于或等于给定公差值的两平行直线之间时,其直线度是合格的。这两条直线的方向取决于它们之间的最大距离为尽可能小的值,直线度误差的评定关键是确定这两直线的方向,也就是包容区域或拟合要素的方向。

1) 用最小区域法评定直线度误差

最小区域法评定就是要找出符合最小条件的拟合直线,然后作出包含提取要素的包容区域。对平面内直线来说,包容区域的形状是两平行直线间区域,其中一条直线通过两个高(低)点,另一条直线通过低(高)点且平行于两高(低)点连线。即只要包容区域符合图 4-16(a)或(b),两平行直线和误差曲线成高-低-高或低-高-低相间的三点接触,由此作出的包容区域就是最小包容区域,该区域的宽度就是被测直线的直线度误差。注意包容区域应包容所有测量点,并和实际直线(亦即误差曲线)外接。

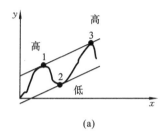
(a)

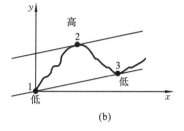
(b)

图 4-16 最小区域的判断原则

例 4-1 用图 4-14 所示的打表法,测得被测直线上相应于点 0,1,2,3,4 的读数(单位为 μm)为:0,3,2,−3,2。试评定该直线的直线度误差。

解 (1)首先作如图 4-17 所示的坐标系,以测量点的序号作为横坐标值,以测量值作为纵坐标值,在坐标纸上打点。由于所有测量结果均为相对于同一基准的坐标值,评定时则不需要进行累加,直接在坐标纸上打点作误差曲线图。

(2)将相邻点用直线连起来,所得折线即是实际直线的误差曲线。

(3)从折线看,整个直线的走向是往右下的方向,观察该折线可知,第 1、4 两点是折线上的相对高点,第 3 点是相对低点。连接1、4 两点作一条直线,然后过第 3 点,作平行于 1、4 两点连线的直线,由此作出的包容区域符合图 4-16(a)中的最小包容区域的判断原则。

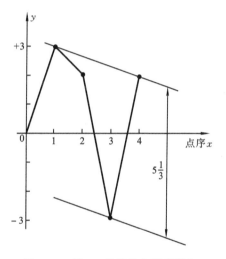

图 4-17 例 4-1 的直线度误差评定

(4)在图上沿纵轴方向量取包容区域的宽度得

$$f = \{[3 - 2 \times (3-2)/3] - (-3)\} \, \mu m = 5\frac{1}{3} \, \mu m \approx 5.3 \, \mu m$$

需要说明的是在作例 4-1 中的误差曲线时,横坐标代表点序号,两点间的距离一般是以 mm 为单位的,为便于观察,纵轴是以 μm 为单位的,故横轴和纵轴的比例往往以万倍计,即误差曲线沿纵轴放大了上万倍,因而沿纵轴量取包容区域的宽度所带来的误差非常小,完全可以忽略,而且给计算带来了方便。这就是量取包容区域宽度时应遵循的所谓"坐标方向不变"原则。

例 4-2 某导轨直线度公差为 0.025 mm，用分度值 0.02 mm/1 000 mm 的水平仪按 6 个相等跨距(200 mm)测量机床导轨的直线度误差，各测点读数分别为：-5，-2，+1，-3，+6，-3(单位:格)。试判断该导轨合格与否。

解 (1) 选定起始点的坐标 $h_0=0$，将各测点的读数依次累计，即得各点相应的坐标值 h_i 如表 4-2 所示。

表 4-2 计算例 4-2 的坐标值

序号 i	0	1	2	3	4	5	6
测点 a_i 读数/格	0	-5	-2	+1	-3	+6	-3
累积值($h_i=h_{i-1}+a_i$)/格	0	-5	-7	-6	-9	-3	-6

(2) 将 h_i 作在坐标图上，连接各点，其折线即是实际直线的误差曲线，如图 4-18 所示。

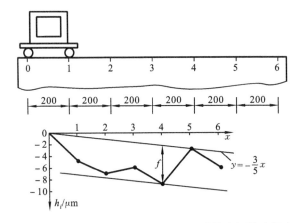

图 4-18 例 4-2 的直线度误差测量及其最小区域法评定

(3) 同例 4-1，可以判断出第 0、5 两点为高点，第 4 点为低点，作出该包容区域，量取包容区域的宽度为

$$f = \left| -9 - \left(-\frac{3}{5} \times 4\right) \right| \text{格} \approx 6.6 \text{ 格}$$

(4) 由于测量中采用的是水平仪，需要将角度单位"格"转化为长度单位 mm，由分度值 0.02 mm/1 000 mm，跨距 200 mm 得

$$1 \text{ 格} = \frac{0.02}{1\ 000} \times 200 \text{ mm} = 0.004 \text{ mm}$$

故直线度误差 f 为

$$f = 6.6 \times 0.004 \text{ mm} = 0.026\ 4 \text{ mm} > 0.025 \text{ mm}$$

显然导轨不合格。

2) 用两端点连线法评定直线度误差

有时为了简便起见,将起点和末点的连线作为拟合直线,作平行于拟合直线的包容区域。如图 4-19 所示,拟合直线过 $(0,0)$,$(6,-6)$ 两点,故包容区域的宽度为
$$f = |\Delta_1| + |\Delta_2| = [|-9-(-4)| + |-5-(-3)|] 格 = 5 + 2 格 = 7 格$$
$$f = 7 \times 0.004 \text{ mm} = 0.028 \text{ mm} > 0.025 \text{ mm}$$

由此可见,由两端点连线法评定出来的直线度误差比最小区域法要大,故评定时要尽可能采用最小区域法。

给定一个方向、给定相互垂直的两个方向、任意方向的直线度误差评定有所不同,可采取向某一个平面投影后进行评定的近似方法。

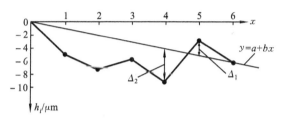

图 4-19 例 4-2 的两端点连线法评定

3) 用最小二乘法评定直线度误差

给定平面内的直线度误差和给定方向的直线度误差的最小二乘评定方法有比较大的区别,给定平面内直线的直线度误差的最小二乘法评定的步骤简介如下。

(1) 根据各测得点的坐标值,按式(4-1)、式(4-2)求出如图 4-20 所示的最小二乘直线 l_{LS} 的方程系数 a、q,即

$$a = \frac{\sum\limits_{i=0}^{n} Z_i \sum\limits_{i=0}^{n} X_i^2 - \sum\limits_{i=0}^{n} X_i \sum\limits_{i=0}^{n} X_i Z_i}{(n+1)\sum\limits_{i=0}^{n} X_i^2 - \left(\sum\limits_{i=0}^{n} X_i\right)^2} \tag{4-1}$$

$$q = \frac{(n+1)\sum\limits_{i=0}^{n} X_i Z_i - \sum\limits_{i=0}^{n} X_i \sum\limits_{i=0}^{n} Z_i}{(n+1)\sum\limits_{i=0}^{n} X_i^2 - \left(\sum\limits_{i=0}^{n} X_i\right)^2} \tag{4-2}$$

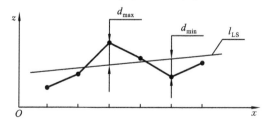

图 4-20 最小二乘法评定直线度误差

式中：n 为测量分段数；X_i 为各测得点的横坐标值（$i=0,1,2,\cdots,n$）；Z_i 为各测得点的纵坐标值（$i=0,1,2,\cdots,n$）。

（2）将各测得点的坐标值 Z_i 变换为新的坐标值，即

$$d_i = Z_i - a - qX_i \tag{4-3}$$

（3）求出 d_i 的最大值、最小值之差，该差值为直线度误差值，即

$$f = d_{\max} - d_{\min} \tag{4-4}$$

在新一代 GPS 标准 GB/T24631.1—2009《产品几何技术规范（GPS）直线度 第 1 部分：词汇和参数》对直线度规定了四个参数：峰-谷直线度误差（peak-to-valley straightness deviation）、峰-基直线度误差（peak-to-reference straightness deviation）、基-谷直线度误差（reference-to-valley straightness deviation）、均方根直线度误差（root mean square straightness deviation）。这里的基准指评定直线度误差的基准直线。GB/T24631.2—2009《产品几何技术规范（GPS）直线度 第 2 部分：规范操作集》规定直线度的规范操作之一是采用带球形针尖（stylus tip）的接触式探测系统，还规定了对应于不同截止波长滤波器的最大采样点间距和最大触针针尖半径。

4.2.3 平面度

平面度（flatness）是指单一实际平面所允许的变动全量，是平面的特性。平面度公差用来控制平面的形状误差。平面度是一项综合的形状公差项目，它既可以限制平面度误差，又可以限制被测实际平面上任一方向的直线度误差。

1. 平面度公差带

如图 4-21 所示，公差带为距离为公差值 t 的两平行平面所限定的区域，提取（实际）表面应限制在间距等于公差值 0.08 mm 的两平行平面之间。

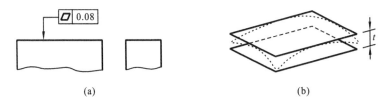

图 4-21 平面度公差标注及公差带

2. 平面度误差的测量

可以说凡是能测量直线度误差的方法都可以用来测量平面度误差。例如，用水平仪测量平面度误差时，先将被测表面大致调成水平，然后根据被测对象和测量要求，按照网格布点、对角线布点或圆形布点的方式逐点测量，记录读数，并换算成长度值。如图 4-22(a) 所示的网格布点形式适用于公差等级较高的平面，如图 4-22(b) 所示的网格布点形式适用于公差等级较低的平面。

如图 4-22(a) 所示的测量顺序为：

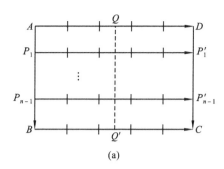
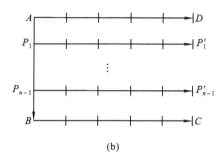

图 4-22 网格布点形式

$A \to D \to C$;
$A \to B \to C$;
$P_1 \to P'_1$;
$\vdots$
$P_i \to P'_i$;
$\vdots$
$P_{n-1} \to P'_{n-1}$。

图 4-23 所示为对角线布点方式。

对有的平面,可能要采用圆环形平面布点方式。

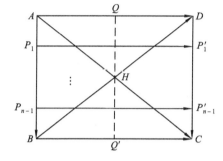

图 4-23 对角线布点形式

图 4-22(b)、图 4-23 及其他测量平面度时的布点方式、测量顺序和坐标转换方法可参考 GB/T 11337—2004《平面度误差的测量》。

3. 平面度误差的评定

用三坐标测量机、平板和带指示表的表架等方法测量平面的平面度误差时,坐标测量机的导轨和平板是测量基准,所测得的数据是工件上各点相对于基准的绝对偏差,可直接利用这些数据计算出平面度误差。用自准直仪、水平仪测量平面度误差时,水平面或准直光线是测量基准,所测得的数据是工件上两测点间的相对高度差,应将这些数据换算成选定基准平面上的坐标值,然后计算出平面度误差。

坐标变换的基面旋转法如图 4-24 所示,其步骤如下。

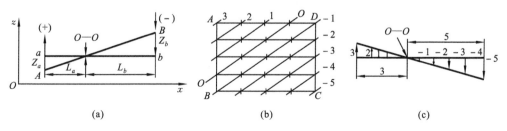

图 4-24 面的旋转变换

(1) 确定旋转轴 $O—O$ 后，按式(4-5)算出旋转系数 K，即

$$K = \frac{|Z_a| + |Z_b|}{L_a + L_b} \qquad (4-5)$$

式中：$|Z_a|$、$|Z_b|$ 为 a、b 两点变换前后的坐标差的绝对值；L_a、L_b 为 a、b 两点至转轴 $O—O$ 的距离。

(2) 按式(4-6)求出各测点的旋转量（升高者为正号，降低者为负号），即

$$Q_k = \pm KL_k \qquad (4-6)$$

式中：L_k 为各旋转点至转轴的距离。

(3) 按式(4-7)求出各点旋转变换后的坐标值，即

$$Z'_{ij} = Z_{ij} + Q_k \qquad (4-7)$$

式中：Z_{ij}、Z'_{ij} 分别为各测点旋转变换前后的坐标值。

从图(b)、(c)可以看出，转轴上的点的 $L_k = 0$，即旋转时转轴上的坐标不变。通过旋转后，转轴一侧的坐标变小，另一侧的增大。

1) 最小区域法

用最小区域法评定平面度误差，应使提取（实际）平面全部包容在两平行平面之间，而且还应符合下述三种情况之一。

(1) 三角形准则 提取平面与两平行平面的接触点，投影在一个面上呈三角形，且三个等值的最高点所包围的区域内含有一个最低点；或者三个等值的最低点所包围的区域内含有一个最高点，如图 4-25(a)所示。

(2) 交叉准则 提取平面与两平行平面的接触点，投影在一个面上呈两线段交叉形，即两个等值的最高点的连线与两个等值的最低点的连线交叉，如图 4-25(b)所示。

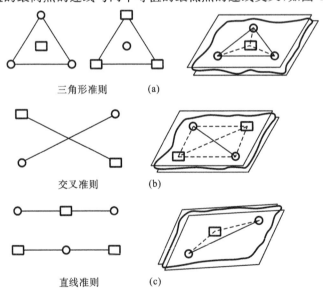

图 4-25 平面度误差的最小区域判别准则

(3) 直线准则 提取平面与两平行平面的接触点,投影在一个面上呈一直线形,即两个等值的最高点的连线上有一个最低点,或两个等值的最低点的连线上有一个最高点,如图 4-25(c)所示。显然,直线准则可以看成是交叉准则甚至是三角形准则的特例。

用最小区域法评定平面度误差的关键是确定符合最小区域的评定平面(也是拟合平面),拟合平面一旦确定,两平行平面间的距离即为平面度误差值。拟合平面的确定一般采用上述的基面旋转法。

例 4-3 测量某平面的平面度误差,将原始测量数据转换为相对于某基准面的坐标值(单位为 μm),如图 4-26 所示。试用最小区域法评定该平面的平面度误差。

解 从该平面数据可以看出,高点为+4、+3,低点为-2、-1,有 4 个点的坐标值为-1,先按交叉原则进行图 4-26 的转换,即要将圈中的低点-2、-1 变为相等,高点+4、+3 变为相等。

首先,将+4,+3 两点的坐标变为相等,故以图 4-27 中带圆圈的+4、-1 两点的连线为转轴,此时,旋转系数为 1。

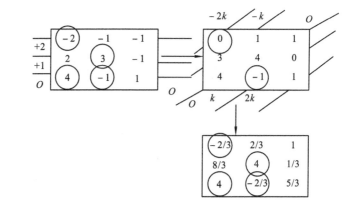

图 4-26 例 4-3 的数据   图 4-27 按交叉准则评定平面度误差

其次,将图 4-27 中带圆圈的两点 0、-1 变为相等,故

$$K = \frac{|Z_a| + |Z_b|}{L_a + L_b} = \frac{0 + |-1|}{2 + 1} = \frac{1}{3}$$

对各测点坐标按式(4-7)进行计算。计算完毕后,可以看出两高点坐标均转换为+4,两低点坐标均转换为-2/3,且所有点的坐标均在[-2/3,+4]的区间内,故所选定的高、低点是正确的,符合交叉准则的判断条件。故该平面的平面度误差为

$$f = [4-(-2/3)] \text{ μm} = 14/3 \text{ μm} \approx 4.7 \text{ μm}$$

这里,拟合平面(即评定的基准平面)是过两高点(低点)连线、平行于两低点(高点)连线的平面。

2) 对角线法

拟合平面通过被测实际面的一条对角线,且平行于另一条对角线,实际面上距该

基准面的最高点与最低点的代数差为平面度误差。

如图 4-28 所示,对角线法就是要通过基面旋转法将两条对角线上的两端点的坐标分别转换为相等。

$$f = [+1.5 - (-4.5)] \mu m = 6 \mu m$$

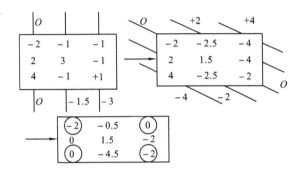

图 4-28 采用对角线法评定例 4-3 的平面度误差

3) 三远点法

基准平面通过被测实际面上相距最远且不在一条直线上的三点(通常为 3 个角点),提取平面上距此基准平面的最高点与最低点的代数差即为平面度误差。

按图 4-29 中方法①确定的三远点作拟合平面,有

$$f = [+2 - (-3.5)] \mu m = 5.5 \mu m$$

按图 4-29 中方法②确定的三远点作拟合平面,有

$$f = [-0.5 - (-7.5)] \mu m = 7 \mu m$$

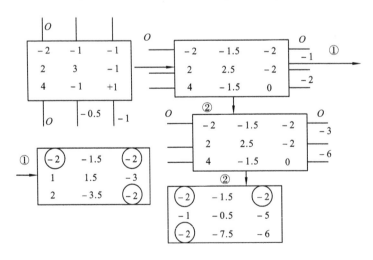

图 4-29 采用三远点法评定例 4-3 的平面度误差

显然，由于采用的三远点不同，计算出的平面度误差不一样，即误差值不唯一。从三种方法评定的结果看，只有采用最小区域法得出的结果是最小的，故评定时应尽可能采用最小区域法。用最小区域法进行评定时，具体采用哪种准则要根据被测面测得的实际数据确定。显然，对平面进行旋转和平移不影响平面度评定结果。需要注意的是经过旋转后，原始数据的高点、低点不一定还是高、低点。

在新一代 GPS 标准 GB/T 24630.1—2009《产品几何技术规范(GPS) 平面度 第 1 部分：词汇和参数》对平面度规定了峰-谷平面度误差(peak-to-valley flatness deviation)、峰-基平面度误差(peak-to-reference flatness deviation)、基-谷平面度误差(reference-to-valley flatness deviation)、均方根平面度误差(root mean square flatness deviation)。这里的基准指评定平面度误差的基准平面。GB/T 24630.2—2009《产品几何技术规范(GPS) 平面度 第 2 部分：规范操作集》规定了平面度的规范操作集，并规定了测量平面度的布点的提取方案，分别是矩形栅格(rectangular grid extraction strategy)、极坐标栅格(polar grid extraction strategy)、三角形栅格(triangular grid extraction strategy)、米字形(union jack extraction strategy)、平行线(parallel extraction strategy)、布点(points extraction strategy)。每种提取方案各有其优缺点，具体测量时按需要确定。

4.2.4 圆度

圆度(roundness)公差是指单一实际圆所允许的变动全量。圆度公差用于控制实际圆在回转轴径向截面(即垂直于轴线的截面)内的形状误差。

1. 圆度公差带

如图 4-30 所示，圆度公差带是在给定横截面内、半径差等于公差值 t 的两同心圆所限定的区域。

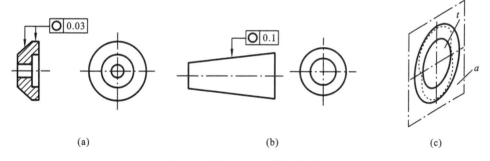

图 4-30 圆度标注和圆度公差带

a—任一截面

在图 4-30(a)中，在圆柱面和圆锥面的任一横截面内，提取(实际)圆周应限定在半径差为 0.03 mm 的两个同心圆之间。

2. 圆度误差的测量

圆度误差可以用圆度仪、三坐标测量机测量,也可以用光学分度头、V 形块和带指示器的表架测量。首先对被测零件的若干个正截面进行测量,然后评定各个截面的圆度误差,取其最大的误差值作为该零件的圆度误差。

3. 圆度误差的评定

用分度头、圆度仪(见图 4-31)等测量圆度误差,测得的数据都是外圆或内圆对回转中心的半径变动量。用三坐标测量机测量圆度误差时,测得的数据是测点的坐标值。如图 4-32 所示,圆度误差的评定方法有最小区域法、最小外接圆法、最大内接圆法、最小二乘圆法。

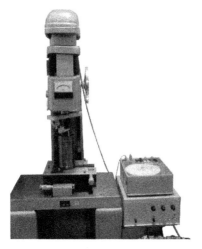

(a) 圆度仪　　　　　　　　　　　(b) 记录纸

图 4-31　某型号转轴式圆度仪及记录纸

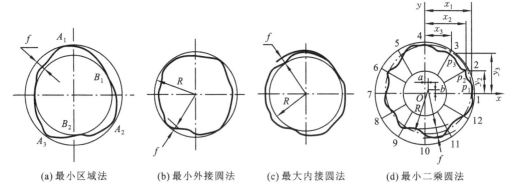

(a) 最小区域法　　(b) 最小外接圆法　　(c) 最大内接圆法　　(d) 最小二乘圆法

图 4-32　圆度误差的评定

最小二乘圆是指从实际轮廓上各点到该圆的距离平方和为最小的圆,即

$$\sum_{i=1}^{n}(r_i-R)^2=\min(i=1,2,\cdots,n) \tag{4-8}$$

最小二乘圆的圆心坐标(a,b)及半径分别为

$$\begin{cases} a=\dfrac{2}{n}\sum_{i=1}^{n}x_i \\ b=\dfrac{2}{n}\sum_{i=1}^{n}y_i \\ R=\dfrac{1}{n}\sum_{i=1}^{n}r_i \end{cases} \tag{4-9}$$

式中:r_i为实际轮廓上第i点到最小二乘圆圆心的距离。

以最小二乘圆的圆心分别作与提取圆外接和内切的外接圆和内接圆,外接圆和内接圆的半径差就是圆度误差。

新一代 GPS 标准 GB/T 24632.1—2009《产品几何技术规范(GPS) 圆度 第 1 部分:词汇和参数》规定了圆度的一般参数和提取圆周线的其他参数。一般参数有峰-谷圆度误差(peak-to-valley roundness deviation)、峰-基圆度误差(peak-to-reference roundness deviation)、基-谷圆度误差(reference-to-valley roundness deviation)、均方根圆度误差(root mean square roundness deviation)。这里的基准指评定圆度误差的基准圆。GB/T 24632.2—2009《产品几何技术规范(GPS) 圆度 第 2 部分:规范操作集》规定了圆度的规范操作集,如圆度轮廓的传输带(transmission band)、每转波数(undulation per revolution)的极限值。

4.2.5 圆柱度

圆柱度(cylindricity)是指单一实际圆柱所允许的变动全量,圆柱度公差用于控制圆柱表面的形状误差。

1. 公差带

如图 4-33 所示,圆柱度公差带是半径差等于公差值 t 的两同轴圆柱面所限定的区域,提取(实际)圆柱面应限定在半径差为公差值 t 的两同轴圆柱面之间。

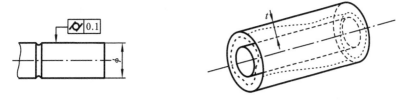

图 4-33 圆柱度公差带

2. 圆柱度误差的测量和评定

圆柱度误差可以采用圆度仪和三坐标测量机测量。如图 4-34 所示,在生产现

场,也可以用指示计、V形块,或者用平板、带指示计的表架、直角座测量。在图 4-34(a)中是将被测零件放在 V 形块内,适用于测量外表面为奇数棱的形状误差;在图 4-34(b)中是将被测零件放在平板上,紧靠直角座,适用于测量外表面为偶数棱的形状误差。具体的测量方法是:在被测零件回转一周的过程中,测量一个横截面的最大值和最小值;连续测量若干个横截面,然后取各截面所测得的所有示值中最大与最小差值的一半,作为该零件的圆柱度误差。显然这是一个近似的测量方法。

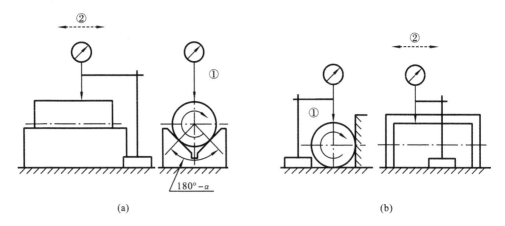

图 4-34 用指示计测量圆度误差

按新一代 GPS 标准测量圆柱度误差时,首先要通过测量从实际圆柱面上获得提取要素(即实际圆柱表面的圆柱度数字特征)。GB/T 24633.1—2009《产品几何技术规范(GPS) 圆柱度 第 1 部分:词汇和参数》规定了圆柱度的一般参数和圆柱要素的其他参数。

圆柱度的一般参数包括峰-谷圆柱度误差(peak-to-valley cylindricity deviation)、峰-基圆柱度误差(peak-to-reference cylindricity deviation)、基-谷圆柱度误差(reference-to-valley cylindricity deviation)、均方根圆柱度误差(root mean square cylindricity deviation)。

圆柱要素的其他参数有:提取中心线的直线度误差(straightness deviation of the extracted median line)、局部母线直线度误差(local generatrix straightness deviation)、母线直线度误差、局部圆柱锥度(local cylinder taper)、圆柱锥度、峰-谷圆柱半径(cylinder radii peak-to-valley)、圆柱锥角(cylinder taper angle)等。

GB/T 24633.2—2009《产品几何技术规范(GPS) 圆柱度 第 2 部分:规范操作集》规定了圆柱度的规范操作方法。对探测系统的要求是使用接触式的球形针尖(stylus tip),探测力为零。标准还给出了四种测量圆柱的点的提取方案(extraction strategy):鸟笼(bird-cage)、圆周线(roundness profile)、素线(generatrix)、布点(points),分别如图 4-35(a)、(b)、(c)、(d)所示。

鸟笼提取方案的主要特征是在圆周和母线方向均有较高的点密度,如需要评价

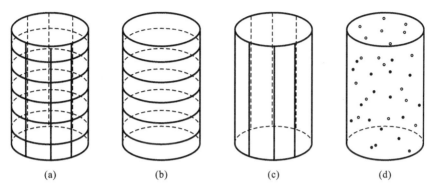

图 4-35 圆柱特征的提取方案

整个圆柱,建议采取此方案。圆周线提取方案在横截面上有较高的点密度,而在母线方向上点较稀。如果对圆周信息(如圆度)比较关注,推荐采用这种方案。素线提取方案的主要特征是在母线方向上有较高的点密度,而在圆周方向上点较稀,如果对母线方向信息(如母线直线度)比较关注,则采用此方案。采用布点提取方案时提取的点密度显然不如前三种方案,如果不是要求对圆柱参数进行近似评估,最好不采用此种方法。

4.2.6 线轮廓度

线轮廓度(profile any line)和面轮廓度是比较特殊的几何公差,当图样标注的线轮廓度、面轮廓度没有基准时,它们属于形状公差,公差带的方向和位置是浮动的。当图样标注的线轮廓度、面轮廓度有基准时,它们属于位置公差或方向公差。当属于方向公差时,其公差带的方向是确定的,位置是浮动的。当属于位置公差时,其公差带的方向和位置是确定的。

线轮廓度是指实际轮廓线所允许的变动全量,线轮廓度公差用于控制平面曲线或曲面轮廓的形状,有基准时,还可以控制实际轮廓相对于基准的方向或位置。

1. 当无基准时,线轮廓度是形状公差

如图 4-36 所示,公差带是直径等于公差值 t、圆心位于具有理论正确几何形状上的一系列圆的两包络线所限定的区域。在任一平行于图示投影面的截面内,提取(实际)轮廓线应限定在直径等于公差值、圆心位于被测要素理论正确几何形状上的一系列圆的两包络线之间。

2. 相对于基准体系的线轮廓度公差

如图 4-37 所示,公差带是直径等于公差值 t、圆心位于由基准平面 A 和基准平面 B 确定的被测要素理论正确几何形状上的一系列圆的两包络线所限定的区域。在任一平行于图示投影面的截面内,提取(实际)轮廓线应限定在直径等于公差值、圆心位于由基准平面 A、B 所确定的被测要素理论正确几何形状上的一系列圆的两包络线之间。相对于基准体系时,线轮廓度公差是方向或位置公差。

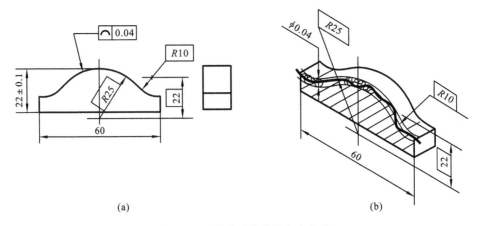

图 4-36　无基准时的线轮廓度公差

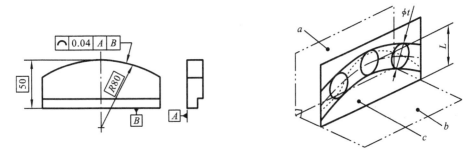

图 4-37　相对于基准体系的线轮廓度公差

a—基准平面 A；b—基准平面 B；c—平行于基准 A 的平面

理论正确尺寸是当给出一个或一组要素的位置、方向或轮廓度公差时，分别用来确定其理论正确位置、方向或轮廓的尺寸，仅表达设计时对该要素的理想要求，故该尺寸不带公差，而该要素的形状、方向和位置由给定的几何公差来控制。在图 4-36、图 4-37 中都用到了理论正确尺寸，用来确定理想要素的方向或位置。

4.2.7　面轮廓度

面轮廓度(profile of any surface)公差是指实际轮廓曲面所允许的变动全量，面轮廓度公差用于控制实际曲面的形状误差，有基准时，还控制其相对于基准的方向或位置误差。

1. 当无基准时，面轮廓度是形状公差

如图 4-38 所示，公差带是直径等于公差值 t、球心位于被测要素理论正确几何形状上的一系列圆球的两包络面所限定的区域。提取(实际)轮廓面应限定在直径等于公差值 t、球心位于被测要素理论正确几何形状上的一系列圆球的两等距包络面之间。此时，面轮廓度公差带的位置、方向是浮动的，评定面轮廓度误差时的包容区域同样是浮动的。

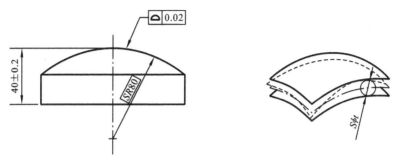

图 4-38　无基准时的面轮廓度公差

2. 相对于基准体系的面轮廓度公差

如图 4-39 所示，公差带是直径等于公差值 t、球心位于由基准平面 A 确定的被测要素理论正确几何形状上的一系列圆球的两包络面所限定的区域。提取（实际）轮廓面应限定在直径等于公差值、球心位于由基准平面 A 所确定的被测要素理论正确几何形状上的一系列圆球的两等距包络面之间。相对于基准体系时，面轮廓度公差是方向或位置公差，公差带的方向或位置由基准 A 和理论正确尺寸确定，诸球球心在固定的理论正确位置上，公差带不能浮动。此时，评定面轮廓度误差的包容区域也是固定的。

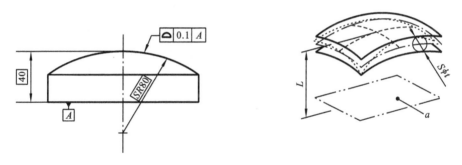

图 4-39　相对于基准的面轮廓度公差

a—基准平面

4.3　方向、位置和跳动公差及误差测量

4.3.1　几何误差的检测原则

几何误差是指被测提取要素对其拟合要素的变动量。测量几何误差时，表面粗糙度、划痕、擦伤及塌边等其他外观缺陷应排除在外。提取组成要素是通过在实际要素上提取数量足够多的点形成的，而提取导出要素又是通过提取组成要素得到的。测量几何误差时，测量截面的布置、测量点的数目及其布置方法，应根据被测要素的

结构特征、功能要求和加工工艺等因素决定。测量几何误差时的标准条件为标准温度为 20 ℃和标准测量力为零。

如表 4-3 所示,几何误差的检测原则包括与拟合要素比较原则、测量坐标值原则、测量特征参数原则、测量跳动原则和控制实效边界原则。对于测量方向误差、位置误差,在满足功能要求的前提下,根据需要允许采用模拟方法体现被测要素。当用模拟方法体现被测提取要素进行测量时,在实际测量范围内和图样要求的范围内,两者之间的误差值可按正比关系折算。需要说明的是这些原则中,并不是每个原则都符合新一代 GPS 标准要求的定义、方法和原则的思想,测量的点数、基准和被测要素的确定都与新标准存在差异,如测量特征参数原则,在应用于圆度检测时,仅提取 2～3 个点。

表 4-3 几何误差的检测原则

编号	检测原则名称	说明	示例
1	与拟合要素比较原则	将被测提取要素与其拟合要素相比较,量值由直接法或间接法获得。拟合要素由模拟方法获得	1. 量值由直接法获得 2. 量值由间接法获得
2	测量坐标值原则	测量被测提取要素的坐标值(如直角坐标、极坐标值、圆柱坐标值),并经过数据处理获得几何误差值	测量直角坐标值(x_1, x_2, x_3, y_1, y_2, y_3)

续表

编号	检测原则名称	说　明	示　例
3	测量特征参数原则	测量被测提取要素上具有代表性的参数（即特征参数）	两点法测量圆度特征参数 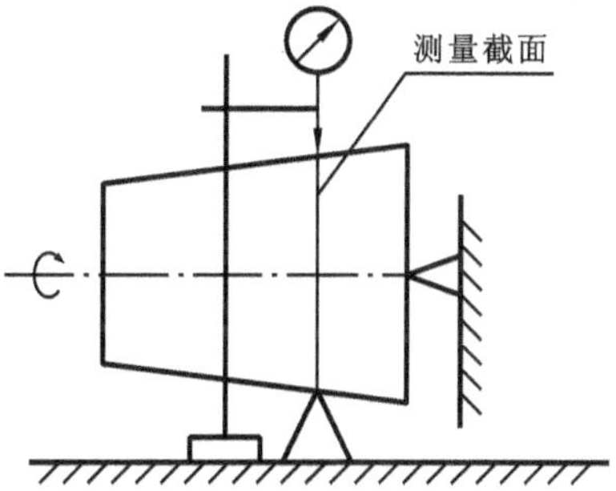
4	测量跳动原则	被测提取要素绕基准轴线回转过程中，沿给定方向测量其对某参考点或线的变动量。 变动量是指指示计最大与最小示值之差	测量径向跳动 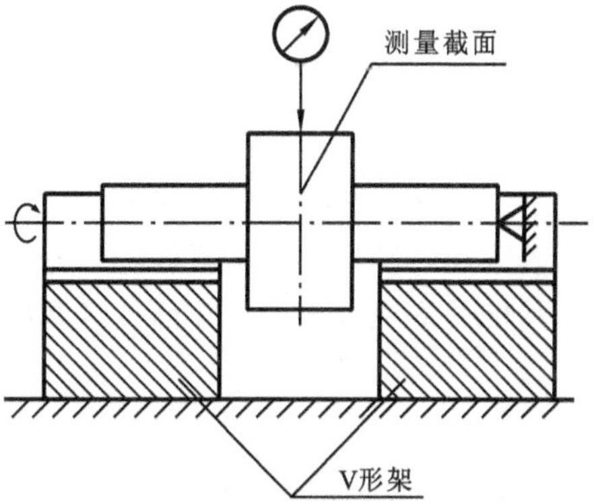
5	控制实效边界原则	检验被测提取要素是否超过实效边界，如最大实体实效边界（包括最大实体边界）、最小实体实效边界	用综合量规检验同轴度误差 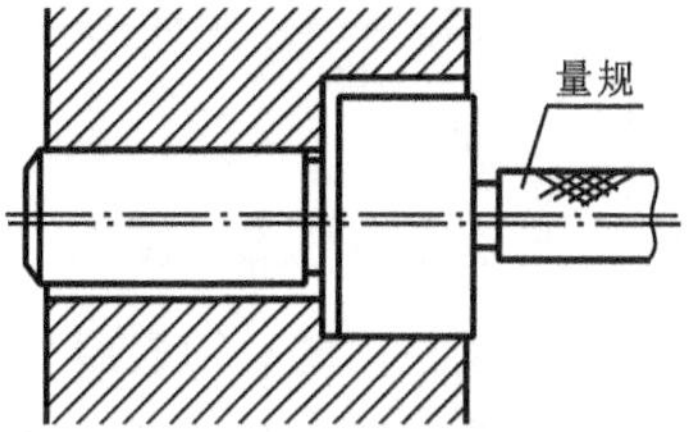

4.3.2　基准的建立和体现方法

由图样上标注的基准要素建立基准时，基准为该基准要素的拟合要素。拟合要素的位置应符合最小条件。

1. 基准的表现形式

基准有基准点、基准直线、基准轴线、公共基准轴线、基准平面、公共基准平面、基准中心平面、公共基准中心平面等形式。

2. 基准的体现方法

基准的体现方法有模拟法、直接法、分析法、目标法。模拟法通常采用具有足够精确形状的表面来体现基准平面、基准轴线、基准点等。几种主要的基准的模拟方法简介如下。

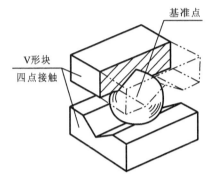

图 4-40 基准点的模拟方法

1) 基准点的模拟方法

由提取导出球心或提取导出圆心建立基准点时,该提取导出球心或提取导出圆心即为基准点。

提取导出球心为该提取球的拟合球面的球心,即提取导出球心与其拟合球心重合。提取导出圆心为该提取圆的拟合圆的圆心,即提取导出圆心与其拟合圆心重合。

图 4-40 所示为用两个 V 形块与提取球面形成四点接触时体现的球心。

2) 基准直线的模拟方法

由提取线或其投影建立基准直线时,基准直线为该提取线的拟合直线。

若采用外圆柱的表面素线作为基准,可以采用如图 4-41 所示的方法,用与基准要素接触的平板或平台工作面体现基准要素。

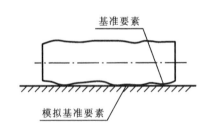

图 4-41 外圆柱面基准直线的模拟方法

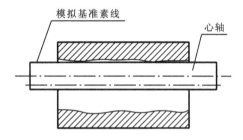

图 4-42 内圆柱面基准直线的模拟方法

若采用内圆柱面的表面素线作为基准,可以采用如图 4-42 所示的方法,用与孔接触处圆柱形心轴的素线体现基准要素。

3) 基准轴线(基准中心线)的模拟方法

由提取导出中心线建立基准轴线(中心线)时,基准轴线(中心线)为该提取导出中心线的拟合轴线(中心线)。

图 4-43(a)所示为采用可胀式或与孔成无间隙配合的圆柱形心轴的轴线来体现轴的轴线;图 4-43(b)所示为采用带有锥度的定心环的轴线来体现轴的轴线;图 4-43(c)所示为采用可胀式或与轴成无间隙配合的定位套筒的轴线来体现轴的轴线;图 4-43(d)所示为采用 V 形块体现轴的轴线;图 4-43(e)所示为采用 L 形块来体现轴的轴线。

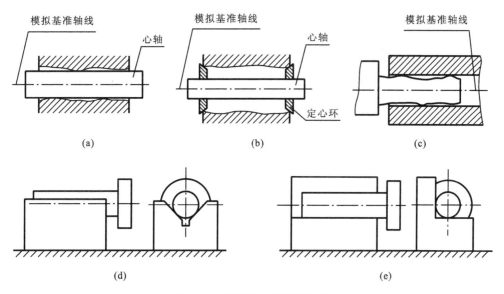

图 4-43 基准轴线的模拟方法

4）公共基准轴线的模拟方法

由两条或两条以上提取中心线（组合基准要素）建立公共基准轴线时，公共基准轴线为这些提取中心线所共有的拟合轴线。

图 4-44(a)所示为由两条提取中心线来建立公共基准轴线；图 4-44(b)所示为采

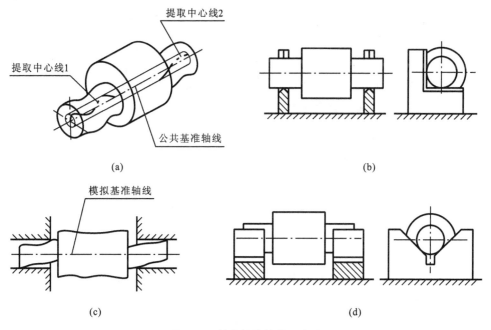

图 4-44 基准轴线的体现方法

用两个 L 形架来体现轴线;图 4-44(c)所示为采用可胀式同轴定位套筒来体现轴线;图 4-44(d)所示为采用两个 V 形架来体现轴线。

5) 基准平面的模拟方法

由提取表面建立基准平面时,基准平面为该提取表面的拟合平面。图 4-45 所示为采用与基准提取表面接触的平板或平台工作面来体现平面。

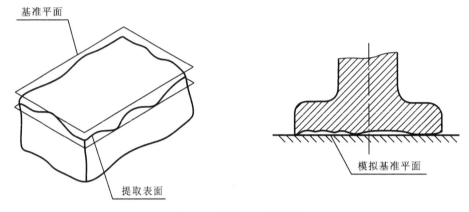

图 4-45 基准平面的体现

(1) 直接法 当基准要素具有足够的形状精度时,可直接作为基准。

(2) 分析法 对基准要素进行测量后,根据测得数据用图解或计算法确定基准的位置。

(3) 目标法 由基准目标建立基准时,基准"点目标"可用球端支承体现;基准"线目标"可用刃口状支承或由圆棒素线体现;基准"面目标"按图样上规定的形状,用具有相应形状的平面支承来体现。各支承的位置应按图样规定进行布置,如图 4-46 所示为采用目标法确定基准的示例,其中,基准 A 用三个基准点 A_1、A_2、A_3 模拟,基准 B 用两个直径为 4 mm 的圆柱面支承 B_1、B_2 模拟,基准 C 用一个点支承模拟。

4.3.3 方向公差

方向公差限制关联实际要素对基准的方向变动。方向公差的公差带的方向是固定的,由基准确定,其位置可以在尺寸公差带内浮动。方向误差是被测提取要素对一具有确定方向的拟合要素(理想要素)的变动量,拟合要素的方向由基准确定。方向误差值用定向最小包容区域的宽度或直径表示。所谓定向最小包容区域是按拟合要素的方向包容被测提取要素时,具有最小宽度或直径的包容区域。包容方向误差的定向最小包容区域的形状分别和各自的公差带形状一致,但宽度或直径由被测提取要素本身决定。

方向公差包括平行度、垂直度、倾斜度及相对于基准的线轮廓度、面轮廓度。由于被测要素有直线、曲线、平面和曲面,基准可以是基准线、基准面、基准体系(线和平

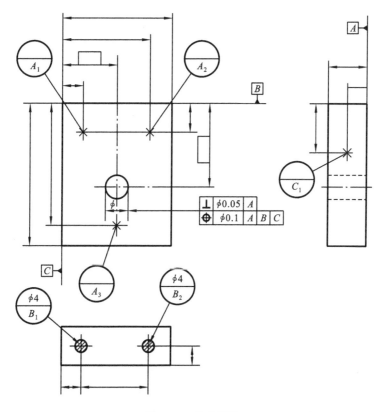

图 4-46 基准目标

面、平面和平面),故被测要素相对于基准的方向公差有直线对直线、直线对平面、直线对基准体系,曲线对直线、曲线对平面、平面对直线、平面对平面、曲面对直线、曲面对平面等多种情况。

1. 平行度

1) 平行度及公差带

平行度(parallelism)是指关联实际要素对具有确定方向的理想要素所允许的变动全量,用于控制被测要素对基准在方向上的变动。理想要素的方向由基准及理论正确角度确定,理论正确角度为 0°。平行度包括:线对基准体系(线和平面)的平行度公差、线对基准线的平行度公差和线对基础面的平行度公差等。

(1) 线对基准体系(线和平面)的平行度公差 如图 4-47 所示,公差带为间距等于公差值 t,平行于基准轴线和基准平面的两平行平面所限定的区域。提取(实际)中心线应限定在间距为公差值 t,平行于基准轴线 A 和基准平面 B 的两平行平面之间。

(2) 线对基准线的平行度公差 如图 4-48 所示,若公差值前加注了符号 ϕ,公差带为平行于基准轴线、直径等于公差值 ϕt 的圆柱面所限定的区域。提取(实际)中心

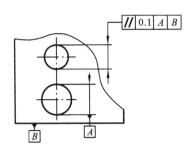
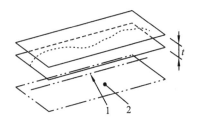

图 4-47 线对基准体系的平行度

1—基准轴线；2—基准平面

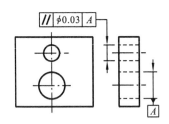
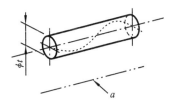

图 4-48 线对基准线的平行度公差

a—基准轴线

线应限定在平行于基准轴线 A、直径为公差值 t 的圆柱面内。

（3）面对基准线的平行度公差　如图 4-49 所示，提取（实际）表面应限定在间距等于公差值 t、平行于基准轴线 C 的两平行平面之间。

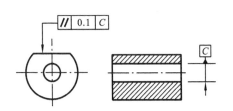
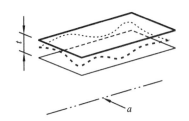

图 4-49 面对基准线的平行度公差

a—基准直线

2）平行度误差的测量和评定

平行度误差可以用平板和带指示计的表架、水平仪、自准直仪、三坐标测量机等测量。

如图 4-49 所示面对基准线的平行度误差可采用平板等高支承、心轴、带指示计的测量架（表架）进行测量，其测量方法如图 4-50 所示。基准轴线采用具有较高形状精度的可胀式（或与孔成无间隙配合）心轴模拟。将被测零件放在等高支承上，调整（转动）该零件使 $L_3=L_4$，然后测量整个被测表面并记录示值。取整个测量过程中指示计的最大与最小示值之差作为该零件的平行度误差。

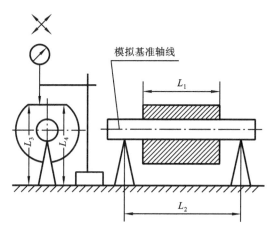

图 4-50 面对基准线的平行度误差的测量

2. 垂直度

垂直度(perpendicularity)用于控制被测要素对基准在方向上的变动,理想要素的方向由基准及角度为 90°的理论正确角度确定。

1) 垂直度公差带

(1) 线对基准线的垂直度公差 如图 4-51 所示,公差带为间距等于公差值 t、垂直于基准线的两平行平面所限定的区域。

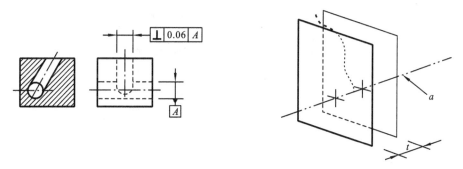

图 4-51 线对基准线的垂直度公差

a—基准线

(2) 线对基准体系的垂直度公差 如图 4-52 所示,公差带为间距等于公差值 t 的两平行平面所限定的区域,该两平行平面垂直于基准平面 A,且平行于基准平面 B。圆柱面的提取(实际)中心线应限定在间距等于公差值、垂直于基准平面 A、平行于基准平面 B 的两平行平面间。

2) 垂直度误差的测量和评定

如图 4-53 所示垂直度的测量可采用如图 4-53 所示的平板、水平仪、心轴、固定和可调支承测量。基准直线和被测轴线用心轴模拟。调整基准心轴处于水平位置,水平仪靠在两心轴的素线上测量,同时记录示值 A_1、A_2。垂直度误差为

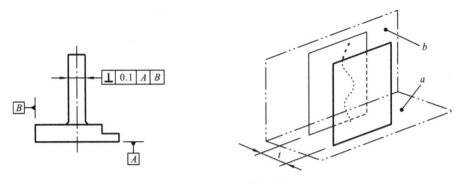

图 4-52 线对基准体系的垂直度公差
a—基准平面 A；b—基准平面 B

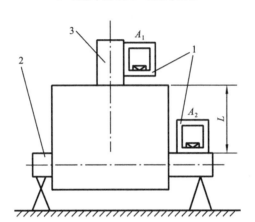

图 4-53 线对基准线的垂直度误差测量
1—水平仪；2—基准心轴；3—被测心轴

$$f = |A_1 - A_2|CL \tag{4-10}$$

式中：C 为水平仪刻度值（线性值）；L 为被测孔的轴线长度。

3. 倾斜度

倾斜度（angularity）公差是指关联实际要素对具有确定方向的理想要素所允许的变动全量，用于控制被测要素相对于基准在方向上的变动，理想要素的方向由基准及在 0°至 90°之间的任意角度的理论正确角度决定。

1) 倾斜度公差带

(1) 线对基准线的倾斜度公差　如图 4-54 所示，被测线与基准线在同一平面上。公差带为间距等于公差值 t 的两平行平面所限定的区域，该两平行平面按给定角度倾斜于基准轴线。提取（实际）中心线应限定在间距等于公差值 0.08 mm、按理论正确角度 60°倾斜于公共基准轴线 A—B 的两平行平面之间。

(2) 线对基准面的倾斜度公差　如图 4-55 所示，公差带为间距等于公差值 t 的

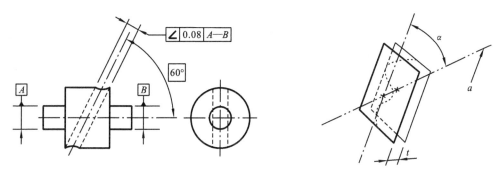

图 4-54 线对基准线的倾斜度公差
a—基准轴线

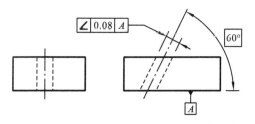 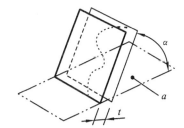

图 4-55 线对基准面的倾斜度公差
a—基准平面

两平行平面所限定的区域,该两平行平面按给定的角度倾斜于基准平面。提取(实际)中心线应限定在间距为公差值 0.08 mm 的两平行平面间,该两平行平面按理论正确角度 60°倾斜于基准平面 A。

与图 4-55 相比,图 4-56 的公差值前加注有符号 ϕ,公差带为直径等于公差值 ϕt 的圆柱面所限定的区域。该圆柱面公差带的轴线按给定角度倾斜于基准平面 A 且平行于基准平面 B。

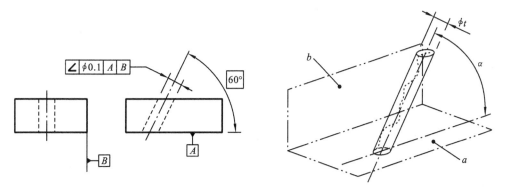

图 4-56 线对基准面的倾斜度公差
a—基准平面 A；b—基准平面 B

2) 倾斜度误差的测量与评定

如图 4-56 所示的线对基准面的倾斜度的测量可采用平板、直角座、定角垫块、固定支承、心轴、带表的测量架。如图 4-57 所示，被测轴线采用心轴模拟，调整被测零件，使指示计示值 M_1 为最大（距离最小）。在测量距离为 L_2 的两个位置上测得示值分别为 M_1、M_2。倾斜度误差为

$$f = \frac{L_1}{L_2} |M_1 - M_2| \tag{4-11}$$

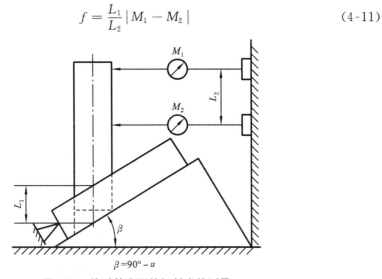

图 4-57　线对基准面的倾斜度的测量

测量时应选用可胀式（或与孔成无间隙配合的）心轴，若选用 $L_2 = L_1$，则示值的差值的绝对值即为该零件的倾斜度误差。定角垫块也可由正弦尺或精密转台代替。

4.3.4　位置公差

位置公差是指限制关联实际要素对基准的位置变动的量，包括同心度、同轴度、位置度、对称和有基准时的线轮廓度、面轮廓度。一般来说，位置公差带的方向和位置都是固定的。但有时依据具体的图样标注要求，位置度的公差带可以是浮动的，也可以是固定的。

位置误差是指被测提取要素对一具有确定位置的拟合要素的变动量，拟合要素的位置由基准和理论正确尺寸确定。对于同轴度和对称度，理论正确尺寸为零。位置误差值用定位最小包容区域的宽度或直径表示，定位最小包容区域是指以拟合要素定位包容被测提取要素时，具有最小宽度或直径的包容区域，如图 4-58 所示。评定各误差项目的定位最小包容区域的形状分别和各自的公差带形状一致，但宽度由被测提取要素决定。

1. 同心度和同轴度

1) 点的同心度

点的同心度（concentricity）用来控制一个圆心点相对于同一平面上另一个点的

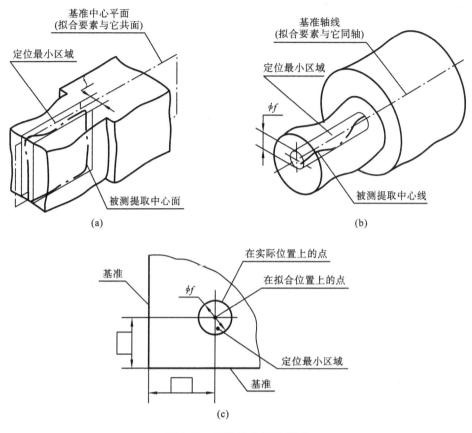

图 4-58 定位最小包容区域

变动。如图 4-59 所示，内圆圆心的公差带为直径等于公差值 ϕt 的圆周所限定的区域。该圆的圆心与基准点重合。在任意横截面内，内圆的提取（实际）圆心应限定在直径等于 $\phi 0.1$ mm、以基准点 A 为圆心的圆周内。图中 ACS 指任一横截面。

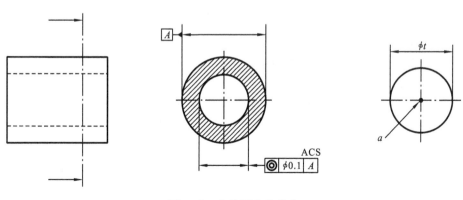

图 4-59 点的同心度公差

a—基准点

2) 轴线的同轴度公差

同轴度(coaxiality)是一种位置公差,用来控制被测要素对基准的同轴性变动,其公差带是直径为公差值 ϕt、轴线与基准轴线重合的圆柱面内区域,如图 4-60 所示。

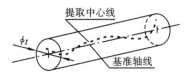

图 4-60 同轴度公差带

图 4-61(a)中的大圆柱的提取(实际)中心线应限定在直径等于公差值 $\phi 0.08$ mm、以公共基准轴线 $A—B$ 为轴线的圆柱面内。图 4-61(c)中的大圆柱的提取(实际)中心线应限定在直径等于公差值 $\phi 0.1$ mm、以垂直于基准平面 A 的基准轴线 A 为轴线的圆柱面内。

同轴度误差的测量可以用圆度仪、三坐标测量机、V 形架和带指示计的表架等测量。

如图 4-61(a)所示的同轴度误差可用平板、刀口状 V 形架和带指示计的表架测量,如图 4-62 所示,两端圆柱面的中段用 V 形架支承,以此体现 $A—B$ 公共基准轴线,使其处于水平位置,两个指示计安装在同一个正截面内,分别测量对应的最高点和最低点。然后使工件作无轴向移动的旋转一周,先在一个正截面内测量,取指示计 a、b 记录在各对应点读数差值 $|M_a - M_b|$ 中的最大值作为该截面的同轴度误差。在若干个正截面内测量,取各截面同轴度误差中的最大值作为该零件的同轴度误差。

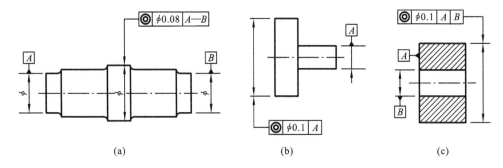

图 4-61 同轴度公差

如图 4-61(b)所示的同轴度误差可按图 4-63 所示用圆度仪测量。测量时,调整被测零件,使其基准轴线与仪器主轴的回转轴线同轴,在被测零件的基准要素和被测要素上测量若干截面并记录轮廓图形。根据图形按定义求出该零件的同轴度误差。按照零件的功能要求,也可对轴类零件用最小外接圆柱面(对孔类零件用最大内接圆柱面)的轴线求出同轴度误差。

2. 对称度

对称度(symmetry)用于限制被测导出要素对作为基准的导出要素的共线(或共面)的误差。

如图 4-64 所示,对称度公差带为间距等于公差值 t、对称布置于基准中心平面两侧的两平行平面所限定的区域,提取(实际)中心面应限定在此两平行平面之间。

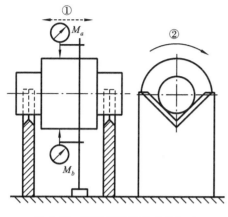
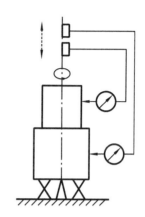

图 4-62　同轴度误差的测量（一）　　　　图 4-63　同轴度误差的测量（二）

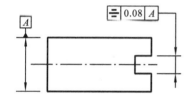
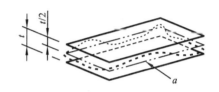

图 4-64　对称度公差带

a—基准中心平面

对称度误差可采用三坐标测量机测量。也可按图 4-65 所示的方法用带指示计的表架测量，将被测零件放置在平板上，先测量表面①与平板之间的距离，然后将被测零件翻转 180°，测量表面②与平板间的距离。取测量截面内对应两测点的最大差值作为该零件的对称度误差。

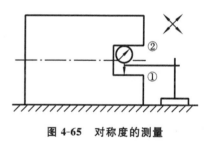

图 4-65　对称度的测量

3. 位置度

用位置度（position）公差及与其相关的理论正确尺寸来限定各实际（提取）要素的位置的变动范围，例如，点、轴线、中心平面、公称直线、公称平面，它们之间相互有关或与一个或多个基准有关。在位置度公差标注中，理论正确尺寸是确定各要素理想位置的尺寸，该尺寸不直接附带公差，应围以矩形框格标注。

1）位置度公差带

（1）点的位置度公差　如图 4-66 所示，该点的位置度公差带为直径等于公差值 $S\phi$ 的圆球面所限定的区域。该圆球中心的理论正确位置由基准 A、B、C 和理论正确尺寸确定。

（2）线的位置度公差　如图 4-67 所示，线的位置度公差是直径为公差值 ϕt 的圆柱面所限定的区域，该圆柱面的轴线的位置由基准平面 A、B、C 和理论正确尺寸

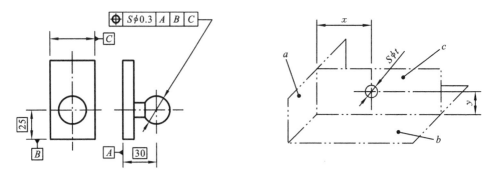

图 4-66 点的位置度

a—基准平面 *A*；*b*—基准平面 *B*；*c*—基准平面 *C*

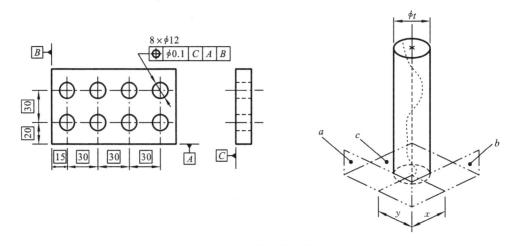

图 4-67 线的位置度公差

a—基准平面 *A*；*b*—基准平面 *B*；*c*—基准平面 *C*

20 mm、15 mm、30 mm 确定。各提取(实际)中心线应各自限定在直径等于 $\phi 0.1$ mm 的圆柱面内。

(3) 面的位置度公差　如图 4-68 所示，提取(实际)表面应限定在间距等于 0.05 mm、且对称布置于被测面的理论正确位置的两平行表面之间。该两平行平面对称于由基准平面 *A*、基准轴线 *B* 和理论正确尺寸 105 mm、105°确定的被测面的理论正确位置。

2) 位置度误差的测量

位置度误差可以用三坐标测量机等坐标测量装置，也可用专用测量设备测量。如图 4-68 所示的位置度误差可采用图 4-69 的专用测量装置测量。测量时，调整被测零件在专用支架上的位置，使指示计的示值差为最小。指示计按专用的标准零件调零，在整个被测表面上测量若干点，将指示计示值的最大值的绝对值乘以 2，作为该零件的位置度误差。

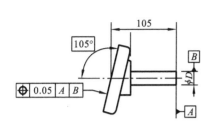
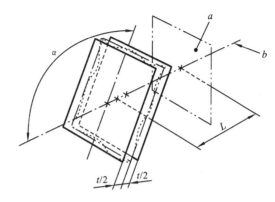

图 4-68 面的位置度公差
a—基准平面；b—基准轴线

GB/Z 24637.1—2009《产品几何技术规范（GPS）通用概念第 1 部分:几何规范和验证的模式》为几何规范提供了一种验证模式,也解释了与该模式有关的概念的数学基础。如图 4-70(a)所示为一孔的位置度公差,孔的轴线由基准 A、B、C 及理论正确尺寸 80 mm、100 mm 确定。被测孔需要分离、拟合、构建,基准面 A、B、C 都需要分离、拟合,具体操作如下。

（1）圆柱轴线的获取：

① 建立规范表面模型,从规范表面模型中分离出非理想圆柱面,如图 4-70(b)所示；

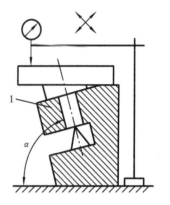

图 4-69 面的位置度误差测量
1—测量支架

② 通过最小区域法,由分离出的非理想圆柱拟合得到一个理想拟合圆柱,如图 4-70(c)所示；

③ 构造一组垂直于拟合圆柱轴线的平面,如图 4-70(d)所示；

④ 用构造的平面从非理想圆柱面中分离出非理想圆的轮廓线,如图 4-70(e)所示；

⑤ 用理想圆与分离出的非理想圆的轮廓线依据最小二乘法拟合出理想圆,如图 4-70(f)所示；

⑥ 将所有拟合理想圆的圆心集成为非理想圆柱的轴线,如图 4-70(g)所示。

（2）基准表面 A、B、C 的获取：

① 从规范表面模型中分离出一个与表面 S_C 相对应的非理想平面 P_C,如图 4-70(h)所示；

② 由非理想平面 P_C 拟合得到一个理想的拟合平面,该平面即为基准平面 C,如图 4-70(i)所示；

③ 从规范表面模型中分离出一个与表面 S_A 相对应的非理想平面 P_A,如图 4-70(j)所示；

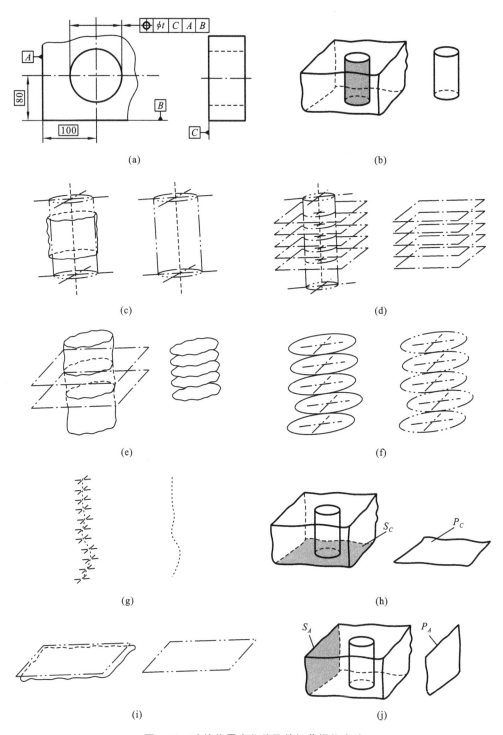

图 4-70　孔的位置度公差及其规范操作方法

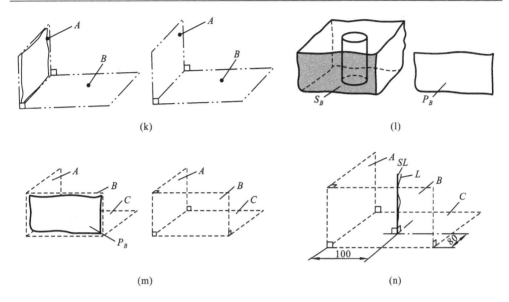

续图 4-70

④ 用一个理想平面（垂直于基准面 C 的拟合平面）与分离平面 P_A 拟合，得到一个理想的拟合平面，该平面即为基准面 A，如图 4-70(k)所示；

⑤ 从规范表面模型中分离出一个与表面 S_B 相对应的非理想平面 P_B，如图 4-70(l)所示；

⑥ 用一个同时垂直于基准面 A 和基准面 C 的理想平面与分离平面 P_B 拟合，得到一个理想的拟合平面，该平面即为基准面 B，如图 4-70(m)所示。

(3) 孔的公差带轴线位置：

公差带的轴线由一条理想直线 SL 构造，该直线垂直于基准面 C、距平面 A 的距离为 100 mm、距平面 B 的距离为 80 mm，如图 4-70(n)所示。

(4) 位置度误差的评估：

孔的位置误差通过对距离特征的评估得到，即拟合圆柱面轴线 L 上每一个点与构造直线 SL 之间的最大距离的最大值要小于或等于 $t/2$，t 为图 4-70(a)中的位置度公差值。

4.3.5 跳动公差

跳动公差为关联实际要素绕基准轴线回转一周或连续回转所允许的最大变动量。跳动公差是以特定的检测方式为依据而给定的公差项目，用于综合控制被测要素的形状误差和位置误差，能将某些几何误差综合反映在测量结果中，有一定的综合控制功能。测量时测头的方向要求始终垂直于被测要素，即除特殊规定外，其测量方向是被测面的法线方向。

跳动分为圆跳动和全跳动两类。

1. 圆跳动

圆跳动(circular run-out)要求被测提取要素绕基准轴线作无轴向移动回转一周,由位置固定的指示计在给定方向上测得的最大与最小值之差。圆跳动又可分为径向圆跳动、轴向圆跳动、斜向圆跳动。

1) 径向圆跳动

如图 4-71(a)所示被测要素的公差带是在任一垂直于基准轴线的横截面内、半径差等于公差值 t,圆心在基准轴线上的两同心圆所限定的区域(见图 4-71(b))。

如图 4-71(a)所示的径向圆跳动误差的测量可按如图 4-71(c)、(d)所示的方法进行。图 4-71(c)中采用平板、V 形架和带指示计的表架测量,基准轴线由 V 形架模拟,被测零件支承在 V 形架上,并在轴向定位;图 4-71(d)中则是将被测零件支承在两个同轴圆柱导向套筒内,并在轴向定位。在被测零件回转一周过程中指示计示值的最大差值,即为单个测量平面上的径向跳动;按上述方法在若干个截面上进行测量,取各截面上测得的跳动量中的最大值,即为该零件的径向跳动误差。

图 4-71(c)所示的方法受 V 形块角度和基准要素形状误差的综合影响。图 4-71(d)所示的方法在满足功能要求,即基准要素与两个同轴轴承相配时,是一种有用方法,但是通常难以加工出具有一定直径(最小外接圆柱面)的同轴导向套筒。

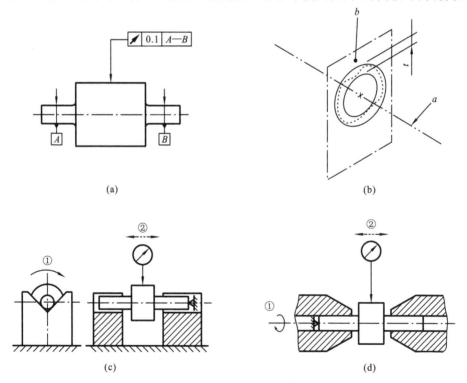

图 4-71 径向圆跳动及其测量

a—基准轴线;b—横截面

2) 端面圆跳动（轴向圆跳动）

端面圆跳动用于控制端面上任一测量直径处在轴向上的跳动量，一般只用来确定环状零件的公差，因为它不能反映整个端面的几何误差。

如图 4-72 所示，端面圆跳动的公差带为与基准轴线同轴的任一半径的圆柱截面上，间距等于公差值 t 的两圆所限定的圆柱面区域。图中标注的含义是：当零件绕基准轴线作无轴向移动的回转时，在右端面任一测量直径处的轴向跳动量均不得大于公差值 0.1 mm。

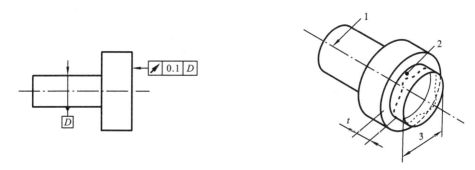

图 4-72 端面圆跳动
1—基准轴线；2—公差带；3—任意直径

图 4-72 中的端面圆跳动误差可以采用图 4-73 所示的测量方法。图 4-73(a)中采用 V 形块，图 4-73(b)中采用轴向套筒。将被测零件支承在 V 形块上（图 4-73(b)所示是固定在导向套筒内），并在轴向固定。在被测件回转一周过程中，指示计示值最大差值即为单个测量圆柱面上的端面跳动。在若干个测量圆柱面上测量，取最大值作为该零件的端面跳动。

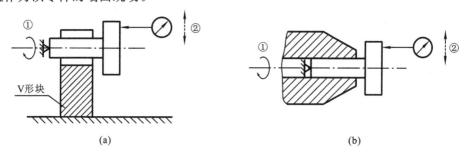

图 4-73 端面圆跳动误差的测量

3) 斜向圆跳动

如图 4-74 所示，斜向圆跳动的公差带是与基准轴线同轴的某一圆锥截面上，间距等于公差值 t 的两圆所限定的圆锥面区域。

斜向圆跳动的测量方法类似图 4-71 所示的方法，只是测量方向要注意垂直于被测表面的法线方向。

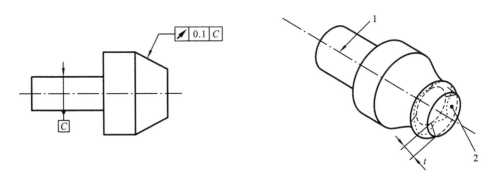

图 4-74 斜向圆跳动
1—基准轴线；2—公差带

2. 全跳动

全跳动(total run-out)要求被测提取要素绕基准轴线作无轴向移动连续回转，同时指示计沿给定方向的理想直线连续移动(或被测提取要素每回转一周，指示计沿给定方向的理想直线作间断移动)，指示计在给定方向测得的最大值与最小值之差即为全跳动误差。

全跳动控制的是整个被测要素相对于基准要素的跳动总量。

根据测量方向与基准轴线的相对位置，可分为径向全跳动和端面(轴向)全跳动。

1) 径向全跳动

如图 4-75 所示的径向全跳动公差带是半径差等于公差值 t，与基准轴线同轴的两同轴圆柱面所限定的区域。图中标注的含义是圆柱面绕基准轴线作无轴向移动的连续回转，同时测量指示表的测头平行于基准轴线直线移动，在整个圆柱表面上的跳动量不得大于公差值 0.1 mm。图中的径向全跳动既可控制被测圆柱面的圆柱度误差，也可控制被测圆柱面轴线和公共基准 A—B 的同轴度误差。

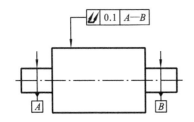 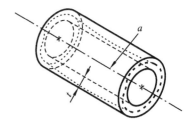

图 4-75 径向全跳动
a—基准轴线

径向全跳动可采用如图 4-76 所示的两同轴导向套筒进行测量。基准轴线也可以用一对 V 形块或一对顶尖等简单工具来体现。

2) 轴向全跳动(端面全跳动)

如图 4-77 所示，轴线全跳动的公差带是间距等于公差值 t，垂直于基准轴线的两

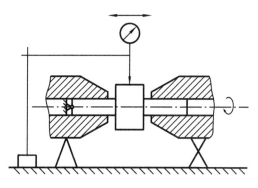

图 4-76 径向全跳动的测量

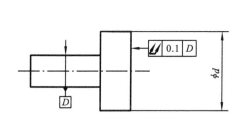

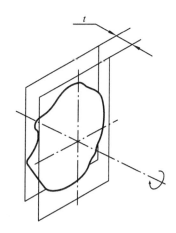

图 4-77 轴向全跳动

平行平面所限定的区域。该标注的含义是端面绕基准轴线作无轴向移动地连续回转,同时测量指示表的测头垂直于基准轴线移动,在整个端面上的跳动量不得大于 0.1 mm。图中的轴向全跳动可控制右端面的平面度误差和该端面对基准 D 的垂直度误差。

轴向全跳动的测量可采用图 4-78 所示的导向套筒进行。将被测零件支承在导向套筒内,并在轴向固定,导向套筒的轴线应与平板垂直。基准轴线同样也可以用 V 形块等简单工具来体现。

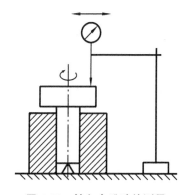

图 4-78 轴向全跳动的测量

4.4 公差原则

尺寸公差用于控制零件的尺寸误差,保证零件的尺寸精度要求;几何公差用于控制零件的几何误差,保证零件的几何精度要求。尺寸精度和几何精度是影响零件质量的两个关键要素。一般在一个零件的图样上都同时存在着这两种精度要求。根据零件的使用要求,尺寸公差和几何公差可能相互独立,也可能相互影响、相互补偿。为了保证设计要求,正确地判断零件是否合格,需要明确尺寸公差和几何公差的内在联系,公差原则正是解决这种联系的方法。公差原则有独立原则和相关要求,相关要求又可以分为包容要求、最大实体要求、最小实体要求和可逆要求。

4.4.1 基本概念

1. 最大实体状态

假定提取组成要素的局部尺寸处处位于极限尺寸且使其具有实体最大时的状态称为最大实体状态(maximum material condition,MMC)。

最大实体边界(maximum material boundary,MMB):最大实体状态的理想形状的极限包容面。

最大实体尺寸(maximum material size,MMS):确定要素最大实体状态的尺寸,即外尺寸要素的上极限尺寸,内尺寸要素的下极限尺寸。

图 4-79(a)所示直径为 $\phi 20^{+0.05}_{0}$ 的孔,其最大实体尺寸为下极限尺寸 $\phi 20$ mm。图 4-79(b)所示的孔没有形状误差,直径为最大实体尺寸 $\phi 20$ mm,此时孔处于最大实体状态;图 4-79(c)所示的孔有形状误差,但其局部直径处处为 $\phi 20$ mm,此时孔也处于最大实体状态。

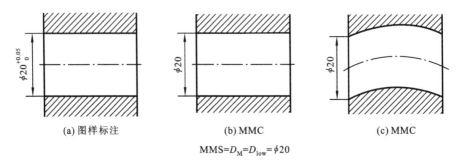

(a) 图样标注　　(b) MMC　　(c) MMC

$MMS = D_M = D_{low} = \phi 20$

图 4-79　内要素的最大实体状态和最大实体尺寸

图 4-80(a)所示直径为 $\phi 20^{0}_{-0.05}$ 的轴,其最大实体尺寸为上极限尺寸 $\phi 20$ mm。如图 4-80(b)所示的轴没有形状误差,直径为最大实体尺寸 $\phi 20$ mm,此时轴处于最大实体状态;如图 4-80(c)所示的轴有形状误差,但其局部直径处处为 $\phi 20$ mm,此时轴也处于最大实体状态。

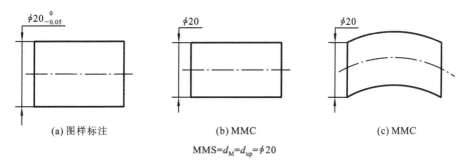

图 4-80 外要素的最大实体状态和最大实体尺寸

如图 4-81 所示,轴遵守包容要求,其边界是最大实体边界,即直径为 $\phi30$ mm、具有理想形状的圆柱面。

如图 4-82 所示,孔遵守最大实体要求,垂直度公差为 0,其边界是最大实体边界,即直径为 $\phi20$ mm、具有理想的形状、垂直于基准平面 A 的圆柱面。

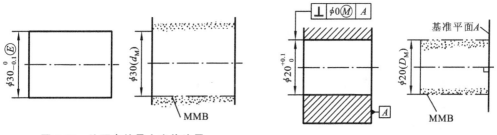

图 4-81 外要素的最大实体边界

图 4-82 内要素的最大实体边界

如图 4-83 所示,$\phi40$ mm 的轴遵守最大实体要求,同轴度公差为 0,其边界是最大实体边界,即直径为 $\phi40$ mm、具有理想的形状、与 $\phi60$ mm 轴线同轴的圆柱面。

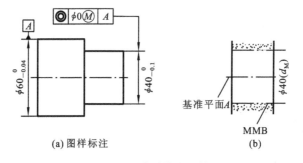

图 4-83 外要素的最大实体边界

2. 最小实体状态

假定提取组成要素的局部尺寸处处位于极限尺寸且使其具有实体最小时的状态称为最小实体状态(least material condition,LMC)。

最小实体边界(least material boundary,LMB):最小实体状态的理想形状的极限包容面。

最小实体尺寸(least material size,LMS):确定要素最小实体状态的尺寸。即外尺寸要素的下极限尺寸,内尺寸要素的上极限尺寸。

如图4-84(a)所示直径为$\phi 20^{+0.05}_{\ 0}$的孔,其最小实体尺寸为上极限尺寸$\phi 20.05$ mm。如图4-84(b)所示的孔没有形状误差,直径为最小实体尺寸$\phi 20.05$ mm,此时孔处于最小实体状态;如图4-84(c)所示的孔有形状误差,但其局部直径处处为$\phi 20.05$ mm,此时孔也处于最小实体状态。

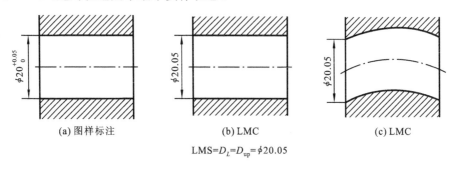

$LMS = D_L = D_{up} = \phi 20.05$

图 4-84 内要素的最小实体状态和最小实体尺寸

如图4-85(a)所示直径为$\phi 20^{\ 0}_{-0.05}$的轴,其最小实体尺寸为下极限尺寸$\phi 19.95$ mm。如图4-85(b)所示的轴没有形状误差,直径为最小实体尺寸$\phi 19.95$ mm,此时轴处于最小实体状态;如图4-85(c)所示的轴有形状误差,但其局部直径处处为$\phi 19.95$ mm,此时轴也处于最小实体状态。

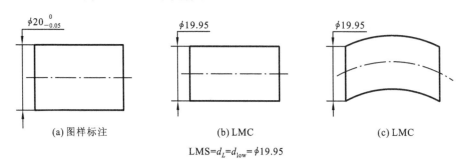

$LMS = d_L = d_{low} = \phi 19.95$

图 4-85 外要素的最小实体状态和最小实体尺寸

如图4-86所示,孔遵守最小实体要求,直线度公差为0,其边界是最小实体边界,即直径为$\phi 30.1$ mm、具有理想形状的圆柱面。

如图4-87所示,孔遵守最小实体要求,位置度公差为0,其边界是最小实体边界,即直径为$\phi 40.05$ mm、具有理想的形状、轴线与基准平面 A 的距离为理论正确尺寸50 mm的圆柱面。

如图4-88所示,轴遵守最小实体要求,垂直度公差为0,其边界是最小实体边界,即直径为$\phi 29.95$ mm、具有理想的形状、轴线与基准平面 A 垂直的圆柱面。

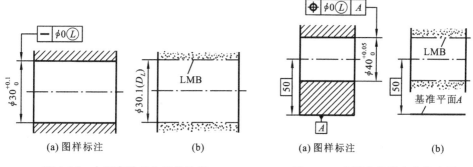

图 4-86　内要素的最小实体边界　　　图 4-87　内要素的最小实体边界

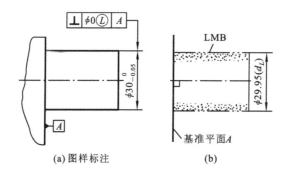

图 4-88　外要素的最小实体边界

3. 最大实体实效尺寸

最大实体实效尺寸(maximum material virtual size,MMVS)是指尺寸要素的最大实体尺寸与其导出要素的几何公差(形状、方向或位置)共同作用产生的尺寸。

对于外尺寸要素,最大实体实效尺寸=最大实体尺寸+几何公差

对于内尺寸要素,最大实体实效尺寸=最大实体尺寸-几何公差

拟合要素的尺寸为其最大实体实效尺寸时的状态称为最大实体实效状态。

最大实体实效状态对应的极限包容面称为最大实体实效边界(maximum material virtual boundary,MMVB)。

4. 最小实体实效尺寸

最小实体实效尺寸(minimum material virtual size,LMVS)是指尺寸要素的最小实体尺寸与其导出要素的几何公差(形状、方向或位置)共同作用产生的尺寸。

对于外尺寸要素,最小实体实效尺寸=最小实体尺寸-几何公差

对于内尺寸要素,最小实体实效尺寸=最小实体尺寸+几何公差

拟合要素的尺寸为其最小实体实效尺寸时的状态称为最小实体实效状态(LMVC)。最小实体实效状态对应的极限包容面称为最小实体实效边界(minimum material virtual boundary,LMVB)。

当几何公差是方向公差时,最大(小)实体状态和最大(小)实体实效边界受其方

向约束;当几何公差是位置公差时,最大(小)实体状态和最大(小)实体实效边界受其位置约束。

5. 体外作用尺寸和体内作用尺寸

(1) 体外作用尺寸(external function size)   在被测要素的给定长度上,与实际内表面体外相接的最大理想面或与实际外表面体外相接的最小理想面的直径或宽度。对于关联要素,该理想面的轴线或中心平面必须与基准保持图样给定的几何关系。

(2) 体内作用尺寸(internal function size)   在被测要素的给定长度上,与实际内表面体内相接的最小理想面或与实际外表面体内相接的最大理想面的直径或宽度。对于关联要素,该理想面的轴线或中心平面必须与基准保持图样给定的几何关系。

体外作用尺寸和体内作用尺寸是 GB/T 16671—1996 中规定的术语,在 2009 版新标准中已没有这两个术语,考虑到老版的标准在一些地方还有使用,特给出这两个术语及其定义。

4.4.2 独立原则

图样上给定的每一个尺寸和几何(形状、方向或位置)要求均是独立的,应分别予以满足。尺寸公差控制提取要素的局部尺寸的变动量;几何公差控制几何误差,一般用于对零件的几何公差有其独特的功能要求的场合。如果对尺寸和几何要求之间的关系有特定要求,应在图样上规定。

线性几何尺寸公差仅控制提取要素的局部尺寸,不控制提取圆柱面的奇数棱圆度误差以及由于提取导出要素形状误差引起的提取要素的形状误差,如提取中心线直线度误差引起的提取圆柱面的素线直线度误差,提取中心面平面度误差引起的两对应提取平面的平面度误差。

图 4-89(a)仅标注了直径公差,此标注说明其提取圆柱面的局部直径必须位于 149.96~150 mm 之间。线性尺寸公差 0.04 mm 不控制图 4-89(b)所示素线的直线度误差及图 4-89(c)所示横截面的圆度误差。

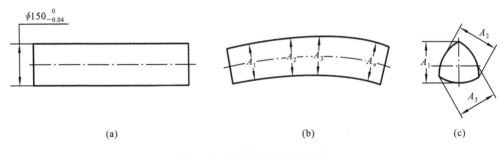

图 4-89 仅标注几何尺寸公差

不论注有公差要素的提取要素的局部尺寸如何,提取要素均应位于给定的几何公差带内,并且其几何误差允许达到最大值。图 4-90 所示为一个规定了直径公差、圆度公差和轴线的直线度公差的外圆柱尺寸要素。该标注说明其提取圆柱面的局部尺寸应在上极限尺寸 $\phi20$ mm 和下极限尺寸 $\phi19.967$ mm 之间,其形状误差应在给定的相应形状公差之内。如图 4-90(b)、(c)、(d)所示,不论提取圆柱面的局部尺寸是上极限尺寸 $\phi20$ mm 还是下极限尺寸 $\phi19.967$ mm,其形状误差均允许达到给定的最大值。

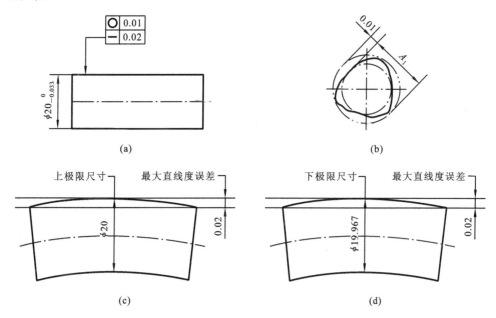

图 4-90 标注了尺寸公差和几何公差

4.4.3 相关要求

图样规定的尺寸公差和几何公差相互有关的公差要求,包括包容要求、最大实体要求(含附加于最大实体要求的可逆要求)、最小实体要求(含附加于最小实体要求的可逆要求)。

1. 包容要求

包容要求(envelope requirement)适用于圆柱表面或两平行对应面。

包容要求表示提取组成要素不得超越最大实体边界,其局部尺寸不得超出最小实体尺寸。

和 GB/T 16671—1996 不同的是,2009 版标准的包容要求、最大实体要求用提取组成要素和局部尺寸代替了 1996 版的体外作用尺寸和局部实际尺寸。这种改变也意味着对量具的新要求。如前所述,提取组成要素是由测量得到的实际表面上的足够多的点组成的,故需要由计算机软件进行计算和判断,才可以确定提取组成要素是否超出最大实体边界。如果光滑极限量规的通规是全形量规,可以判断提取组成要素是否超出最大实体边界。但局部尺寸需要在垂直于拟合轴线的横截面内才能获得,即通常需要借助于计算机软件才能从提取组成要素得到拟合圆柱面和拟合圆柱轴线,才可以作出垂直于拟合轴线的横截面。因而,用光滑极限量规的止规不能判定局部尺寸是否超出了最小实体尺寸。故光滑极限量规最多只能作为新标准的一种暂时的替代测量方法,仍然需要解决和新标准的协调问题。

如图 4-91(a)所示,采用包容要求的尺寸要素,应在其尺寸极限偏差或公差带代号之后加注符号Ⓔ。标注的含义如图 4-91(b)～(d)所示。无论圆柱面的形状如何变化,其提取圆柱面应在其最大实体边界之内,该边界的尺寸为最大实体尺寸(MMS)ϕ150 mm,其提取圆柱面的局部直径不得小于 ϕ149.96 mm;如图 4-91(d)所示,当提取圆柱面的局部直径处处为 ϕ149.96 mm 时,允许其有轴线有 0.04 mm 的直线度误差;如图 4-91(e)所示,当提取圆柱面的局部直径处处为最大实体尺寸 ϕ150 mm 时,不允许其有形状误差。d_1、d_2、d_3 为提取圆柱面的局部直径。

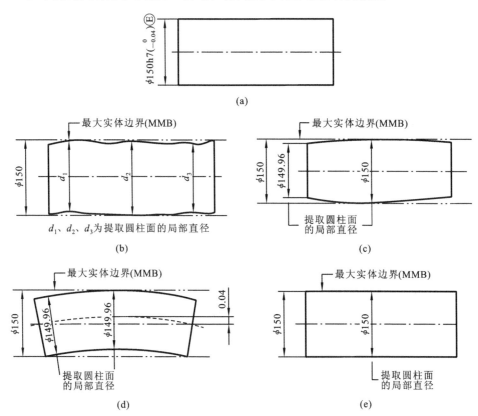

图 4-91 包容要求及其含义

2. 最大实体要求

最大实体要求(maximum material requirement,MMR)是一种相关要求,是尺寸

要素的非理想要素不得违反其最大实体实效状态(MMVC)的一种尺寸要素要求,也即尺寸要素的非理想要素不得超越其最大实体实效边界(MMVB)的一种尺寸要素要求。

最大实体要求用于导出要素,是从材料外对非理想要素进行限制,使用的目的主要是为了保证可装配性。

当最大实体要求用于注有公差的要素时,应在图样上用符号Ⓜ标注在导出要素的几何公差值之后。当应用于基准要素时,应在图样上用符号Ⓜ标注在基准字母之后。

1) 最大实体要求用于注有公差的要素

当最大实体要求应用于注有公差的要素时,要素的几何公差值是在该要素处于最大实体状态时给出的。当提取组成要素偏离其最大实体状态,即拟合要素的尺寸偏离其最大实体尺寸时,几何误差值可以超出在最大实体状态下给出的几何公差值,实质上相当于几何公差值可以得到补偿。

最大实体要求应用于注有公差的要素时,对尺寸要素的表面规定了以下规则。

(1) 规则 A 注有公差的要素的提取局部尺寸要:
① 对于外尺寸要素,等于或小于最大实体尺寸;
② 对于内尺寸要素,等于或大于最大实体尺寸。

(2) 规则 B 注有公差的要素的提取局部尺寸要:
① 对于外尺寸要素,等于或大于最小实体尺寸;
② 对于内尺寸要素,等于或小于最小实体尺寸。

(3) 规则 C 注有公差的提取组成要素不得违反其最大实体实效状态或其最大实体实效边界。

(4) 规则 D 当一个以上注有公差的要素用同一公差标注,或者是注有公差的要素的导出要素标注方向或位置公差时,其最大实体实效状态或最大实体实效边界要与各自基准的理论正确方向或位置相一致。

例 4-4 图 4-92 所示的零件的预期功能是两销柱要与一个具有两个相距 25 mm、公称尺寸为 10 mm 的孔的板类零件装配,且要与平面 A 相垂直。试解释图中标注的含义。

解 根据最大实体要求,本例标注的含义如下。

(1) 两销柱的提取要素不得超越直径为 10.3 mm 的最大实体实效边界。

(2) 两销柱的提取要素各处的局部直径均应大于最小实体尺寸 LMS=9.8 mm,且均应小于最大实体尺寸 MMS=10 mm。

(3) 两个销柱的最大实体实效状态的位置处于其轴线彼此相距为理论正确尺寸 25 mm,且与基准 A 保持理论正确垂直。

(4) 图 4-92(a)中两销柱的轴线位置度公差是在这两个销柱均处于最大实体状态下给定的;当这两个销柱均为其最小实体状态时,其轴线位置度误差允许达到的最大值为给定的轴线位置度公差 $\phi0.3$ mm 与销柱的尺寸公差 0.2 mm 之和 $\phi0.5$ mm。当两销柱各自处于最大实体状态和最小实体状态之间时,其轴线的位置度公差在 $\phi0.3\sim\phi0.5$ mm 之间变化,图 4-92(c)所示为表述这种关系的动态公差图。

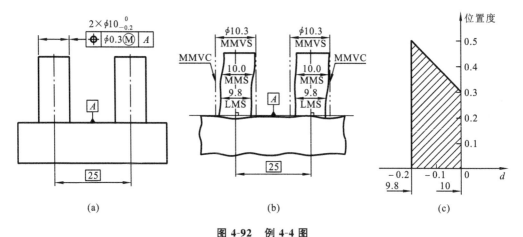

图 4-92　例 4-4 图

例 4-5　图 4-93 所示为零件的预期功能是与图 4-94 所示的零件装配,而且要求两基准平面 A 相接触,两基准平面 B 双方同时与另一零件(图中未画出)的平面相接触。试解释图中标注的含义。

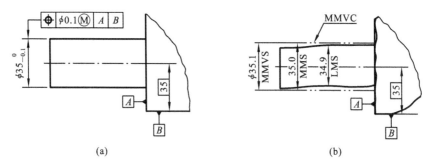

图 4-93　例 4-5 图

解　根据最大实体要求,本例标注的含义是:

(1) 轴的提取要素不得违反其最大实体实效状态,其直径 MMVS=35.1 mm;

(2) 轴的提取要素各处的局部直径应大于 LMS=34.9 mm,且应小于 MMS=35.0 mm;

(3) MMVC 的方向与基准 A 垂直,并且其位置在与基准 B 相距 35 mm 的理论正确位置上;

(4) 图 4-93(a)中轴线的位置度公差($\phi0.1$ mm)是在该轴处于最大实体状态下给定的;当该轴为其最小实体状态时,其轴线位置度误差允许达到的最大值为给定的轴线位置度公差($\phi0.1$ mm)与该轴的尺寸公差(0.1 mm)之和 $\phi0.2$ mm。当该轴处于最大实体状态和最小实体状态之间时,其轴线的位置度公差在 $\phi 0.1 \sim \phi 0.2$ mm 之间变化。

例 4-6 图 4-94 所示为零件的预期功能是与例 4-4 中的零件相装配,而且要求两基准平面 A 相接触,两基准平面 B 双方同时与另一零件(图中未画出)的平面相接触。试解释图中标注的含义。

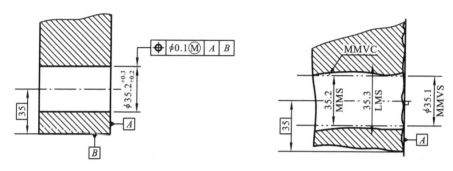

图 4-94 例 4-6 图

解 (1) 从图 4-94 可以看出,孔的提取要素不得违反其最大实体实效状态(MMVC),其直径为 MMVS=35.1 mm。故只要孔和例 4-4 中的轴是合格的,它们分别不会超出其各自的 MMVC,其直径都是 $\phi 35.1$ mm,因而确保它们能够顺利地装配。

(2) 由于两零件的第一基准都是平面 A,故它们装配时能保证两基准面相接触。

(3) 由于轴线对基准 B 的距离是由理论正确尺寸 35 mm 确定的,因而保证孔和轴都能同时与另外一个零件的平面接触。

2) 最大实体要求用于基准要素

当最大实体要求用于基准要素时,对基准要素的表面规定了以下规则。

(1) 规则 E 基准要素的提取组成要素不得违反基准要素的最大实体实效状态或最大实体实效边界。

(2) 规则 F 当基准要素的导出要素没有标注几何公差要求,或者注有几何公差但没有应用最大实体要求,基准的最大实体实效尺寸为最大实体尺寸。

(3) 规则 G 当基准要素的导出要素注有形状公差,且采用最大实体要求时,基准要素的最大实体实效尺寸由最大实体尺寸加上(对外部要素)或减去(对内部要素)该形状公差值。此时其相应的边界为最大实体实效边界,基准代号应直接标注在形成最大实体实效边界的形位公差框格的下面,如图 4-95(c)所示。

可见,在规则 F、G 两种情况下,其最大实体实效尺寸是不同的。

例 4-7 图 4-95 所示为最大实体要求用于基准要素的情况。试解释其含义。

解 图 4-95(a)所示为基准要素注有尺寸公差,但当基准要素的导出要素没有标注几何公差要求,此时,其最大实体实效尺寸 MMVS=MMS=$\phi 70$ mm。

孔 $\phi 35.2$ 的提取要素不得违反其最大实体实效状态(MMVC),其直径为 MMVS

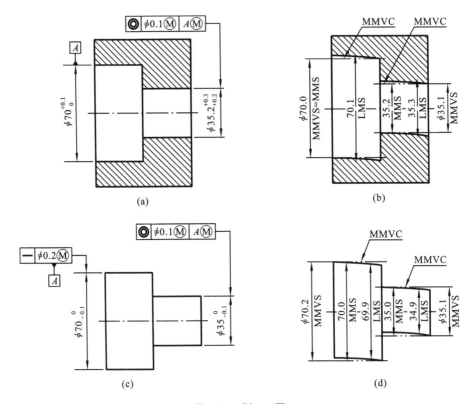

图 4-95 例 4-7 图

$=35.1$ mm。

如图 4-95(b)所示,当基准要素的拟合尺寸偏离最大实体尺寸时,则允许基准在一定的范围内浮动,其浮动范围等于基准要素的拟合尺寸与其相应边界尺寸之差。

如图 4-95(c)所示,基准要素注有尺寸公差,基准要素的导出要素还标注有直线度公差要求,此时,其最大实体实效尺寸 MMVS=MMS(ϕ70 mm)+轴线的直线度公差(ϕ0.2 mm)=ϕ70.2 mm。

如图 4-95(d)所示,轴 ϕ35 的提取要素不得违反其最大实体实效状态(MMVC),其直径为 MMVS=35.1 mm。

3. 最小实体要求

最小实体要求(least material requirement,LMR)也是一种相关要求,是尺寸要素的非理想要素不得违反其最小实体实效状态的一种尺寸要素要求,也即尺寸要素的非理想要素不得超越其最小实体实效边界的一种尺寸要素要求。

最小实体要求用于导出要素,是从材料内对非理想要素进行限制,使用的目的主要是为了保证最小壁厚,确保连接的强度。

当最小实体要求用于注有公差的要素时,应在图样上用符号Ⓛ标注在导出要素的几何公差值之后。当应用于基准要素时,应在图样上用符号Ⓛ标注在基准字母之后。

1) 最小实体要求用于注有公差的要素

当最小实体要求应用于注有公差的要素时，要素的几何公差值是在该要素处于最小实体状态时给出的。当提取组成要素偏离其最小实体状态，即拟合要素的尺寸偏离其最小实体尺寸时，几何误差值可以超出在最小实体状态下给出的几何公差值，实质上相当于几何公差值可以得到补偿。

最小实体要求应用于注有公差的要素时，对尺寸要素的表面规定了以下规则。

(1) 规则 H　注有公差的要素的提取局部尺寸要：

① 对于外尺寸要素，等于或大于最小实体尺寸(LMS)；

② 对于内尺寸要素，等于或小于最小实体尺寸(LMS)。

(2) 规则 I　注有公差的要素的提取局部尺寸要：

① 对于外尺寸要素，等于或小于最大实体尺寸(MMS)；

② 对于内尺寸要素，等于或大于最大实体尺寸(MMS)。

(3) 规则 J　注有公差的提取组成要素不得违反其最小实体实效状态(LMVC)或其最小实体实效边界(LMVB)。

(4) 规则 K　当一个以上注有公差的要素用同一公差标注，或者是注有公差的要素的导出要素标注方向或位置公差时，其最小实体实效状态或最小实体实效边界要与各自基准的理论正确方向或位置相一致。

与 GB/T16671—1996 不同的是，2009 版标准的最小实体要求用提取组成要素和局部尺寸代替了 1996 版的体内作用尺寸和局部实际尺寸。在测量时，传统的量具也面临着与前述包容要求、最大实体要求同样的问题。而且与最大实体要求和包容要求不同的是，最小实体要求要控制提取组成要素不超出最小实体实效边界，对合格的工件来说，该边界在材料体内，故无法用光滑极限量规和功能量规进行检验，只能由计算机的软件判断提取组成要素、局部尺寸是否分别超出最小实体实效边界、最大实体尺寸。因而，严格地按新标准来检验遵守最小实体要求的零件需要计算机化的测量设备。

如第 1 章所述，新一代 GPS 标准对测量、验证量具的要求，还存在着对要素要进行分离、提取、滤波、拟合、集成、构造、评估等操作，然后才能如图 1-2 所示对测量结果和规范特征的一致性作出评价，即判断工件是否合格。显然这些操作不是传统的模拟式量具所能完成的。

例 4-8　如图 4-96 所示，最小实体要求用于注有公差的要素。图中零件的预期功能是承受内压并防止崩裂。试解释其含义。

解　按照最小实体要求给出的规则，本例解释如下：

(1) 外圆柱要素的提取要素不得违反其最小实体实效状态，其直径为 LMVS=ϕ69.8 mm，最小实体实效边界为直径 ϕ69.8 mm 且与基准同轴的理想圆柱面；

(2) 外圆柱要素的提取要素各处的局部直径应小于 MMS=ϕ70.0 mm，且应大

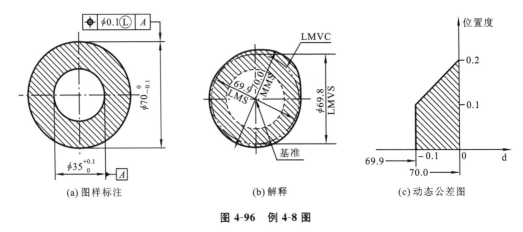

(a) 图样标注　　(b) 解释　　(c) 动态公差图

图 4-96　例 4-8 图

于 LMS=ϕ69.9 mm；

(3) 内圆柱要素的提取要素不得违反其最小实体状态，其直径为 LMS=ϕ35.1 mm；

(4) 内圆柱要素的提取要素各处的局部直径应大于 MMS=ϕ35 mm，且小于 LMS=ϕ35.1 mm；

(5) 当外圆柱要素处于最小实体状态时，其允许的最大位置度误差为 ϕ0.1 mm；当外圆柱要素处于最大实体状态时，其允许的最大位置度误差为 (ϕ0.1+0.1) mm=ϕ0.2 mm。当外圆柱要素处于最小实体状态和最大实体状态之间时，其允许的最大位置度误差在 ϕ0.1～ϕ0.2 mm 之间，其变化关系见图 (c) 所示的动态公差图。

例 4-9　和例 4-7 类似，图 4-97 所示零件的预期功能是承受内压并防止崩裂。试解释其含义。

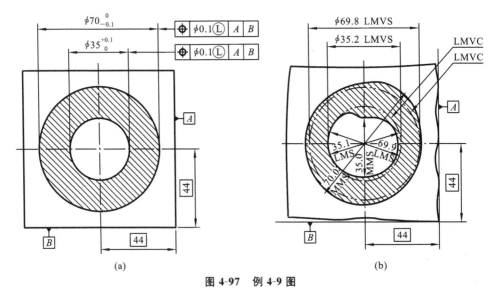

(a)　　(b)

图 4-97　例 4-9 图

解 按最小实体要求,可以类似地对本例进行解释,与例 4-7 有区别的是：

(1) 内圆柱要素的提取要素不得违反其最小实体实效状态,其直径为 LMVS=ϕ35.2 mm；

(2) 内、外圆柱要素的最小实体实效状态的理论正确方向和位置应距基准体系 A、B 各自为 44 mm。

2) 最小实体要求应用于基准要素

当最小实体要求用于基准要素时,对基准要素的表面规定了以下规则。

(1) 规则 L 基准要素的提取组成要素不得违反基准要素的最小实体实效状态或最小实体实效边界。

(2) 规则 M 当基准要素的导出要素没有标注几何公差要求,或者注有几何公差但没有应用最小实体要求时,基准的最小实体实效尺寸为最小实体尺寸。

(3) 规则 N 当基准要素的导出要素注有形状公差,且采用最小实体要求时,基准要素的最小实体实效尺寸由最小实体尺寸减去(对外部要素)或加上(对内部要素)该形状公差值。此时其相应的边界为最小实体实效边界,基准代号应直接标注在形成最小实体实效边界的形位公差框格的下面,类似图 4-95(c)所示。

可见,在规则 M、N 两种情况下,其最小实体实效尺寸是不同的。

例 4-10 图 4-98 所示为零件的预期功能要求也是承受内压并防止崩裂。和例 4-7不同的是基准采用了最小实体要求。试解释其含义。

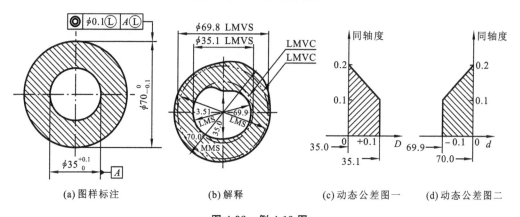

(a) 图样标注　　　　　　(b) 解释　　　　　(c) 动态公差图一　　(d) 动态公差图二

图 4-98　例 4-10 图

解 按最小实体要求,可以类似地对本例进行解释,与例 4-7 不同的是：

(1) 内圆柱要素的提取要素不得违反其最小实体实效状态,其直径为 LMVS=ϕ35.1 mm,这也是和例 4-8 不同之处；

(2) 外圆柱要素的最小实体实效状态位于内圆柱要素(基准要素)轴线的理论正确位置；

(3) 内、外圆柱要素均使用了最小实体要求,其动态公差图如图 4-98(c)、(d)所示。

例 4-11 如图 4-99 所示,基准采用了最小实体要求。基准本身标注了尺寸公差

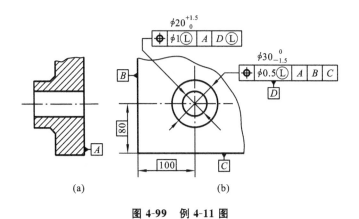

图 4-99　例 4-11 图

和位置度公差。试说明其边界要求。

解　按最小实体要求的规则，注有公差的要素的导出要素和基准要素同时标注了位置公差，其最小实体实效边界要与各自基准的理论正确位置相一致。

4. 可逆要求

可逆要求(reciprocity requirement, RPR)是指最大实体要求和最小实体要求的附加要求，表示尺寸公差可以在实际几何误差小于几何公差之间的差值范围内增大。可逆要求是一种反补偿要求，标注时在图样上的符号Ⓜ或Ⓛ后加注带圆圈的符号Ⓡ。可逆要求仅用于注有公差的要求。在最大实体要求或最小实体要求附加了可逆要求后，将改变尺寸要素的尺寸公差。用可逆要求可以充分地利用最大实体实效状态和最小实体实效状态的尺寸。在制造可能性的基础上，可逆要求允许尺寸和几何公差之间相互补偿。

1) 可逆要求用于最大实体要求

当可逆要求用于最大实体要求时，将改变注有公差要素表面的最大实体要求的规则，规则 A 失效，但规则 B、C、D 仍然有效。

例 4-12　图 4-100 所示零件的预期功能是两销柱要与一个具有两个相距 25 mm、公称尺寸为 $\phi 10$ mm 的孔的板类零件装配，且要与 A 面垂直。试解释图中标注的含义。

解　根据最大实体要求和可逆要求，本例标注的解释如下。

(1) 两销柱的提取要素不得违反其最大实体实效状态，其直径为 MMVS=10.3 mm。

(2) 两销柱的提取要素各处的局部直径均应大于 LMS=9.8 mm，可逆要求允许其局部直径从 MMS=10 mm 增加至 MMVS=10.3 mm。

(3) 两个最大实体实效状态的位置处于其轴线彼此相距为理论正确尺寸 25 mm，且与基准平面 A 保持理论正确垂直。

(4) 两销柱的轴线的位置度公差($\phi 0.3$ mm)是这两销柱均为最大实体状态下给

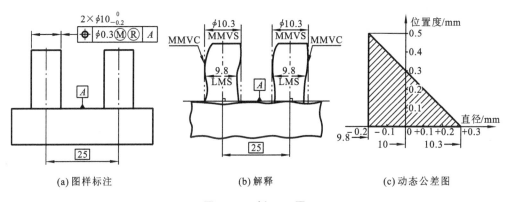

(a) 图样标注　　　　(b) 解释　　　　(c) 动态公差图

图 4-100　例 4-12 图

定的。若这两销柱均为其最小实体状态，其轴线的位置度误差允许达到的最大值为轴线的位置度公差(ϕ0.3 mm)与销柱的尺寸公差(0.2 mm)之和 ϕ0.5 mm；当两销柱各自处于最大实体状态和最小实体状态之间时，其轴线位置度公差在 ϕ0.3～ϕ0.5 mm 之间变化。

(5) 如果两销柱的轴线位置度误差小于给定的公差(ϕ0.3 mm)，两销柱的尺寸公差允许大于 0.2 mm，即其提取要素各处的局部直径均可大于它们的最大实体尺寸(MMS=10 mm)；如果两销柱的位置度误差为零，则两销柱的尺寸公差允许增大至 10.3 mm。图 4-100(c)所示为表述上述关系的动态公差图。

2) 可逆要求用于最小实体要求

当可逆要求用于最小实体要求时，将改变注有公差要素表面的最小实体要求的规则，规则 H 失效，但规则 I、J、K 仍然有效。

例 4-13　如图 4-101 所示，可逆要求应用于最小实体要求。试解释其含义。

解　根据最小实体要求和可逆要求，本例解释如下。

(1) 外尺寸要素的提取要素不得违反其最小实体实效状态，其直径为 LMVS=69.8 mm。

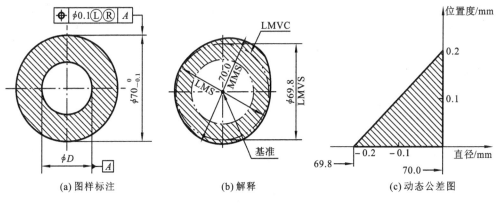

(a) 图样标注　　　　(b) 解释　　　　(c) 动态公差图

图 4-101　例 4-13 图

(2) 外尺寸要素的提取要素各处的局部直径应大于 LMS＝69.9 mm,小于 70 mm,可逆要求允许其局部直径从 LMS＝69.9 mm 减小至 LMVS＝69.8 mm。

(3) 最小实体实效状态的轴线与基准轴线 A 同轴。

(4) 轴线的位置度公差(ϕ0.1 mm)是该外尺寸为最小实体状态时给定的。若该外尺寸要素为其最大实体状态,其轴线的位置度误差允许达到的最大值可为给定的轴线位置度公差(ϕ0.1 mm)与该外尺寸要素尺寸公差(0.1 mm)之和 ϕ0.2 mm;若该外尺寸处于最小实体状态与最大实体状态之间,其轴线位置度公差在 ϕ0.1～ϕ0.2 mm 之间变化。

(5) 如果轴线位置度误差小于给定的公差(ϕ0.1 mm),该外尺寸要素的尺寸公差允许大于 0.1 mm,即其提取要素各处的局部直径均可小于它的最小实体尺寸(69.9 mm);如果其轴线的位置度误差为零,则其局部直径允许减小至 69.8 mm。图 4-101(c)所示为表述上述关系的动态公差图。

4.5 几何公差的选择

零件的几何误差对机器、仪器的正常工作有很大的影响,因此正确地选择几何公差项目和公差值,对保证机器、仪器的功能要求,提高经济性非常重要。

4.5.1 几何公差特征项目的选用

几何公差项目选择的依据是要素的几何特征、零件的工作性能要求、零件在加工过程中产生几何误差的可能性、检验的方便和经济性等。

几何公差项目主要是按照几何形状特征制定的,因此,要素的几何形状特征是选择单一要素的基本依据。而方向、位置和跳动公差是按要素几何方位关系制定的,所以关联要素的公差项目选择应以它和基准间的几何方位关系为基本依据。然后,按照使用要求、结构特点和检测的方便性来选择。

例如,要素为一圆柱时,圆柱度是理想的项目,因为它包括了圆柱的素线直线度、轴线直线度和圆度,但圆柱度检测不方便,故也可选择圆度、素线直线度、轴线直线度、素线平行度,或者选用径向全跳动,因为径向全跳动测量方便。除了控制圆柱度外,对阶梯轴来说,还可选对基准轴线的同轴度。但如果对圆柱的形状要求较高,应该标注圆柱度,如印刷机的滚筒。一般地:

(1) 对机床导轨应规定导轨直线度或平面度公差要求,以保证工作台运动平稳和具有较高的运动精度;

(2) 对轴承座、与轴承相配合的轴颈,应规定圆柱度公差和轴肩的端面圆跳动公差,以保证轴承的装配和旋转精度;

(3) 对齿轮箱体上的轴承孔,应规定同轴度公差,应控制在对箱体镗孔加工时容易出现的孔的同轴度误差和位置度误差。

在选择几何公差项目时还应考虑以下几个方面的关系。

1. 注意位置、方向及跳动公差与形状公差之间的关系

位置、方向及跳动公差不仅能控制被测要素对基准的方向、位置和跳动，还能控制被测要素本身的形状。故如要控制被测要素的形状，其形状公差值应小于该要素对基准的方向、位置和跳动公差值。

2. 注意各项几何公差项目之间的关系

1) 圆柱度与圆度、母线、轴线直线度的关系

圆柱度是反映圆柱表面径向与轴向截面的综合形状公差，单独注出的圆度公差应小于圆柱度公差，以表示设计上对径向形状误差提出的进一步要求。

2) 圆跳动、全跳动与圆度、同轴度、圆柱度、直线度的关系

对轴类零件规定径向圆跳动或全跳动公差，既可控制零件的圆度或圆柱度误差，又可控制同轴度误差，检测方便。

3) 轴向全跳动、轴向圆跳动与端面对轴线的垂直度、平面度的关系

轴向圆跳动、全跳动公差在忽略平面度误差时，可代替端面对轴线垂直度的要求。

4) 面轮廓度与线轮廓度的关系

当曲面比较小时，可以用线轮廓度；当曲面比较大时，如要控制该曲面的形状，需要标注面轮廓度。

5) 圆柱度与圆度、平行度的关系

平行度本属定向位置公差，但对于圆柱表面，可用来控制两素线的平行度，再加注符号"(+)、(−)、(<)、(>)"来达到控制圆柱度误差的目的，实际上起到了形状公差的作用。因圆柱度是综合形状公差，故此时两素线平行度公差值应小于圆柱度公差值。

6) 位置度与垂直度、直线度等的关系

位置度为一项综合公差。在零件图中，两孔轴线的直线度及两孔轴线对基准面的垂直度都可由对同一基准要素的位置度综合控制，故不必重复标注。位置度系数如表 4-4 所示。

表 4-4　位置度系数　　　　　　　　　　　　　　　　单位：μm

1	1.2	1.5	2	2.5	3	4	5	6	8
1×10^n	1.2×10^n	1.5×10^n	2×10^n	2.5×10^n	3×10^n	4×10^n	5×10^n	6×10^n	8×10^n

4.5.2　公差原则的选用

(1) 独立原则是处理几何公差和尺寸公差关系的基本原则，应用较为普遍。

(2) 对重要的配合常采用包容要求。

(3) 当仅需保证零件的可装配性时，而为了便于零件的加工制造，可以采用最大

实体要求和可逆要求等。

（4）为保证最小壁厚可选用最小实体要求。

表 4-5 以单一要素为例，说明了各公差原则的含义的区别。需要说明的是，最小实体要求的例子仅说明最小实体要求和其他要求的区别，实际工作中很少有这种轴类零件使用最小实体要求的情况。

表 4-5 单一要素应用公差原则的比较

图样标注	公差原则	设计要求		动态公差图
		局部尺寸 d_a（局部直径）	边界	
(a) $\phi 30_{-0.5}^{0}$，$-\ \phi 0.1$，50	独立原则	$d_L = 29.5 \leqslant d_a \leqslant d_M = 30$	—	直线度，0.5，0.1，-0.5，30，0，d_a
(b) $\phi 30_{-0.5}^{0}$ Ⓔ	包容要求	$d_L = 29.5 \leqslant d_a \leqslant d_M = 30$	最大实体边界：直径为 $\phi 30$ mm 的理想圆柱面	直线度，0.5，-0.5，30，0，d_a
(c) $\phi 30_{-0.5}^{0}$，$-\ \phi 0.1$Ⓜ	最大实体要求	$d_L = 29.5 \leqslant d_a \leqslant d_M = 30$	最大实体实效边界：直径为 $\phi 30.1$ mm 的理想圆柱面	直线度，0.6，0.1，0.1，-0.5，30，0，d_a
(d) $\phi 30_{-0.5}^{0}$，$-\ \phi 0.1$Ⓛ	最小实体要求	$29.5 \leqslant d_a \leqslant 30$	最小实体实效边界：直径为 $\phi 29.4$ mm 的理想圆柱面	直线度，0.6，0.1，0.1，-0.5，30，0，d_a

4.5.3 几何公差值的选用

当几何公差的未注公差不能满足零件的功能要求时，应在图样上单独标注几何公差项目及其公差值。选择几何公差值的原则仍然是在满足零件功能要求的前提下选取最经济的公差值。

GB/T 1184—1996 规定将几何公差值分为 1~12 级，为了适应精密零件的需要，圆度、圆柱度公差增加了 0 级。各几何公差项目的公差值如表 4-7 至表 4-10 所示。几何公差值一般按照这些表格中的值选取，位置度公差值按表 4-11 选取，n 为正整数。

确定几何公差值的方法有类比法、计算法。类比法主要是参考现有手册和资料，参照经过验证的类似产品的零部件，通过对比分析，确定其公差值。

根据零件的功能要求并考虑加工的经济性和零件的结构刚性等情况，按表 4-7 至表 4-10 中数系确定要素的公差值，并考虑下列情况。

（1）根据几何公差带的特征和几何误差的定义，在同一要素上给出的形状公差值应小于位置公差、方向公差、跳动公差值，方向公差要小于位置公差，如要求平行的两个表面其平面度公差值应小于平行度公差值。

（2）除轴线的直线度外，圆柱形零件的形状公差值一般情况下应小于其尺寸公差值。

（3）同一要素的方向公差值应小于其位置公差值。

（4）考虑表面粗糙度的要求，对单一平面的形状公差，目前多按它与表面粗糙度的关系来选取。从加工平面的实际经验看，通常表面粗糙度平均高度值占形状公差值（如直线度、平面度等）的 20%～25%。因此中等尺寸和中等精度零件的这类形状公差可按此关系确定公差值。

对于下列情况，考虑到加工的难易程度和除主参数外其他参数的影响，在满足零件功能的要求下应适当降低级选用：

（1）孔相对于轴；
（2）细长比较大的轴或孔；
（3）距离较大的轴或孔；
（4）宽度较大（一般大于 1/2 长度）的零件表面；
（5）线对线和线对面相对于面对面的平行度；
（6）线对线和线对面相对于面对面的垂直度。

4.5.4 未注几何公差的规定

图样上没有具体标注几何公差值的要求时，其几何精度要求由未注几何公差来控制。GB/T 1184—1996 对未注直线度、平面度、垂直度、对称度、圆跳动，标准规定了 H、K、L 三种公差等级，H 级最高，L 级最低，如直线度、平面度的未注公差值如表 4-6 所示。

表 4-6 直线度和平面度的未注公差值　　　　　　　　　　　单位：mm

公差等级	基本长度范围					
	≤10	>10～30	>30～100	>100～300	>300～1 000	>1 000～3 000
H	0.02	0.05	0.1	0.2	0.3	0.4
K	0.05	0.1	0.2	0.4	0.6	0.8
L	0.1	0.2	0.4	0.8	1.2	1.6

表 4-6 中的基本长度,对直线度是指其被测长度,对平面度是指长边的长度。

公差等级为 H、K、L 的圆跳动的未注公差值分别为 0.1 mm、0.2 mm、0.5 mm。

圆度的未注公差值等于相应圆柱面的直径公差值,但不能大于圆跳动的未注公差值。

圆柱度的位置公差值由未注圆度、未注直线度和直径公差控制。

未注平行度公差等于尺寸公差值或等于平面度、直线度未注公差值中较大的相应公差值。

对同轴度未注公差值没有作出规定,在极限情况下,可以和圆跳动的未注公差值相等,选两要素中较长者为基准,若两要素长度相等,任选一个要素作为基准。

线轮廓度、面轮廓度、倾斜度、位置度、全跳动均应由各要素的注出或未注几何公差、线性尺寸公差或角度公差控制。

例 4-14 图 4-102 所示为车床尾座,该尾座的平导轨与 V 形导轨需与床身导轨相配合并进行往复运动,尾座孔 ϕ9H6 必须与此两导轨保持正确的方向。试确定其几何公差。

解 (1) 以平导轨面作为第一基准面 B,以 V 形块导轨面的对称中心平面为第二基准面 A,两基准相互垂直形成一个基面体系。

(2) 平导轨面与 V 形导轨面都有较高的平面度公差要求,并只允许误差向中间凹入,以便于床身导轨贴合,故标为 0.02(—),并同时限制每个面上每 40 mm 长度内的平面度误差不得大于平面度公差 0.01 mm。

(3) 给出孔 ϕ9H6 相对于基面体系的两个相互垂直的平行度公差分别为 0.01 mm 和 0.02 mm。

(4) 给出孔 ϕ9H6 的圆柱度公差为 0.005 mm。

例 4-15 图 4-103 所示为一个一般机械中的轴承座,ϕ150 孔将与一滚动轴承形成配合,承受的载荷为固定的外圈载荷,属于正常载荷。轴承座 ϕ180 外圆表面将与箱体相配合,并通过 6 个螺钉装配到箱体上,定位面为 ϕ225 的右端面。试确定其主要的公差。

解 (1) 根据载荷类型和负载状态及使用场合,选择与轴承外圈相配合的 ϕ150 孔的公差带为 H7,为保证配合性质,采用包容要求。

(2) 考虑到轴承座和箱体的安装关系,以 ϕ225 的右端面为基准面 A,ϕ180 外圆柱面轴线为第二基准 B,组成基面体系。

基准平面 A 给出平面度公差 0.015 mm,基准面 B 应垂直于基准平面 A,给出垂直度公差并采用最大实体要求,标注的公差值为 0,遵守最大实体边界,要在外圆处于最大实体状态时,轴线必须完全垂直于 A 基准。

(3) ϕ150H7 孔的轴线对基准 B 的同轴度公差为 ϕ0.02 mm,且最大实体要求同时应用于被测要素和基准要素。

(4) 两处端面对基准 A、B 的端面圆跳动公差分别为 0.04 mm 和 0.02 mm。

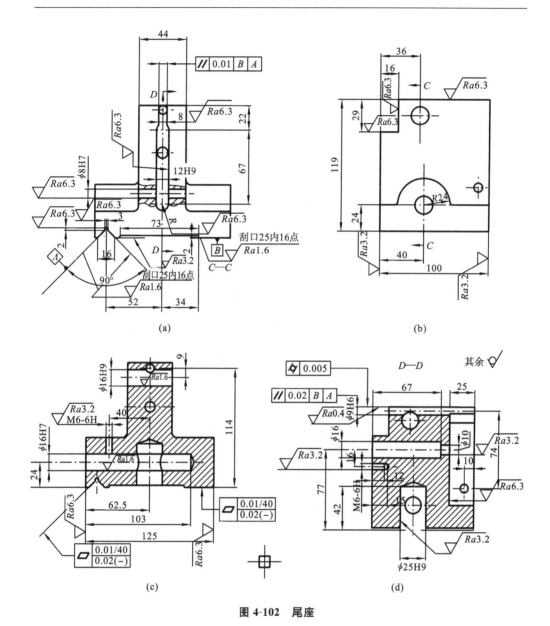

图 4-102 尾座

(5) 为保证与箱体的螺纹连接装配,6×12 H9 孔组的轴线对基面体系的位置度公差采用最大实体要求,且最大实体要求也应用于基准要素 B,故此时基准代号标注在公差框格下方,基准要素遵守最大实体实效边界。

表 4-7 至表 4-10 所示分别为国家标准中对几种常用几何公差值的规定。

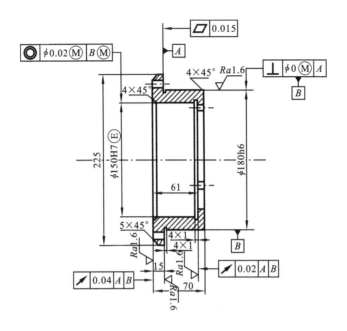

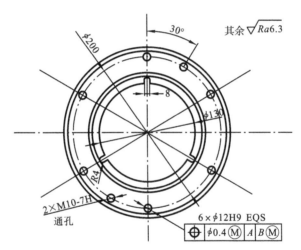

图 4-103 轴承座

表 4-7 直线度、平面度

主 参 数	公差等级											
L/mm	1	2	3	4	5	6	7	8	9	10	11	12
	公 差 值/μm											
≤10	0.2	0.4	0.8	1.2	2	3	5	8	12	20	30	60
>10~16	0.25	0.5	1	1.5	2.5	4	6	10	15	25	40	80

续表

主参数 L/mm	公差等级											
	1	2	3	4	5	6	7	8	9	10	11	12
	公差值/μm											
>16~25	0.3	0.6	1.2	2	3	5	8	12	20	30	50	100
>25~40	0.4	0.8	1.5	2.5	4	6	10	15	25	40	60	120
>40~63	0.5	1	2	3	5	8	12	20	30	50	80	150
>63~100	0.6	1.2	2.6	4	6	10	15	25	40	60	100	200
>100~160	0.8	1.5	3	5	8	12	20	30	50	80	120	250
>160~250	1	2	4	6	10	15	25	40	60	100	150	300
>250~400	1.2	2.5	5	8	12	20	30	50	80	120	200	400
>400~630	1.5	3	6	10	16	25	40	60	100	150	250	500
>630~1 000	2	4	8	12	20	30	50	80	120	200	300	600
>1 000~1 600	2.5	5	10	15	25	40	60	100	150	250	400	800
>1 600~2 500	3	6	12	20	30	50	80	120	200	300	500	1 000
>2 500~4 000	4	8	15	25	40	60	100	150	250	400	600	1 200
>4 000~6 300	5	10	20	30	50	80	120	200	300	500	800	1 500
>6 300~10 000	6	12	25	40	60	100	150	250	400	600	1 000	2 000

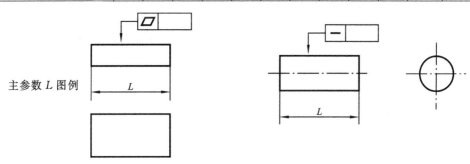

主参数 L 图例

表 4-8　圆度、圆柱度

主参数 d(D)/mm	公差等级												
	0	1	2	3	4	5	6	7	8	9	10	11	12
	公差值/μm												
≤3	0.1	0.2	0.3	0.5	0.8	1.2	2	3	4	6	10	14	25
>3~6	0.1	0.2	0.4	0.6	1	1.5	2.5	4	5	8	12	18	30

续表

主 参 数 d(D)/mm	公差等级											
	0	1	2	3	4	5	6	7	8	9	10	11	12
	公 差 值/μm												
>6~10	0.12	0.25	0.4	0.6	1	1.5	2.5	4	6	9	15	22	36
>10~18	0.15	0.25	0.5	0.8	1.2	2	3	5	8	11	18	27	43
>18~30	0.2	0.3	0.6	1	1.5	2.5	4	6	9	13	21	33	52
>30~50	0.25	0.4	0.6	1	1.5	2.5	4	7	11	16	25	39	62
>60~80	0.3	0.5	0.8	1.2	2	3	5	8	13	19	30	46	74
>80~120	0.4	0.6	1	1.5	2.5	4	6	10	16	22	35	54	87
>120~180	0.6	1	1.2	2	3.5	5	8	12	18	25	40	63	100
>180~250	0.8	1.2	2	3	4.5	7	10	14	20	29	46	72	115
>250~315	1.0	1.6	2.5	4	6	8	12	16	23	32	52	81	130
>315~400	1.2	2	3	5	7	9	13	18	25	36	57	89	140
>400~500	1.5	2.5	4	6	8	10	15	20	27	40	63	97	155

主参数 d(D) 图例

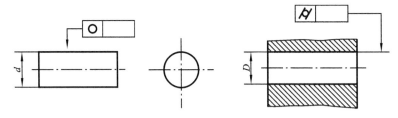

表 4-9 平行度、垂直度、倾斜度

主 参 数 L,d(D)/mm	公差等级										
	1	2	3	4	5	6	7	8	9	10	11	12
	公 差 值/μm											
≤10	0.4	0.8	1.5	3	5	8	12	20	30	50	80	120
>10~16	0.5	1	2	4	6	10	15	25	40	60	100	150
>16~25	0.6	1.2	2.5	5	8	12	20	30	50	80	120	200
>25~40	0.8	1.5	3	6	10	15	25	40	60	100	150	250
>40~63	1	2	4	8	12	20	30	50	80	120	200	300

续表

主 参 数 L,d(D)/mm	公差等级											
	1	2	3	4	5	6	7	8	9	10	11	12
	公 差 值/μm											
>63~100	1.2	2.5	5	10	15	25	40	60	100	150	250	400
>100~160	1.5	3	6	12	20	30	50	80	120	200	300	500
>160~250	2	4	8	15	25	40	60	100	150	250	400	600
>250~400	2.5	5	10	20	30	50	80	120	200	300	500	800
>400~630	3	6	12	25	40	60	100	150	250	400	600	1 000
>630~1 000	4	8	15	30	50	80	120	200	300	500	800	1 200
>1 000~1 600	5	10	20	40	60	100	150	250	400	600	1 000	1 500
>1 600~2 500	6	12	25	50	80	120	200	300	500	800	1 200	2 000
>2 500~4 000	8	15	30	60	100	150	250	400	600	1 000	1 500	2 500
>4 000~6 300	10	20	40	80	120	200	300	500	800	1 200	2 000	3 000
>6 300~10 000	12	25	50	100	150	250	400	600	1 000	1 500	2 500	4 000

主参数 L,d(D) 图例

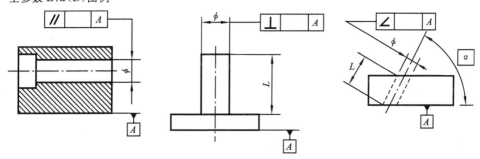

表 4-10 同轴度、对称度、圆跳动、全跳动

主 参 数 d(D),B,L/mm	公差等级											
	1	2	3	4	5	6	7	8	9	10	11	12
	公 差 值/μm											
≤1	0.4	0.6	1.0	1.5	2.5	4	6	10	15	25	40	60
>1~3	0.4	0.6	1.0	1.5	2.5	4	6	10	20	40	60	120
>3~6	0.5	0.8	1.2	2	3	5	8	12	25	50	80	150

续表

主参数 $d(D),B,L$/mm	公差等级											
	1	2	3	4	5	6	7	8	9	10	11	12
	公差值/μm											
>6～10	0.6	1	1.5	2.5	4	6	10	15	30	60	100	200
>10～18	0.8	1.2	2	3	5	8	12	20	40	80	120	250
>18～30	1	1.5	2.5	4	6	10	15	25	50	100	150	300
>30～50	1.2	2	3	5	8	12	20	30	60	120	200	400
>50～120	1.5	2.5	4	6	10	15	25	40	80	150	250	500
>120～250	2	3	5	8	12	20	30	50	100	200	300	600
>250～500	2.5	4	6	10	15	25	40	60	120	250	400	800
>500～800	3	5	8	12	20	30	50	80	150	300	500	1 000
>800～1 250	4	6	10	15	25	40	60	100	200	400	600	1 200
>1 250～2 000	5	8	12	20	30	50	80	120	250	500	800	1 500
>2 000～3 150	6	10	15	25	40	60	100	150	300	600	1 000	2 000
>3 150～5 000	8	12	20	30	50	80	120	200	400	800	1 200	2 500
>5 000～8 000	10	15	25	40	60	100	150	250	500	1 000	1 500	3 000
>8 000～10 000	12	20	30	50	80	120	200	300	600	1 200	2 000	4 000

主参数 $d(D),B,L$ 图例

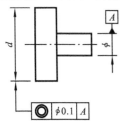

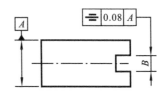

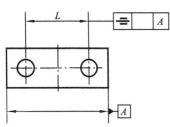

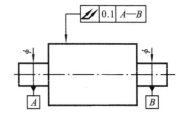

思考题及习题

4-1 在不改变图 4-104、图 4-105、图 4-106 几何公差项目的前提下,按 GB/T 1182—2008 改正各图中几何公差标注上的错误。

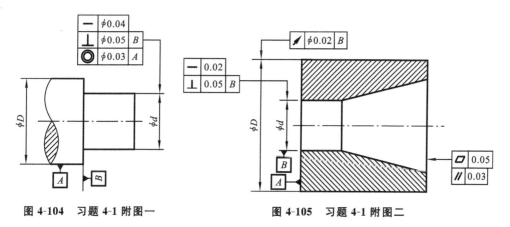

图 4-104 习题 4-1 附图一   图 4-105 习题 4-1 附图二

4-2 将下列技术要求标注在图 4-107 上。

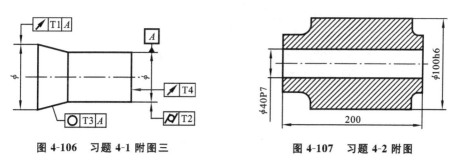

图 4-106 习题 4-1 附图三   图 4-107 习题 4-2 附图

(1) $\phi 100h6$ 圆柱表面的圆度公差为 0.005 mm。
(2) $\phi 100h6$ 轴线对 $\phi 40P7$ 孔轴线的同轴度公差为 $\phi 0.015$ mm。
(3) $\phi 40P7$ 孔的圆柱度公差为 0.005 mm。
(4) 左端的凸台平面对 $\phi 40P7$ 孔轴线的垂直度公差为 0.01 mm。
(5) 右凸台端面对左凸台端面的平行度公差为 0.02 mm。

4-3 将下列技术要求标注在图 4-108 上。
(1) 圆锥面的圆度公差为 0.01 mm,圆锥素线的直线度公差为 0.02 mm。
(2) 圆锥轴线对 ϕd_1 和 ϕd_2 两圆柱面公共轴线的同轴度公差为 0.05 mm。
(3) 端面 I 对 ϕd_1 和 ϕd_2 两圆柱面公共轴线的端面圆跳动公差为 0.03 mm。
(4) ϕd_1 和 ϕd_2 圆柱面的圆柱度公差分别为 0.008 mm 和 0.006 mm。

4-4 按表 4-11 中的内容,说明图 4-109 中的公差代号的含义。

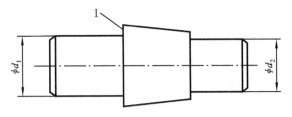

图 4-108　习题 4-3 附图

表 4-11　习题 4-4 附表

代　号	解释代号含义	公差带形状
◎ ϕ0.04 B		
↗ 0.05 B		
⊥ 0.02 B		
⊕ ϕ0.1 A B		

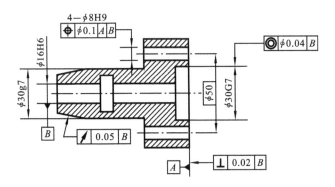

图 4-109　习题 4-4 附图

4-5　当被测要素为一封闭曲线(圆)时,如图 4-110 所示,采用圆度公差和线轮廓度公差两种不同标注有何不同?

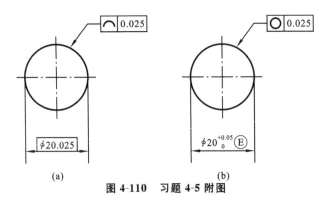

图 4-110　习题 4-5 附图

4-6 比较图 4-111 中垂直度与位置度标注的异同点。

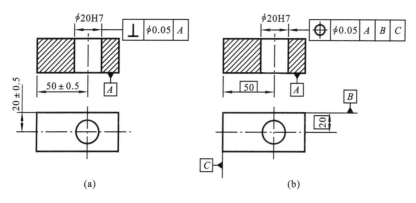

图 4-111 习题 4-6 附图

4-7 试将图 4-112 按要求填入表 4-12 中。

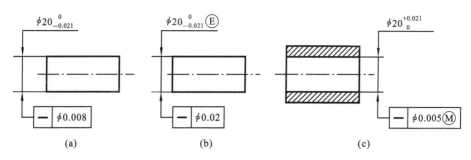

图 4-112 习题 4-7 附图

表 4-12 习题 4-7 附表

图例	采用的公差原则	边界及边界尺寸	给定的几何公差值	可能允许的最大几何误差值
a				
b				
c				

4-8 如图 4-113 所示零件,标注的几何公差不同,它们所要控制的几何误差有何区别?试加以分析说明。

4-9 如图 4-114 所示,假定被测孔的形状正确。

(1) 测得其局部直径处处为 $\phi30.01$ mm,而同轴度误差为 $\phi0.04$ mm,求该零件的最大实体实效尺寸。

(2) 若测得局部直径处处为 $\phi30.01$ mm、$\phi20.01$ mm,同轴度误差为 $\phi0.05$ mm,问该零件是否合格?为什么?

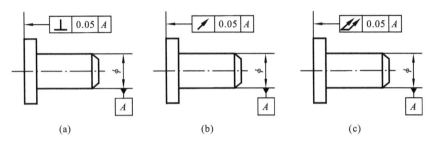

图 4-113 习题 4-8 附图

(3) 可允许的最大同轴度误差值是多少?

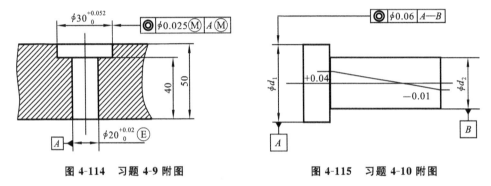

图 4-114 习题 4-9 附图   图 4-115 习题 4-10 附图

4-10 若某零件的同轴度要求如图 4-115 所示,今测得实际轴线与基准轴线的最大距离为 +0.04 mm,最小距离为 -0.01 mm,求该零件的同轴度误差值,并判断其是否合格。

4-11 用分度值为 0.01/1 000 mm 的水平仪测量 400 mm×400 mm 平板的平面度误差,其测线、布点如图 4-116 所示,图中数据单位为格,桥板跨距为 200 mm。试分别用最小区域法、三远点法、对角线法评定其平面度误差。

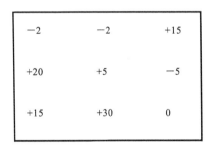

图 4-116 习题 4-11 附图

4-12 用分度值 0.02/1 000 mm 的水平仪测量一公差为 0.015 mm 的导轨的直线度误差,共测量五个节距六个测点,测得数据(单位:格)依次为:0,+1,+4.5,+2.5,-0.5,-1,节距长度为 300 mm,问该导轨合格与否?

4-13 从边界、允许的直线度误差和尺寸范围等方面,比较图 4-117 的标注的区别。

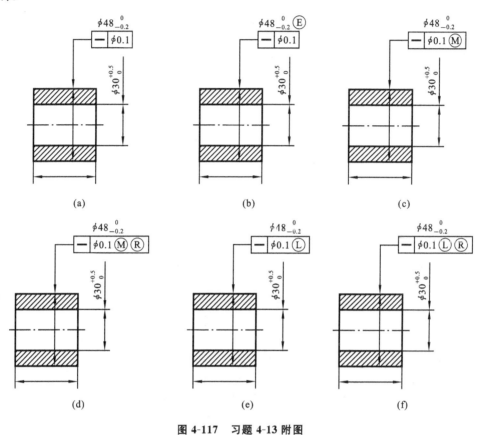

图 4-117 习题 4-13 附图

第5章　表面结构参数及其检测

零件或工件的实际表面是物体与周围介质分离的表面,由加工形成的实际表面一般为非理想状态,它是由表面粗糙度、表面波纹度及表面形状误差叠加而成的表面。

表面粗糙度是指加工表面所具有的较小间距和微小峰谷的一种微观几何形状误差。这种微观几何形状误差一般是由零件的加工过程和(或)其他因素形成的。表面粗糙度与机械零件的配合性质、耐磨性、工作准确度、耐蚀性有着密切的关系,它影响着机器或仪器的可靠性和使用寿命。

表面波纹度是指由间距比粗糙度大得多的、随机的,或者接近周期形式的成分构成的表面不平度。通常包含在加工工件表面时由意外因素引起的那种不平度,例如,由一个工件或某一刀具的失控运动所引起的工件表面的纹理变化。

5.1　表面结构的术语、定义及参数

5.1.1　用轮廓法确定表面结构的术语、定义和参数

GB/T 3505—2009《产品几何技术规范(GPS)　表面结构　轮廓法　术语、定义及表面结构参数》规定了用轮廓法确定表面结构(粗糙度、波纹度和原始轮廓)的术语、定义和参数。

1. 一般术语及定义

1) 轮廓滤波器

轮廓滤波器(profile filter)是把轮廓分成长波和短波成分的滤波器。

实际表面轮廓是由粗糙度轮廓(roughness profile)、波纹度轮廓(waviness profile)及原始轮廓(或称形状轮廓)(primary profile)叠加而成的,如图5-1所示。这三种轮廓的相关参数分别称为 R 参数、W 参数和 P 参数。

在测量粗糙度、波纹度和原始轮廓的仪器中使用 λs、λc、λf 三种滤波器(见图5-2)。它们具有标准规定的相同的传输特性,但其截止波长不同。从图5-2看,原始轮廓是在应用 λs 滤波之后的总轮廓,是由 λs 滤波器来限定的,滤掉的是短波长的形状成分。表面粗糙度轮廓是对原始轮廓采用 λc 滤波器抑制长波成分后形成的轮廓,其传输频带是由 λs 和 λc 轮廓滤波器来限定的,粗糙度轮廓是评定粗糙度参数轮廓的基础。波纹度轮廓是对原始轮廓连续采用 λc 滤波器抑制短波成分和采用 λf 滤波器抑制长波成分后形成的轮廓。

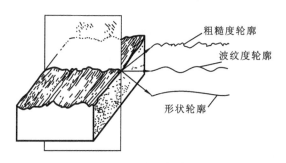

图 5-1　表面轮廓

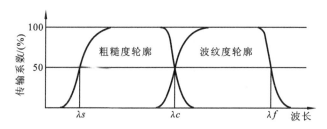

图 5-2　粗糙度和波纹度轮廓的传输特征

2）中线

中线（mean lines）是具有几何轮廓形状并划分轮廓的基准线。原始轮廓中线是在原始轮廓上按照标称形状用最小二乘法拟合确定的中线。

3）坐标系

坐标系（coordinate system）是指确定表面结构参数的坐标体系。通常采用一个直角坐标体系，其轴线形成一右旋笛卡儿坐标系，X 轴与中线方向一致，Y 轴也处于实际表面上，而 Z 轴则在从材料到周围介质的外延方向上。

4）取样长度 lr、lw、lp

取样长度（sampling length）lr、lw、lp 是指在 X 轴方向判别被评定轮廓不规则特征的长度。在评定时，粗糙度轮廓和波纹度轮廓的取样长度 lr 和 lw 在数值上分别与 λc 和 λf 轮廓滤波器的截止波长相等。原始轮廓的取样长度 lp 等于评定长度。

5）评定长度 ln

评定长度（evaluation length）ln 用于判别被评定轮廓的 X 轴方向上的长度。评定长度包含一个或几个取样长度。在测量时，一般取评定长度等于 5 个取样长度，此时不需说明；否则，应在有关技术文件中注明。

2. 几何参数的术语及定义

1）轮廓峰

轮廓峰（profile peak）是指被评定轮廓上连接轮廓与 X 轴两相邻交点向外（从材料到周围介质）的轮廓部分。轮廓峰高 Zp 为轮廓峰最高点距 X 轴的距离，如图 5-3 所示。

2) 轮廓谷

轮廓谷(profile valley)是指被评定轮廓上连接轮廓与 X 轴两相邻交点向内(从周围介质到材料)的轮廓部分。轮廓谷深 Zv 为 X 轴线与轮廓谷最低点之间的距离,如图 5-3 所示。

3) 轮廓单元

轮廓单元(profile element)为轮廓峰和轮廓谷的组合,如图 5-3 所示。轮廓单元的高度 Zt 是指一个轮廓单元的峰高 Zp 和谷深 Zv 之和;轮廓单元的宽度 Xs 是指 X 轴线与轮廓单元相交线的长度。

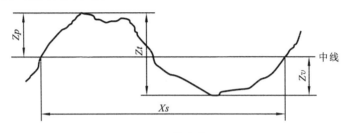

图 5-3 轮廓单元

3. 轮廓参数的术语及定义

表面轮廓参数由幅度参数、间距参数、混合参数等组成。GB/T 3505—2009 对表面结构规定了表面粗糙度参数、表面波纹度参数和原始轮廓参数,分别用 R、W、P 予以区分。

1) 幅度参数(峰和谷)

(1) 最大轮廓峰高 Rp、Wp、Pp 最大轮廓峰高(maximum profile peak height)是指在一个取样长度内,最大的轮廓峰高 Zp。

(2) 最大轮廓谷深 Rv、Wv、Pv 最大轮廓谷深(maximum profile valley depth)是指在一个取样长度内,最大的轮廓谷深 Zv。

(3) 轮廓最大高度 Rz、Wz、Pz 轮廓的最大高度(maximum height of profile)是指在一个取样长度内,最大轮廓峰高和最大轮廓谷深之和,如图 5-4 所示。粗糙度轮廓最大高度的计算式为

$$Rz = Rp + Rv \tag{5-1}$$

在旧标准中也有轮廓最大高度,其符号为 Ry。旧标准中微观不平度十点高度 Rz,在新标准中已取消。但是我国当前使用的一些测量仪器大多是测量旧标准中的 Rz,因此,当采用现行的技术文件和图样时必须注意它们的区别。

(4) 轮廓单元的平均高度(mean height of profile elements) Rc、Wc、Pc 轮廓单元的平均高度是指在一个取样长度内,轮廓单元高度 Zt 的平均值。

(5) 轮廓总高度(total height of profile) Rt、Wt、Pt 轮廓的总高度是指在评定长度内,最大轮廓峰高和最大轮廓谷深之和。

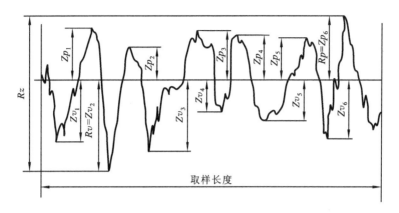

图 5-4 轮廓的最大高度（以粗糙度轮廓为例）

2) 幅度参数（纵坐标平均值）

由于峰谷高度参数本身的敏感性导致其无法描述某些表面特征，为便于质量控制，新标准还定义了以下幅度参数（纵坐标平均值）。

(1) 评定轮廓的算术平均偏差（arithmetical mean deviation of the assessed profile）Ra、Wa、Pa 评定轮廓的算术平均偏差是指在一个取样长度内，纵坐标值 $Z(x)$ 的绝对值的算术平均值，如图 5-5 所示。其计算式为

$$Ra、Wa、Pa = \frac{1}{l}\int_0^l |Z(x)| \mathrm{d}x \tag{5-2}$$

需要说明的是，表面结构参数标注的写法已经改变，参数代号现在改为大小写斜体（如 Ra 和 Rz），下角标如 R_a 和 R_z 不再使用。

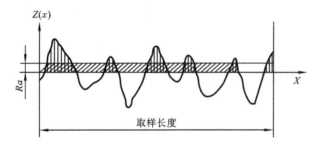

图 5-5 轮廓的算术平均偏差

(2) 评定轮廓的均方根偏差（root mean square deviation of the assessed profile）Rq、Wq、Pq 评定轮廓的均方根偏差是指在一个取样长度内，纵坐标值 $Z(x)$ 的均方根值，其计算式为

$$Rq、Wq、Pq = \sqrt{\frac{1}{l}\int_0^l Z^2(x)\mathrm{d}x} \tag{5-3}$$

(3) 轮廓的偏斜度 Rsk、Wsk、Psk 评定轮廓的偏斜度（skewness of the assessed profile）用来表征轮廓分布的对称性，是指在一个取样长度内纵坐标值 $Z(x)$

的三次方的平均值与 Rq、Wq 或 Pq 的三次方的比值。Rsk 的计算式为

$$Rsk = \frac{1}{Rq^3}\left[\frac{1}{lr}\int_0^{lr} Z^3(x)\mathrm{d}x\right] \quad (5\text{-}4)$$

Wsk 和 Psk 用类似方法定义。

(4) 轮廓的陡度(kurtosis of the assessed profile)Rku、Wku、Pku　轮廓的陡度是指在一个取样长度内纵坐标值 $Z(x)$ 的四次方的平均值与 Rq、Wq 或 Pq 的四次方的比值，Rku 的计算式为

$$Rku = \frac{1}{Rq^4}\left[\frac{1}{lr}\int_0^{lr} Z^4(x)\mathrm{d}x\right] \quad (5\text{-}5)$$

Wku 和 Pku 用类似方法定义。

3) 间距参数

间距参数为评定轮廓单元的平均宽度(mean width of the profile elements) Rsm、Wsm 和 Psm，即在一个取样长度内轮廓单元宽度 Xs 的平均值(见图 5-6)，其计算式为

$$Rsm、Wsm、Psm = \frac{1}{m}\sum_{i=1}^m Xs_i \quad (5\text{-}6)$$

参数 Rsm 同旧标准中的轮廓微观不平度平均间距 S_m。在新标准中取消了旧标准中的轮廓单峰平均间距 S。

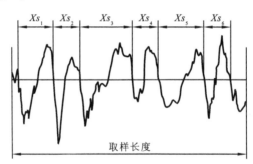

图 5-6　轮廓单元的宽度

4) 混合参数

混合参数为评定轮廓的均方根斜率(root mean square slope of the assessed profile)$R\Delta q$、$W\Delta q$、$P\Delta q$，即在取样长度内纵坐标斜率 $\mathrm{d}Z/\mathrm{d}X$ 的均方根值。

5) 曲线和相关参数

曲线和相关参数包括轮廓支承长度率、轮廓支承长度率曲线、轮廓水平截面高度差、相对支承长度率、轮廓幅度分布曲线。

(1) 轮廓支承长度率 $Rmr(c)$、$Wmr(c)$、$Pmr(c)$　轮廓支承长度率(material ratio of the profile)是指在给定水平截面高度 c 上轮廓的实体材料长度 $Ml(c)$，即在一个给定水平截面高度 c 上用一条平行于 X 轴的线与轮廓单元相截所获得的各段

截线长度之和,与评定长度(见图5-7)的比率,其计算式为

$$Rmr(c) = \frac{\sum_{i=1}^{n} Ml_i}{ln} = \frac{Ml(c)}{ln} \tag{5-7}$$

在旧标准中也有轮廓支承长度率参数,但两者的定义和符号不同。

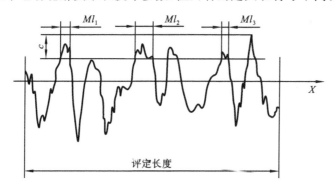

图 5-7 轮廓的支承长度率

(2) 轮廓支承长度率曲线 Rmc　轮廓支承长度率曲线(material ratio curve of the profile)表示轮廓的支承率随水平截面高度 c 变化的关系曲线,如图 5-8 所示。

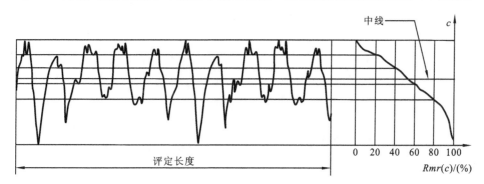

图 5-8 轮廓支承长度率曲线

5.1.2　用图形法确定的表面结构参数

现代的表面质量要求不仅表现为单一表面的形状误差、波度、表面粗糙度等传统要求,而且对表面的峰、谷及其形成的沟、脉走向与分布等也有要求,需要对与表面功能密切相关的表面纹理结构进行综合评定,故需扩展到较大的面积,综合测出表面的形状误差、波度和表面粗糙度。显然,GB3505 采用的以二维参数为基础的表面形貌评定方法过于注重高度信息,对高度信息做平均化处理,水平方向只有轮廓单元的平均宽度,几乎忽视了水平方向的属性,因而具有片面性,不能反映表面的真实形貌,也无法表达所反映表面的功能特征。

法国的 C.F.FAHL 提出了一种新的二维表面轮廓评定方法——图形法(motif 法)。该方法不采用任何轮廓滤波器,通过设定不同的阈值可以将波度和表面粗糙度分离开来,强调大的轮廓峰和谷对功能的影响,在评定中选取了重要的轮廓特征,而忽略了不重要的特征,其参数是基于图形的深度和间隔产生的,适用于二维表面粗糙度和表面波度的评定。该方法被引入法国汽车工业表面粗糙度和波度标准,并已在 1996 年被制定为 ISO 12085。

GB/T 18618—2009《产品几何量技术规范(GPS) 表面结构 轮廓法 图形参数》等同采用 ISO 12085:1996,规定了用图形法确定表面结构(粗糙度、波纹度和原始轮廓)的术语、定义和参数。它用 7 个图形参数和上包络线对表面性能进行评价,克服了传统的用中线制评定表面性能带来的误差,与目前通用的中线制对各参数的评定有较大的差别。

1. 一般定义

(1) 图形 图形(motif)是指不一定相邻的两个轮廓单峰的最高点之间的原始轮廓部分。用以下参量来描述图形的特征(见图 5-9 和图 5-10):

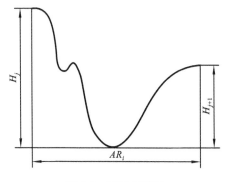

图 5-9 粗糙度图形

① 长度 AR_i 或 AW_i,在平行于轮廓的总方向上测得;

② 两个深度 H_j 和 H_{j+1} 或 HW_j 和 HW_{j+1},在垂直于原始轮廓的总方向上测得;

③ T 型特征,两个深度中的最小深度。

图形分为粗糙度图形和波纹度图形。使用界限值 A 作为操作因子导出的图形称为粗糙度图形,所以有 $AR_i < A$。

(2) 粗糙度图形 通过采用具有界限值 A 的完整的规范操作集提取的图形。依照此定义,一个粗糙度图形(roughness motif)的长度 AR_i(见图 5-9)应小于或等于 A。通常取 $A = 0.5$ mm。

(3) 波纹度图形 通过采用带界限值 B 的完整的规范操作集从上包络线上提取的图形称为波纹度图形(waviness motif)(见图 5-10)。通常取 $B = 2.5$ mm。

(4) 原始轮廓的上包络线(波纹度轮廓)(upper envelope line of the primary profile (waviness profile)) 经过对轮廓峰的常规鉴别后,连接原始轮廓各个峰的最高点的折线(见图 5-11)。

使用界限值 B 作为理想的操作因子,在上包络线上求出的图形称为波纹度图形。操作因子 A 的缺省值为 500 μm,波纹度操作因子 B 的缺省值为 2 500 μm。这些值来自法国专家评价了大约 36 000 幅铣、车、镗、磨、珩磨图形后得出的结论:粗糙度的自然水平限制到 500 μm,波纹度的自然水平限制到 2 500 μm。

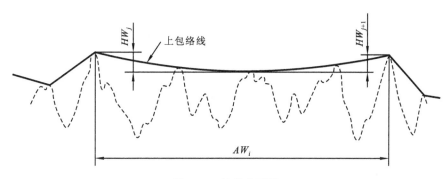

图 5-10 波纹度图形

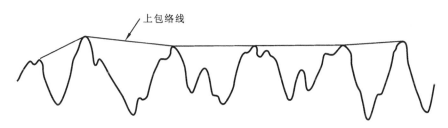

图 5-11 上包络线

2. 图形参数

(1) 粗糙度图形的平均间距(mean spacing of roughness motifs)AR 在评定长度内,粗糙度图形中各个长度 AR_i 的算术平均值(见图 5-12),即

$$AR = \frac{1}{n}\sum_{i=1}^{n}AR_i \qquad (5\text{-}8)$$

式中:n 为粗糙度图形的数量(与 AR_i 的数量相等)。

(2) 粗糙度图形的平均深度(mean depth of roughness motifs)R 在评定长度内,各粗糙度图形深度 H_j 的算术平均值(见图 5-12),即

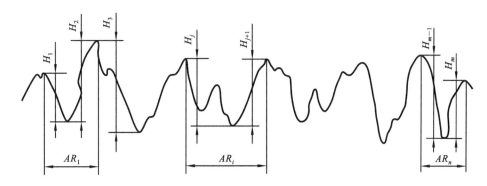

图 5-12 粗糙度参数

$$R = \frac{1}{m}\sum_{j=1}^{m} H_j \qquad (5-9)$$

式中：m 为 H_j 值的数量，H_j 值的数量是 AR_i 值数量的两倍（$m=2n$）。

（3）轮廓微观不平度的最大深度 R_x（maximum depth of profile irregularity） 在评定长度内 H_j 的最大值。例如在图 5-12 中，$R_x = H_3$。

（4）波纹度图形的平均间距（mean spacing of waviness motifs）AW：在评定长度内，各波纹度图形长度 AW_i 的算术平均值（见图 5-13），即

$$AW = \frac{1}{n}\sum_{i=1}^{n} AW_i \qquad (5-10)$$

式中：n 为波纹度图形的数量（与 AW_i 的数量相等）。

（5）波纹度图形的平均深度（mean depth of waviness motifs）W 在评定长度内，各波纹度图形深度 HW_j 的算术平均值（见图 5-13），即

$$W = \frac{1}{m}\sum_{j=1}^{m} HW_j \qquad (5-11)$$

式中：m 为 HW_j 值的数量，HW_j 值的数量为 AW_i 值数量的两倍（$m=2n$）。

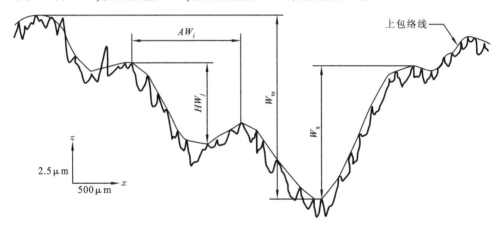

图 5-13　波纹度参数

（6）波纹度的最大深度（maximum depth of waviness）W_x 在评定长度内深度 HW_j 的最大值（见图 5-13）。

（7）波纹度的总深度（total depth of waviness）W_{te} 在与原始轮廓总的走向垂直的方向上测得的，位于原始轮廓上包络线的最高点和最低点之间的距离（见图 5-13）。

图形法将原始轮廓分成单个的几何偏差，不相干的轮廓不规则性在评价过程中被排除，因此它对单个轮廓特征较为敏感。参数 R 和 W 表示轮廓的垂直分量；参数 AR 和 AW 表示轮廓不规则性的水平间距。图形法没有丢失任何重要轮廓点的信息，能表示轮廓不规则性的水平和垂直的性能，尤其适合于：①在未知表面和过程上

进行技术分析;②与表面的包络线(面)相关的性能研究;③辨识粗糙度和波纹度的具有相当接近波长的轮廓。

随着 Motif 参数被国际标准所采用,其应用将越来越普及,有利于工件表面结构的粗糙度和波纹度分析。

5.2 表面粗糙度评定参数值的选用

GB/T 1031—2009《产品几何技术规范(GPS) 表面结构 轮廓法 表面粗糙度参数及其数值》对评定表面粗糙度的参数及其数值系列作了规定。合理选取表面粗糙度参数值的大小,对零件的工作性能和加工成本具有重要意义。选用原则如下。

(1) 同一零件,工作表面的表面粗糙度参数值应比非工作表面小。

(2) 对摩擦表面,相对运动速度高、单位面积压力大的表面,表面粗糙度参数值应小。

(3) 承受交变应力作用的零件,在容易产生应力集中的部位,如圆角、沟槽处,表面粗糙度参数值应小。

(4) 对于配合性质要求稳定的间隙较小的间隙配合和承受重载荷的过盈配合,它们的孔、轴表面粗糙度参数值应小。

(5) 要求耐蚀性、密封性能好或外表美观的表面,表面粗糙度参数值应小。

(6) 凡有关标准已对表面粗糙度要求作出具体规定,则应按该标准的规定确定表面粗糙度参数值的大小。

在评定参数中,幅度特性参数 Ra 和 Rz 是主参数,间距参数 Rsm 和相关参数 $Rmr(c)$ 为附加参数,国家标准规定了它们的数值,依次参见表 5-1 至表 5-4。标准规定,一般情况下只需从主参数 Ra 和 Rz 中任选一个,但在常用值范围内(Ra 为 $0.025\sim6.3~\mu m$,Rz 为 $0.1\sim25~\mu m$),推荐优先选用 Ra。因为通常采用电动轮廓仪测量零件表面 Ra 值的测量范围为 $0.02\sim8~\mu m$。Rz 用于某些表面很小或为曲面,以及有疲劳强度要求的零件表面的评定,因为通常采用光学仪器测量零件表面的 Rz 值,其测量范围为 $Rz>6.3~\mu m$ 和 $Rz<0.025~\mu m$。

Rsm 和 $Rmr(c)$ 一般不能作为独立参数选用,只有少数零件的重要表面,有特殊功能要求时才附加选用。Rsm 主要用在评价涂漆性能,以及冲压成形时抗裂纹、抗震性、耐蚀性、减小流体流动摩擦阻力等场合。$Rmr(c)$ 主要用在耐磨性、接触刚度要求较高等场合,当选用参数 $Rmr(c)$ 时必须给定轮廓水平截距 C 的值,它可用微米或如表 5-4 所示的 Rz 的百分数表示。

国家标准规定的取样长度的数值有 0.08,0.25,0.8,2.5,8,25 等。Ra 和 Rz 与 lr、ln 的对应关系参见表 5-5 和表 5-6。

表 5-1　Ra 的数值　　单位:μm

0.012	0.2	3.2	50
0.025	0.4	6.3	100
0.05	0.8	12.5	
0.1	1.6	25	

表 5-2　Rz 的数值　　单位:μm

0.025	0.4	6.3	100	1 600
0.05	0.8	12.5	200	
0.1	1.6	25	400	
0.2	3.2	50	800	

表 5-3　Rsm 的数值　　单位:mm

0.006	0.1	1.6
0.012 5	0.2	3.2
0.025	0.4	6.3
0.05	0.8	12.5

表 5-4　$Rmr(c)$ 的数值　　单位:%

10	30	70
15	40	80
20	50	90
25	60	

表 5-5　Ra 与 lr、ln 的关系

Ra/μm	≥0.008~0.02	>0.02~0.1	>0.1~2.0	>2.0~10.0	>10.0~80.0
lr/mm	0.08	0.25	0.8	2.5	8.0
ln/mm	0.4	1.25	4.0	12.5	40.0

表 5-6　Rz 和 lr、ln 的关系

Rz/μm	≥0.025~0.10	>0.10~0.50	>0.50~10.0	>10.0~50.0	>50~320
lr/mm	0.08	0.25	0.8	2.5	8.0
ln/mm	0.4	1.25	4.0	12.5	40.0

5.3　表面粗糙度的测量

测量表面粗糙度参数值时,应注意不要将零件的表面缺陷(如气孔、划痕和沟槽等)包括进去。当图样上注明了表面粗糙度参数值的测量方向时,应按规定方向测量。若没有指定测量方向,工件的安放应使其测量截面与得到粗糙度幅度参数(Ra、Rz)最大值的测量方向一致,该方向垂直于被测表面的加工纹理。对无方向性的表面,测量截面的方向可以是任意的。

目前,检测表面粗糙度比较常用的方法是比较法、光切法、干涉法、触针法、印模法、光触针法及扫描隧道式显微镜测量法等,其中触针法因其测量迅速方便、测量精度较高、使用成本较低等良好特性而得到广泛使用。

1. 比较法

比较法是车间常用的方法。将被测表面对照粗糙度样板,用肉眼判断或借助于放大镜、比较显微镜进行比较;也可用手摸、指甲划动的感觉来判断被加工表面的粗

糙度。此法一般用于粗糙度参数较大时的近似评定。

2. 光切法

光切法是利用光切原理来测量表面粗糙度的方法(见图 5-14)。常用的仪器是光切显微镜(又称双管显微镜)。显微镜有两个光管,一个为照明管,另一个为观测管,两管轴线垂直。在照明管中,由光源 1 发出的光线经过聚光镜 2、窄缝 3 和透镜 4,以 45°角的方向投射到被测量表面上,形成窄细光带。光带边缘的形状即为光束与被测量表面相交的曲线,也就是在 45°角的方向上被测量表面形状。此轮廓曲线经反射后通过观测管(装有透镜 5 和目镜 6)进行观察。将观测结果经过换算处理后可得到被测量表面的粗糙度参数值。

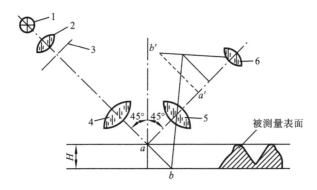

图 5-14 双管显微镜的测量原理

双管显微镜可测量老标准的微观不平度十点高度 Rz 值,也可以近似地用来测量新标准的轮廓最大高度 Rz 值等指标,但显然双管显微镜不具备 GB/T 3505—2009 要求的 λs、λc 滤波器功能,没有抑制长波和短波部分,也就不能获得新标准要求的粗糙度轮廓,因而采用双管显微镜测量的结果和具备 λs、λc 滤波功能的仪器测量的结果不同。双管显微镜主要用于车、铣、刨或其他类似加工的金属零件的平面和外圆表面。

3. 干涉法

干涉法是利用光波干涉原理来测量表面粗糙度。图 5-15 所示为干涉显微镜光学系统示意图。由光源 1 发出的光线经聚光镜 2、滤色片 3、光阑 4 及透镜 5 成平行光线,再经分光镜 7 后分为两束:一束通过补偿镜 8、物镜 9 到平面反射镜 10,被反射又回到分光镜 7,再由分光镜经聚光镜 11 到反射镜 16,由 16 进入目镜 12 的视野;另一束光线向上经过物镜 6,投射到被测零件表面,反射回来后通过分光镜 7、聚光镜 11 到反射镜 16,由 16 反射而进入目镜 12 的视野。这样,在目镜 12 的视野内即可观察到这两束光线因光程差而形成的干涉图案。若被测表面粗糙不平,则干涉带成弯曲形状(见图 5-16)。由测微目镜可读出相邻干涉带的距离 a 及干涉带弯曲高度 b。根据干涉原理可得被测表面相应部位的峰、谷高度差为

$$H = \frac{b}{a}\frac{\lambda}{2} \tag{5-12}$$

若将反射镜 16 移开,使光线通过物镜 15 及反射镜 14 照射到毛玻璃 13 上,在毛玻璃处即可拍摄干涉图形。

干涉显微镜可测量老标准的 Rz 值,主要用于测量表面粗糙度要求较高的零件表面。

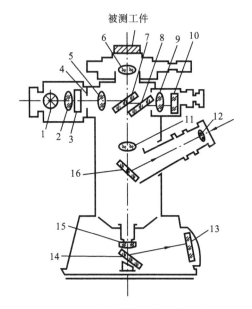

图 5-15　干涉显微镜光学系统示意图

1—光源;2,11—聚光镜;3—滤光片;4—光阑;
5—透镜;6,9,15—物镜;7—分光镜;8—补偿镜;
10—平面反射镜;12—目镜;13—毛玻璃;14,16—反射镜

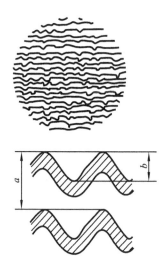

图 5-16　被测表面的干涉图

4. 触针法

触针法是利用触针直接在被测表面上轻轻划过,从而测出表面粗糙度的 Ra 值。

当采用触针法对加工件表面进行表面粗糙度测量时,探测头上的触针在被测表面轻轻划过。由于被测加工表面不可能绝对光滑,肯定存在轮廓峰谷的起伏,所以触针将在垂直于被测轮廓表面方向上产生上下起伏的移动。这种移动量虽然非常细微,但足以被敏感的电子装置捕捉并加以放大。放大之后的信息则通过指示表或其他输出装置以数据或图形的方式输出。这就是触针式表面粗糙度测量仪的工作方式。

触针式表面粗糙度测量仪按其传感器类型可以分为电感式、压电式、光电式等;按其指示方式又可分为积分式、连续移动式。

触针式表面粗糙度测量仪由传感器、驱动箱、指示表、记录器和工作台等主要部件组成,如图 5-17(a)所示。电感传感器是轮廓仪的主要部件之一,其工作原理如图 5-17(b)所示。从图 5-17 可知,传感器测杆一端装有触针 1(由于金刚石具有耐磨、硬度高的特点,触针多选用金刚石材质),触针的尖端要求曲率半径很小,以便于

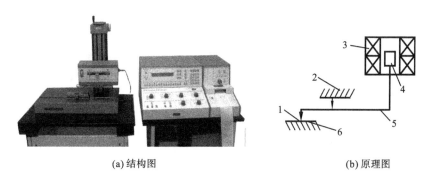

(a) 结构图　　　　　　　　(b) 原理图

图 5-17　触针式表面粗糙度测量仪
1—触针；2—支点；3—电感线圈；4—铁心；5—杠杆；6—被测表面

全面地反映表面情况。测量时将触针尖端搭在加工件的被测表面 6 上，并使针尖与被测面保持垂直接触，利用驱动装置以缓慢、均匀的速度拖动传感器。由于被测表面是一个有峰谷起伏的轮廓，所以当触针在被测表面拖动滑行时，将随着被测面的峰谷起伏而产生上下移动。基于运用杠杆原理，此运动过程又经过支点 2 传递给铁心 4，使它同步地在电感线圈 3 中作反向上下运动，并将运动幅度放大，从而使包围在铁心外面的两个差动电感线圈的电感量发生变化，并将触针微小的垂直位移转换为同步成比例的电信号。

测量仪的工作原理如下：传感器的线圈与测量线路直接接入由后续装备组成的平衡电桥，线圈电感量的变化使电桥失去了平衡，于是就激发输出一个和触针上、下位移量大小成比例的电量，此时这一电量比较微弱，不易被察觉，需要用电子装置将它放大，再经相敏检波后，获得能表示触针位移量大小和方向的信号。信号又可分为三路：一路加载在指示表上，以表示触针的位置；一路输送至直流功率放大器，放大后推动记录器进行记录；一路经滤波和放大之后，进入积分计算器，进行积分计算，由指示表直接读出表面粗糙度参数值。

这种仪器的测量范围通常为 $0.025\sim 5\ \mu m$ 的 Ra 值，其中有少数型号的仪器还可以测定更小的参数值。仪器配有各种附件，以适应平面、内外圆柱面、圆锥面、球面、曲面、小孔、沟槽等形状的工件表面测量，测量迅速方便，且精度较高。

5. 印模法

在实际测量中，会遇到有些表面不便于采用上述方法直接测量，如深孔、盲孔、凹槽、内螺纹及大型横梁等。这时可采用印模法将被测表面的轮廓复制成模，再使用非接触测量方法测量印模，从而间接评定被测表面的粗糙度。

6. 光触针测量法和扫描隧道显微镜测量法

目前非接触型表面粗糙度测量技术中还有两种最盛行的测量方法：光触针测量法和扫描隧道显微镜测量法。

（1）光触针测量法是利用半导体激光生成装置生成集束成点的激光束，一边对被测表面照射,一边对其进行扫描,再对收集到的数据进行处理后可直接获得被测工件的截面形状和相关数据。这种方法非常适合高倍率测量,具有测量范围大和高速响应性能,而且可以用于三维测量,很适合推广到加工过程的在线测量中去。

(2) 扫描隧道式显微镜(STM)测量法的工作原理主要是利用量子力学的隧道效应。由于是通过隧道电流的变化来测量被测物表面的凹凸情况,所以该方法具有极高的分辨率,在垂直方向上可达 0.001 nm;横向可达 0.01 nm,精密到可以用于微细形状测量和分子结构的表面研究。但此种测量方法测量范围很小,对环境要求极高,少量尘埃即可影响测量结果。

5.4 三维表面形貌评定与测量

实验表明,在同一表面对来自不同截面轮廓的参数进行测量,其结果的差异可能达 50%。只有当表面满足各向同性和均一性时,在任何位置和方向的轮廓才能表示表面。另一种情形也可以用轮廓近似表示表面,即当表面在一个方向上具有普遍的和确定性纹理时,轮廓测量应在垂直于纹理的方向上进行。在机械工业中上述现象发生得相当频繁,这也是二维表征的理论基础。然而,从目前计算机技术、测量技术和超精密加工技术的发展看,对于大多数工程表面,要想准确、合理地反映表面形貌,应在三维范围内评定。对三维粗糙度评定参数的研究已成为当前粗糙度领域研究的一个重要方向。

三维粗糙度参数目前仍处于研究探讨阶段,尚未有正式的国家或国际标准,但已经大量地出现在论文文献中。其中一些是由对轮廓的描述导出的,其余的是为表面特征而专门设计的。一个参数代表一个特征,它可以被测量和定量表示。在许多情况下引进参数是为了获得复杂现实的综合信息。表面通常是一个复杂的实体,不可能仅用一个或几个参数完全描述其特性,这从而导致了表征表面时参数的不断增加,即所谓的"参数爆炸"。

为有效解决表面参数表征问题,1998 年欧共体资助的大型表面计量研究项目开发定义了一套基本的三维表面粗糙度标准参数(14+3)体系。该体系将基本参数分为四种:幅度参数、空间参数、综合参数和功能参数。

幅度参数是在二维参数基础上的扩展,考虑了表面高度的统计特性、极值特性和高度分布的形状,包括四个参数。

1. 表面形貌的均方根偏差 Sq

Sq 是一个统计幅度参数,定义为在采样区域内,表面粗糙度偏离参考基准的均方根值。用公式表示为

$$Sq = \sqrt{\frac{1}{MN}\sum_{j=1}^{N}\sum_{i=1}^{M}\eta^2(x_i, y_i)} \tag{5-13}$$

式中:$\eta(x_i, y_i)$ 为残存面积;M、N 为在采样区域内 x 和 y 向的离散点个数。

2. 表面十点高度 Sz

Sz 为在采样区域内,5 个最高顶点的高度和 5 个最深凹坑的深度的平均值。用公式表示为

$$Sz = \frac{1}{5}\left[\sum_{i=1}^{5}|\eta_{pi}| + \sum_{i=1}^{5}|\eta_{vi}|\right] \tag{5-14}$$

式中:η_{pi} 和 $\eta_{vi}(i=1,2,\cdots,5)$ 分别为 5 个最高顶点和最深凹坑的量。

3. 表面高度分布的偏斜度 Ssk

偏斜度是表面偏差相对于基准表面的对称性的度量。用公式表示为

$$Ssk = \frac{1}{MNSq^3}\sum_{j=1}^{N}\sum_{i=1}^{M}z^3(x_i,y_i) \tag{5-15}$$

如果表面高度对称分布,则 $Ssk=0$;如果表面的分布在低于中面的一边有大的"尖峰",则 $Ssk<0$;如果表面的分布在中面之上有大的"尖峰",则 $Ssk>0$。

4. 表面高度分布的峭度 Sku

这个参数是与偏斜度相关地提出来的,描述形貌高度分布的形状,是形貌高度分布的峰度和峭度的度量。用公式表示为

$$Sku = \frac{1}{MNSq^4}\sum_{j=1}^{N}\sum_{i=1}^{M}z^4(x_i,y_i) \tag{5-16}$$

高斯表面的峭度 $Sku=3$,形貌高度分布集中在中心的表面 $Sku>3$,而一个分散的高度分布表面 $Sku<3$。

其余参数如表 5-7 所示。空间参数用于评估三维表面纹理和分布,即峰度、纹理强度和主要纹理方向。综合参数基于幅度和间距两方面的信息对表面特性进行数字定义。功能参数通过将表面分成峰带、中间带、底带三个部分分别计算,对表面功能进行评定。

表 5-7 三维表面粗糙度标准参数(14+3)体系

幅度参数		综合参数	
表面均方根偏差/μm	Sq	均方根斜率/(μm/μm)	$S_{\Delta q}$
表面十点高度/μm	Sz	算术平均顶点曲率/μm^{-1}	Ssc
表面偏斜度	Ssk	展开界面面积比率/(%)	Sdr
表面峭度	Sku		
空间参数		功能参数	
表面峰密度/mm^{-2}	Sds	表面支承指数	Sbi
最速衰减的自相关长度/mm	Sal	中心区液体滞留指数	Sci
表面的结构形状比率	Str	谷区液体滞留指数	Svi
表面纹理方向/(°)	Std	材料体积/(μm^3/mm^2)	Sm
		核心区体积/(μm^3/mm^2)	Sc
		深谷区体积/(μm^3/mm^2)	Sv

三维表面粗糙度参数(14+3)体系提供了一个参考标准,避免了重返二维"参数爆炸"的混乱局面,但其有效性还有待进一步验证。

除此之外,还有学者提出了三维图形参数,但还没有成为国际标准。

根据测量原理的不同,三维表面测量仪器基本上可划分为触针式测量仪、光学式测量仪、扫描显微镜测量仪。触针式测量仪直观可靠、操作简单、通用性强,但被测表面易被触针划伤而使测量数据失真,触针磨损也会引起横向分辨率降低从而歪曲测量结果,且受触针尖端圆弧半径的影响,触针难以测出高质量表面的实际轮廓谷底,降低了测量精度。光学式测量仪不会划伤工件表面,但对被测表面的清洁度要求较高,对于反射性较差或有较大倾斜度的表面会造成测量失真。扫描显微镜测量仪通过计算机图像监视器或 CRT 显示控制器观测被测表面图像,分辨率高,测量范围小,主要用于原子级或纳米级表面的测量,测量条件较苛刻。

随着微电子、光学、信息处理技术的飞速发展,三维表面测量仪器的测量范围和测量精度不断提高,主要表现在以下几个方面:①传统的触针式仪器朝着高分辨率、大量程方向发展;②非接触式光学测量方法得到迅速发展,光学探针仪、相移式扫描干涉显微镜、光外差干涉测量仪等相继出现;③扫描隧道显微镜、原子力显微镜的出现和发展使表面检测突破了传统局限,实现了原子级尺度的检测。

思考题及习题

5-1 表面粗糙度的含义是什么?对零件工作性能有什么影响?

5-2 什么是取样长度、评定长度?为什么要规定取样长度和评定长度?

5-3 评定表面粗糙度常用的参数有哪几个?分别论述其含义、代号和适用场合。

5-4 选择表面粗糙度参数值时应考虑哪些因素?

5-5 常用的表面粗糙度测量方法有哪几种?

5-6 试将下列技术要求标注在图 5-18 上:

(1)上、下表面粗糙度值 Ra 分别不允许大于 $0.8\ \mu m$ 和 $1.6\ \mu m$,左、右侧面表面粗糙度 Rz 值分别不允许大于 $6.4\ \mu m$ 和 $3.2\ \mu m$;

(2)大端圆柱面为不去除处材料表面,其表面粗糙度值 Ra 不允许大于 $1.6\ \mu m$,小大端圆柱面表面粗糙度 Rz 值不允许大于 $0.8\ \mu m$。

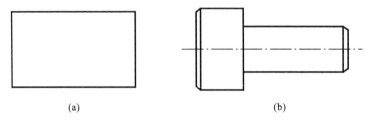

图 5-18 习题 5-6 附图

第6章 光滑工件的检验

6.1 按规范检验工件的判定规则

在生产实践中存在着两种主要的按规范进行检验的形式,即工件的检验和测量设备的检验(即校准)。GPS标准体系中的ISO14253对工件与测量设备的检验进行了规定。我国据此制定的GB/T 18779《工件和测量设备的检验》相应地分3个部分对其作出了规定:

GB/T 18779.1—2002《产品几何量技术规范(GPS) 工件与测量设备的测量检验 第1部分 按规范检验合格或不合格的判定规则》;

GB/T 18779.2—2004《产品几何量技术规范(GPS) 工件与测量设备的测量检验 第2部分 测量设备校准和产品检验中GPS测量的不确定度评定指南》;

GB/T 18779.3—2009《产品几何量技术规范(GPS) 工件与测量设备的测量检验 第3部分 关于对测量不确定度的表述达成共识的指南》。

6.1.1 几个基本概念

1. 合格

合格(conformance,conformity)是指满足要求。在有些场合,合格也称为符合。这里的要求不仅可以指标准、规范,也可以指图纸、样品等,还可以指法律、法规和强制性标准的要求,以及虽然没有明确表示但在行业内或对公众来说不言而喻的要求。显然,对同一个检验对象,由于需要满足的要求不同,得出的检验结论也可能不同。

不合格(non-conformance,non-conformity)是指不满足要求。

2. 规范区

规范区(specification zone)是指工件或测量设备的特性在规范限之间(含规范限在内)的一切变动值。规范区也称为规范范围(specification interval)。

对工件来说,规范限指工件特性的公差限,即上规范限(USL)、下规范限(LSL)。对尺寸要素来说,就是上极限尺寸、下极限尺寸,往往在标准或图纸中加以规定;对测量设备来说,规范限指测量设备特性的最大允许误差,往往在测量设备的检定或校准规范中规定。

3. 合格区

合格区(conformance zone)是指被扩展不确定度(U)缩小的规范区。

如图6-1所示,由于测量不确定度的存在,影响了合格的判断,因此,合格区比规范区要小。对机械零件来说,尺寸要求往往是双侧规范,即限定了下规范限和上规范限,实际零件的局部直径必须在这两个规范限之间;而形状误差、位置误差等几何误差的要求一般是规定上单侧规范限,即规定有上限,对下限不作规定。

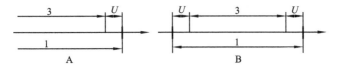

图 6-1 合格区和规范区的概念

A—单侧规范;B—双侧规范;1—规范区;3—合格区

4. 不合格区

不合格区(non-conformance zone)是指被扩展不确定度(U)延伸的规范区外的区域。

如图 6-2 所示,对单侧规范限的情况,由于不确定度的影响,不合格区是处于规范区外且由扩展不确定度 U 延伸后的区域。对双侧规范限来说,不合格区在规范区外通过扩展不确定度 U 向两侧延伸后的区域。只有测量结果处于不确定区,才能判定被测对象不合格。

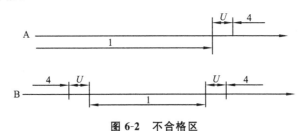

图 6-2 不合格区

A—单侧规范;B—双侧规范;1—规范区;4—不合格区

5. 不确定区

不确定区(uncertainty range)是指规范限两侧计入测量不确定度的区域。

如图 6-3 所示,在合格区和不合格区间存在的一个宽度为 $2U$ 的区域就是不确定区,如果测量结果处于这个区间,则测量结论为不确定,既不能确定其是否合格,也不能确定其不合格。显然,要减小这种不能判定的情况,需要减小扩展测量不确定度。

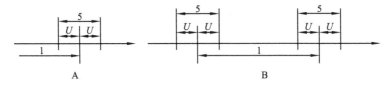

图 6-3 不确定区

A—单侧规范;B—双侧规范;1—规范区;5—不确定区

6.1.2 按规范检验合格或不合格的判定准则

如图 6-4 所示,USL、LSL 分别为上规范限和下规范限,它们之间的区域 1 为规范区,C 线表示设计或给定规划阶段,D 线表示检验阶段。由于检验中引入了测量不确定度,合格区和不合格区因不确定区的存在而减小。测量不确定度越大,合格区和不合格区也会变得越小。工件和测量设备的规范是在假设能遵守这些规范的条件下给出的,因此所有工件和测量设备均不能超越这些规范。在根据给定的规范进行合格或不合格判定的检验阶段,应考虑评定得到的测量不确定度。

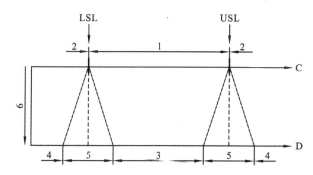

图 6-4 不确定区减小了合格区和不合格区

C—设计/给定规范阶段;1—规范区(规范内);3—合格区;5—不确定区;
D—检验阶段;2—规范外;4—不合格区;6—增大测量不确定度(U)

如第 2 章所述,一个测量结果的完整表述(y')为

$$y' = y \pm U$$

式中:y 为测量结果;U 为扩展不确定度,$U=ku_c$,k 为包含因子,当没有特别注明时,$k=2$,u_c 为合成标准不确定度。

1. 按规范检验合格的判定规则

如图 6-5 所示,当测量结构的完整表述(y')在工件特性的公差区域或测量设备特性的最大允许误差之内,即

$$\text{LSL} < y - U \quad \text{且} \quad y + U < \text{USL}$$

工件或测量设备按规范检验合格应被接收。

换言之,当测量结果(y)在被扩展不确定度减小的公差区域或测量设备特性的最大允许误差之内(合格区)时,有

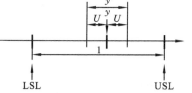

图 6-5 按规范检验合格

1—规范区

$$\text{LSL} + U < y < \text{USL} - U$$

工件或测量设备同样检验合格。

2. 按规范检验不合格的判定规则

如图 6-6 所示,如果测量结果的完整表述(y')在工件特性的公差区之外或在测量设备特性的最大允许误差之外,即

$$y < \text{LSL} - U \quad \text{或} \quad \text{USL} + U < y$$

此时,按规范检验不合格,工件或测量设备应被拒收。

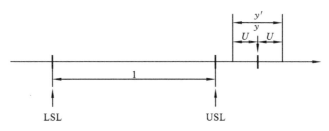

图 6-6　按规范检验不合格（USL＜y－U）

1—规范区

3. 不确定区

如图 6-7 所示，如果测量结果的完整表述（y'）包容工件的公差限或测量设备的最大允许误差的规范限 LSL 或 USL，即

$$y-U < \text{LSL} < y+U \quad \text{或} \quad y-U < \text{USL} < y+U$$

此时，按规范检验既不能判定合格也不能判定不合格，工件或测量设备不能被直接接收或拒收。考虑到此种情况可能会出现，供需双方在签订合同时，应确定对此种情况的处理方式。

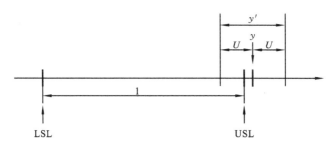

图 6-7　按规范检验既不能判定合格也不能判定不合格

（$y-U$＜USL＜$y+U$）

1—规范区

例 6-1　设某零件的尺寸要求为 $\phi 50^{+0.039}_{\ 0}$ mm，用坐标测量机测量该零件局部直径，设用该测量机测量该尺寸时的扩展不确定度为 0.002 5 mm。设测量 6 个工件的局部直径的测量结果分别为 ϕ49.997 mm、ϕ49.998 mm、ϕ50.005 mm、ϕ50.035 mm、ϕ50.038 mm、ϕ50.042 mm，试按照标准判定这 6 个工件是否合格。

解　按照前述的判定工件合格或不合格的准则，需要考虑不确定度对测量结果判断的影响，故按照判定合格的准则，测量结果为 ϕ50.005 mm、ϕ50.035 mm 的工件合格。按照判定不合格的准则，测量结果为 ϕ49.997 mm、ϕ50.042 mm 的工件不合格。

测量结果为 ϕ49.998 mm、ϕ50.038 mm 的工件既不能判定合格，也不能判定不合格。尽管按照规范要求，ϕ50.038 mm 在下规范限和上规范限之内，但不能判定其合格与否。同样，ϕ49.998 mm 虽然超出了规范限，但也不能判断其为不合格。

6.2 用通用计量器具检验

通用计量器具是相对于光滑极限量规、功能量规等专用量规而言的,指带有刻度或数字/模拟显示装置的变值测量器具,如游标卡尺、千分尺、指示表、比较仪、投影仪、万能工具显微镜、三坐标测量机、干涉测长仪等量具量仪,第 2 章介绍的测量仪器基本上属于通用计量器具。

6.2.1 计量器具的选择原则

在机械制造中,计量器具的选择主要取决于计量器具的技术指标和经济指标,在选择这些指标时,主要考虑以下方面内容。

1. 按被测对象的大小、形状、材料、自重、生产批量及被测量的种类来选择计量器具

几何量测量的对象是多种多样的,不同的测量对象有不同的被测量。如孔和轴的主要被测量是直径、直线度、圆柱度、几何误差、表面粗糙度等;箱体类零件的被测量有长、宽、高、直径及孔间距、位置度、同轴度等;螺纹零件的被测量有螺距、中径、牙型半角等。复杂的零件还有更多复合的被测量,如丝杠和滚刀的螺旋线误差,齿轮的径向综合偏差、径向跳动、齿距偏差、齿距累积偏差等。对不同的测量对象和不同的被测量需要选择不同的计量器具。

根据被测对象的尺寸大小、形状、自重等因素,一般中小尺寸的工件,可放在仪器上测量,而大尺寸工件就应考虑将量仪放在工件上进行测量,如机床导轨的直线度误差测量。通常对于用硬质材料如钢、铸铁、合金钢等材料制造的工件可以采用接触式测量方法,而对于铜、铝、塑料等较软的材料或薄壁的硬质材料工件,一般需要采用非接触测量。根据被测工件的批量大小,小批量加工可以采用通用计量器具进行测量,大批量加工往往要采用光滑极限量规、功能量规、专用的检测仪器等进行测量。

2. 按被测工件的被测量的公差来选择计量器具

考虑到计量器具的不确定度是测量不确定度的主要来源,会带到测量结果中,使合格区和不合格区减小,因此,选择的计量器具的最大允许误差应尽可能减小。但计量器具的最大允许误差越小,其价格和使用成本越高,对测量环境和测量者的要求也越高。因此,在选择计量器具时,应对技术指标和经济指标统一进行考虑。

通常,车间现场的计量器具的选择可以按照 GB/T 3177—2009《光滑工件尺寸的检验》进行。对该标准规定的范围外,且没有相关标准规定如何选择计量器具的情况,应使所选择的计量器具的最大允许误差约占被测量公差的 $1/10 \sim 1/3$。其中,对公差等级较低的被测量,可采用 $1/10$;对公差等级较高的被测量,采用 $1/3$ 甚至 $1/2$。因为公差等级越高,对计量器具的要求也越高,计量器具的制造越困难。

6.2.2 光滑工件的检验

GB/T 3177—2009《光滑工件尺寸的检验》规定了光滑工件尺寸检验的验收原则、验收极限、检验尺寸、计量器具的测量不确定度允许值和计量器具的选用原则。该标准适用于车间现场的通用计量器具，图样上标注的公差等级为 IT6～IT18、公称尺寸至 500 mm 的光滑工件尺寸的检验和一般公差尺寸的检验。

1. 验收极限方式的确定

验收极限是判断所检验工件尺寸合格与否的尺寸界限。由于计量器具和计量系统都存在内在误差，故任何测量都不能测出真值。为了保证零件满足互换性要求，即要求所使用的验收方法只接收位于规定的尺寸极限之内的工件，国家标准规定，验收极限可以按照下列两种方式之一确定。

（1）内缩验收极限　即验收极限是从规定的最大实体尺寸(MMS)和最小实体尺寸(LMS)分别向工件公差带内移动一个安全裕度(A)来确定，如图 6-8 所示。A 值按工件公差(T)的 1/10 确定。其数值已在表 6-1 中给出。

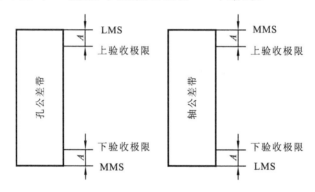

图 6-8　验收极限示意图

孔的尺寸的验收极限为

上验收极限＝最小实体尺寸(LMS)－安全裕度(A)

下验收极限＝最大实体尺寸(MMS)＋安全裕度(A)

轴的尺寸的验收极限为

上验收极限＝最大实体尺寸(MMS)－安全裕度(A)

下验收极限＝最小实体尺寸(LMS)＋安全裕度(A)

采用内缩验收极限的原因是：在车间实际情况下，工件合格与否，只按一次测量来判断。对于温度、压陷效应等，以及计量器具和标准器的系统误差均不进行修正。考虑到测量误差和形状误差的影响，采用内缩的验收极限，可适当减少测量误差和形状误差对测量验收的影响，从而减少误收率。

（2）不内缩验收极限　即验收极限等于规定的最大实体尺寸(MMS)和最小实体尺寸(LMS)，即 A 值等于零。

表 6-1 安全裕度(A)与计量器具的测量不确定度允许值(u_1)

公差等级		7					8					9				
公称尺寸/mm		T	A	u_1			T	A	u_1			T	A	u_1		
大于	至			Ⅰ	Ⅱ	Ⅲ			Ⅰ	Ⅱ	Ⅲ			Ⅰ	Ⅱ	Ⅲ
—	3	10	1.0	0.9	1.5	2.3	14	1.4	1.3	2.1	3.2	25	2.5	2.3	3.8	5.6
3	6	12	1.2	1.1	1.8	2.7	18	1.8	1.6	2.7	4.1	30	3.0	2.7	4.5	6.8
6	10	15	1.5	1.4	2.3	2.4	22	2.2	2.0	3.3	5.0	36	3.6	3.3	5.4	8.1
10	18	18	1.8	1.7	2.7	4.1	27	2.7	2.4	4.1	6.1	43	4.3	3.9	6.5	9.7
18	30	21	2.1	1.9	3.2	4.7	33	3.3	3.0	5.0	7.4	52	5.2	4.7	7.8	12
30	50	25	2.5	2.3	3.8	5.6	39	3.9	3.5	5.9	8.8	62	6.2	5.6	9.3	14
50	80	30	3.0	2.7	4.5	6.8	46	4.6	4.1	6.9	10	74	7.4	6.7	11	17
80	120	35	3.5	3.2	5.3	7.9	54	5.4	4.9	8.1	12	87	8.7	7.8	13	20
120	180	40	4.0	3.6	6.0	9.0	63	6.3	5.7	9.5	14	100	10	9.0	15	23
180	250	46	4.6	4.1	6.9	10	72	7.2	6.5	11	16	115	12	10	17	26
250	315	52	5.2	4.7	7.8	12	81	8.1	7.3	12	18	130	13	12	19	29
315	400	57	5.7	5.1	8.4	13	89	8.9	8.0	13	20	140	14	13	21	32
400	500	63	6.3	5.7	9.5	14	97	9.7	8.7	15	22	155	16	14	23	35

公差等级		10					11					12			
公称尺寸/mm		T	A	u_1			T	A	u_1			T	A	u_1	
大于	至			Ⅰ	Ⅱ	Ⅲ			Ⅰ	Ⅱ	Ⅲ			Ⅰ	Ⅱ
—	3	40	4.0	3.6	6.0	9.0	60	6.0	5.4	9.0	14	100	10	9.0	15
3	6	48	4.8	4.3	7.2	11	75	7.5	6.8	11	17	120	12	11	18
6	10	58	5.8	5.2	8.7	13	90	9.0	8.1	14	20	150	15	14	23
10	18	70	7.0	6.3	11	16	110	11	10	17	25	180	18	16	27
18	30	84	8.4	7.6	13	19	130	13	12	20	29	210	21	19	32
30	50	100	10	9.0	15	23	160	16	14	24	36	250	25	23	38
50	80	120	12	11	18	27	190	19	17	29	43	300	30	27	45
80	120	140	14	13	21	32	220	22	20	33	50	350	35	32	53
120	180	160	16	15	24	36	250	25	23	38	56	400	40	36	60
180	250	185	18	17	28	42	290	29	26	44	65	460	46	41	69
250	315	210	21	19	32	47	320	32	29	48	72	520	52	47	78
315	400	230	23	21	35	52	360	36	32	54	81	570	57	51	86
400	500	250	25	23	38	56	400	40	36	60	90	630	63	57	95

注:公差等级 IT13、IT14 的不确定度参见 GB/T 3177—2009。

2. 验收极限方式的选择

在进行尺寸检验时,首先面临的就是验收极限方式的确定问题。内缩极限方式是在车间条件下,为减少测量误差和形状误差对配合性质的影响、保证工件尺寸功能而采取的简单易行的有效措施。但若对所有的尺寸均采用内缩验收极限,则既不经济又不合理。

验收极限方式的选择要结合尺寸功能要求及其重要程度、尺寸公差等级、测量不确定度和过程能力等因素综合考虑。

(1) 对遵循包容要求的尺寸、公差等级高的尺寸,其验收极限按内缩验收极限确定。对于遵循包容要求的尺寸的检验应符合泰勒原则,其最理想的检验方法就是使用光滑极限量规来保证工件的配合性能和互换性要求。但在实际中对于单件、小批量的工件大多采用通用计量器具。采用内缩验收极限,安全裕度 A 不但可以用于补偿测量误差带来的误收,而且可以减少由于二点法测量偏离泰勒原则而引起的误收。对于公差等级高的尺寸,由于计量器具精度的限制,其检测能力较低,采用内缩验收极限,以补偿测量误差的影响。

(2) 当过程能力指数 $C_p \geqslant 1$ 时,其验收极限可以按不内缩极限确定;但对遵循包容要求的尺寸,其最大实体尺寸一边的验收极限仍应按内缩验收极限确定。对于 $C_p \geqslant 1$ 的工件,工件实际尺寸出现在最大实体尺寸和最小实体尺寸附近的概率很小,工件实际尺寸几乎全部在公差带内,即使直接以极限尺寸作为验收极限根据,也不至于产生较大的误收概率,质量已经得到保证,没必要采用内缩的方式。对于遵循包容要求的尺寸,最大实体尺寸一边的验收极限仍应内缩一个安全裕度 A,以减小形状误差的影响。对处于统计受控的过程,双侧规范情况下的无偏移过程能力指数 $C_p \approx T/6\hat{\sigma}$,$\hat{\sigma}$ 为样本的标准偏差,$\hat{\sigma}$ 可按式(3-21)计算。

(3) 对偏态分布的尺寸,其验收极限可以仅对尺寸偏向的一边按内缩验收极限确定。由于偏向一侧的尺寸出现概率较大,另一侧尺寸出现概率较小,实际尺寸"超差"也多在尺寸偏聚的一边,因此可以只对偏向的一侧按内缩方式确定验收极限。

(4) 对非配合和一般公差的尺寸,其验收极限按不内缩极限确定。由于要求不高,测量误差带来的误收一般不会对产品的性能质量产生影响,因此可采用不内缩方式确定验收极限。

3. 通用计量器具的选择

选择计量器具时,既要考虑检验的精度,以保证被测工件的质量,同时也要兼顾检验的经济性。

应按照计量器具所导致的测量不确定度(简称计量器具的测量不确定度)的允许值(u_1)选择计量器具。选择时,应使所选用的计量器具的测量不确定度数值等于或小于选定的 u_1 值。

计量器具的测量不确定度允许值(u_1)按测量不确定度(u)与工件公差的比值分档。测量不确定度(u)的Ⅰ、Ⅱ、Ⅲ三挡值分别为工件公差的 1/10、1/6、1/4。其值的大小反映了允许检验用计量器具的最低精度的高低。u_1 值越大,允许选用计量器具的精度越低;反之,精度越高。对 IT6~IT11 分为Ⅰ、Ⅱ、Ⅲ三挡。对 IT12~IT18,由于公差等级较低,达到较高的测量能力较容易,所以仅规定Ⅰ、Ⅱ两挡。

计量器具的测量不确定度允许值(u_1)约为测量不确定度(u)的 0.9 倍,其三挡数值列于表 6-1 中。选用表 6-1 中计量器具的测量不确定度允许值(u_1),一般情况下,优先选用Ⅰ挡,其次选用Ⅱ挡、Ⅲ挡。

当计量器具的测量不确定度允许值(u_1)选定后,就可以此为依据选择量具。选择时,应使计量器具的测量不确定度小于或等于所选定的允许值 u_1。常用计量器具的测量不确定度分别如表 6-2、表 6-3、表 6-4 所示。

表 6-2　千分尺和游标卡尺的不确定度　　　　　　　　　　　单位:mm

尺寸范围		计量器具类型			
大于	至	分度值 0.01 外径千分尺	分度值 0.01 内径千分尺	分度值 0.02 游标卡尺	分度值 0.05 游标卡尺
—	50	0.004	0.008	0.020	0.050
50	100	0.005	0.008	0.020	0.050
100	150	0.006	0.008	0.020	0.050
150	200	0.007	0.008	0.020	0.050
200	250	0.008	0.013	0.020	0.050
250	300	0.009	0.013	0.020	0.050
300	350	0.010	0.013	0.020	0.100
350	400	0.011	0.020	0.020	0.100
400	450	0.012	0.020	0.020	0.100
450	500	0.013	0.025	0.020	0.100

表 6-3　比较仪的不确定度　　　　　　　　　　　单位:mm

尺寸范围		所选用的计量器具			
		分度值 0.000 5 (相当于放大倍数为 2 000 倍)的比较仪	分度值 0.001 (相当于放大倍数为 1 000 倍)的比较仪	分度值 0.002 (相当于放大倍数为 400 倍)的比较仪	分度值 0.005 (相当于放大倍数为 250 倍)的比较仪
大于	至	不确定度 u_1			
—	25	0.000 6	0.001 0	0.001 7	0.003 0
25	40	0.000 7	0.001 0	0.001 7	0.003 0
40	65	0.000 8	0.001 1	0.001 8	0.003 0
65	90	0.000 8	0.001 1	0.001 8	0.003 0
90	115	0.000 9	0.001 2	0.001 9	0.003 0
115	165	0.001 0	0.001 3	0.001 9	0.003 0

尺寸范围		所选用的计量器具			
		分度值 0.000 5（相当于放大倍数为 2 000 倍）的比较仪	分度值 0.001（相当于放大倍数为 1 000 倍）的比较仪	分度值 0.002（相当于放大倍数为 400 倍）的比较仪	分度值 0.005（相当于放大倍数为 250 倍）的比较仪
大于	至	不确定度 u_1			
165	215	0.001 2	0.001 4	0.002 0	0.003 5
215	265	0.001 4	0.001 6	0.002 1	
265	315	0.001 5	0.001 7	0.002 2	

表 6-4　指示表的不确定度　　单位：mm

尺寸范围		所选用的计量器具			
		分度值 0.001 的千分表（0 级在全程范围内，1 级在 0.2 mm 内）分度值为 0.002 的千分表（在 1 转范围内）	分度值 0.001,0.002, 0.005 的千分表（1 级全程范围内），分度值为 0.01 的百分表（0 级在任意 1 mm 范围内）	分度值为 0.01 的百分表（0 级在全范围内，1 级在任意 1 mm 范围内）	分度值为 0.01 的百分表（0 级在全范围内）
大于	至	不确定度 u_1'			
—	115	0.005	0.010	0.018	0.030
115	315	0.006			

6.2.3　误判概率与验收质量

按验收原则，所用验收方法应只接收位于规定尺寸极限之内的工件。但是，由于计量器具和测量系统都存在误差，任何测量方法都可能发生一定的误判概率。误判概率的大小影响着验收的质量。

当采用内缩方案时，由于安全裕度 A 值是一定的，因此选用不同挡的 u_1 值对测量不确定度的内缩量也不同。当 u_1 选用 Ⅰ 挡时，$A=u$；当选用 Ⅱ 挡时，$A=\frac{3}{5}u$；当选用 Ⅲ 挡时，$A=\frac{2}{5}u$。在其他相同的情况下，误收率随着内缩量的增大而减小，但误废率则提高。

当测量误差服从正态分布，而工件尺寸分别遵循正态分布、偏态分布和均匀分布时，误判概率分别如表 6-5、表 6-6、表 6-7 所示。其中的 Ⅰ、Ⅱ、Ⅲ 分别为 u_1 的 Ⅰ 挡、Ⅱ 挡、Ⅲ 挡。

工件的形状误差会引起误收，其误收率随着验收极限的内缩而降低。当过程能力指数 $C_p=0.67$ 时，对于用两点法可以测量的形状误差（如凸形、凹形、偶数棱形等误差),验收极限内缩 50% 形状误差即可避免误收;对于用两点量法不能测量的形状误差(如奇数棱形、轴线弯曲等误差),则需内缩 100% 形状误差才能避免误收。

表 6-5 尺寸服从正态分布的误收率 m 和误废率 n

C_p		1		0.67	
A/u		0	2/5	3/5	5/5
$m/(\%)$	Ⅰ	0.06	—	—	0
	Ⅱ	0.08	—	0.10	—
	Ⅲ	0.10	0.36	—	—
$n/(\%)$	Ⅰ	0.17	—	—	6.98
	Ⅱ	0.42	—	8.23	—
	Ⅲ	1.07	10.6	—	—

表 6-6 尺寸服从偏态分布的误收率 m 和误废率 n

C_p		1		0.67	
A/u		0	2/5	3/5	5/5
$m/(\%)$	Ⅰ	0	—	—	0
	Ⅱ	0	—	0.27	—
	Ⅲ	0	0.85	—	—
$n/(\%)$	Ⅰ	0.17	—	—	14.1
	Ⅱ	0.42	—	15.1	—
	Ⅲ	1.07	17.0	—	—

表 6-7 尺寸服从均匀分布的误收率 m 和误废率 n

C_p		1		0.67	
A/u		0	2/5	3/5	5/5
$m/(\%)$	Ⅰ	0.06	—	—	0
	Ⅱ	0.08	—	0.39	—
	Ⅲ	0.10	1.60	—	—
$n/(\%)$	Ⅰ	0.17	—	—	13.4
	Ⅱ	0.42	—	13.7	—
	Ⅲ	1.07	15.0	—	—

例 6-2 某工件外径为 $\phi50h8$ⒺⒺ,已知过程能力指数 $C_p=0.67$,尺寸遵循正态分布,试选择计量器具,确定验收极限,并分析误判概率。

解 (1) 确定验收极限。

该工件遵守包容要求,故按内缩方式确定验收极限。由表 6-1 查得:IT8=0.039 mm,A=0.003 9 mm。

上验收极限=最大实体尺寸(MMS)$-A$=(50−0.003 9) mm=49.996 1 mm
下验收极限=最小实体尺寸(LMS)$+A$=(50−0.039+0.003 9) mm=49.964 9 mm

(2) 选择计量器具。

计量器具的测量不确定度允许值按Ⅰ挡取,查表 6-1 得 $u_1=0.003\ 5$ mm。由表

6-3 查得分度值为 0.005(放大倍率为 250 倍)的比较仪的不确定度 u_1 为 0.003 0 mm,小于 0.003 5 mm,它满足使用要求。

(3) 误判概率。

由表 6-5 知:误收率 $m=0$,误废率 $n=6.98\%$。

6.3 用光滑极限量规检验

检验光滑工件的尺寸除了用通用计量器具外,还可以使用光滑极限量规进行检验。光滑极限量规一般用于大批量生产的工件的尺寸检验。GB/T 1957—2006《光滑极限量规 技术条件》规定了光滑极限量规的设计原则、公差带及其他技术要求。本标准不是 GPS 标准,故本书仍采用体外作用尺寸和实际尺寸的概念。

1. 光滑极限量规的概念

光滑极限量规是指被检工件为光滑孔或光滑轴时所用的极限量规的总称,是指能反映控制被检孔或轴边界条件的无刻线长度计量器具。它是一种专用的检验量规。用它进行检验时,只能确定工件尺寸是否在允许的极限尺寸范围内,而不能得知工件的实际尺寸。

按被检工件的类型,量规可分为塞规和卡规(或环规)。检验孔的量规称为塞规,检验轴的量规称为卡规。

按检验时量规是否通过,量规可以分为通规和止规。控制工件的体外作用尺寸的量规称为通规;控制工件的实际尺寸的量规称为止规。在对工件进行检验时,通规和止规要成对使用,工件同时满足"通规能通过"和"止规不能通过"的条件,才能判定为合格。

图 6-9 所示为塞规与被检孔的直径关系。一个塞规是按被检孔的最大实体尺寸(即孔的下极限尺寸)制造的,它是塞规的通规;另外一个塞规是按被检孔的最小实体尺寸(即孔的上极限尺寸)制造的,它是塞规的止规。

图 6-10 所示为卡规与被检轴的直径关系。一个卡规是按被检轴的最大实体尺寸(即轴的上极限尺寸)制造的,它是卡规的通规;另外一个卡规是按被检轴的最小实体尺寸(即轴的下极限尺寸)制造的,它是卡规的止规。

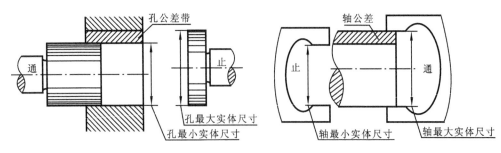

图 6-9 塞规　　　　　　　　　　图 6-10 卡规

量规按用途分为工作量规、验收量规和校对量规。工作量规是指生产过程中操作者检验工件时所使用的量规。工作量规的通规用代号"T"表示,止规用代号"Z"表示。验收量规是指检验部门和用户代表验收产品时使用的量规。它一般不用另行制造,其通规是从磨损较多,但未超过磨损极限的工作量规中挑选出来的;它的止规应接近工件的最小实体尺寸。校对量规是指用来检验工作量规或验收量规的量规。塞规可以使用指示式计量器具测量,很方便,不需要校对量规。所以只有卡规(或环规)才使用校对量规(塞规),卡规使用量块作为校对量规。它分为三种:检验轴用量规通规的"校通-通"量规(TT);检验轴用量规止规的"校止-通"量规(ZT);检验轴用量规通规磨损极限的"校通-损"量规(TS)。

2. 光滑极限量规与泰勒原则

由于存在形状误差,工件尺寸虽然在极限尺寸范围内,但是工件上各处尺寸不一定完全相同,有可能出现装配困难。故设计光滑极限量规时,应遵循泰勒原则。泰勒原则是指孔或轴的实际尺寸与形状误差的综合结果所形成的体外作用尺寸(D_{fe}或d_{fe})不允许超出最大实体尺寸(D_M或d_M),在孔或轴任何位置上的实际尺寸(D_a或d_a)不允许超出最小实体尺寸(D_L或d_L),如图6-11所示。即

对孔 $\qquad D_{fe} \geqslant D_{low}$ 且 $\quad D_a \leqslant D_{up}$

对轴 $\qquad d_{fe} \leqslant d_{up}$ 且 $\quad d_a \geqslant d_{low}$

式中:D_{up}和D_{low}分别为孔的上与下极限尺寸(孔的最小与最大实体尺寸);

d_{up}和d_{low}分别为轴的上与下极限尺寸(轴的最大与最小实体尺寸)。

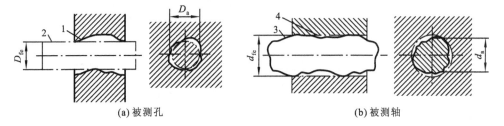

(a) 被测孔 　　　　　　　　　　(b) 被测轴

图 6-11　孔、轴的体外作用尺寸 D_{fe}、d_{fe} 与实际尺寸 D_a、d_a

1—实际被测孔;2—最大内接理想轴;3—实际被测轴;4—最小外接理想孔

如图6-12所示,满足泰勒原则的光滑极限量规的通规工作部分应该具有最大实体边界形状,应与被测工件成面接触,即全形通规如图6-12(b)、(d)所示,并且其尺寸等于被测工件的最大实体尺寸。止规工作部分与被测工件应该是两点式接触,即两点式止规(图6-12(a)所示为点接触,图6-12(c)所示为线接触),且这两点距离等于被测工件的最小实体尺寸,即为止规的尺寸。图中,D_L、D_M分别为孔的最小、最大实体尺寸;d_L、d_M分别为轴的最小、最大实体尺寸;T_h、T_s分别为孔、轴的公差;L为配合长度。

符合泰勒原则的量规如下所述:通规用于控制工件的作用尺寸,它的测量面是与

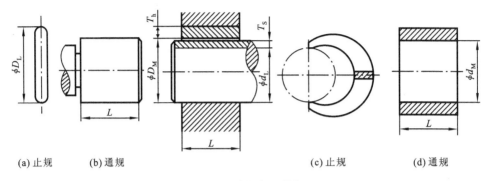

(a) 止规　　(b) 通规　　　　　　　　(c) 止规　　　　(d) 通规

图 6-12　光滑极限量规

孔或轴的形状相对应的完整表面(通常称全形量规),其尺寸等于工件的最大实体尺寸,且长度等于配合长度;止规用于控制工件的实际尺寸,它的测量面应是点状的,两测量面之间的尺寸等于工件的最小实体尺寸。

用光滑极限量规检验孔或轴时,如果通规能够在被测孔、轴的全长范围内自由通过,且止规不能通过,则表示被测孔或轴合格。如果通规不能通过,或者止规能通过,则表示被测孔或轴不合格。如图 6-13 所示,孔的实际轮廓超出了尺寸公差带,用量规检验应判定该孔不合格。该孔用全形通规检验,不能通过(见图 6-13(a));用两点式止规检验,虽然沿 x 方向不能通过,但沿 y 方向却能通过(见图 6-13(c))。因此,这样就能正确地判定该孔不合格。反之,该孔假如用两点式通规检验(见图 6-13(b)),则可能沿 y 方向通过;假如用全形止规,则不能通过(见图 6-13(d))。这样一来,由于使用工作部分形状的不正确的量规进行检验,就会误判该孔合格。

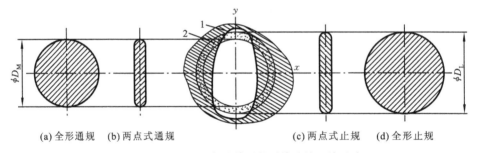

(a) 全形通规　(b) 两点式通规　　　　　(c) 两点式止规　(d) 全形止规

图 6-13　量规工作部分的形状对检验结果的影响
1—工件实际轮廓；2—允许轮廓变动的区域

在被测孔或轴的形状误差不致影响孔、轴配合性质的情况下,为了克服量规加工困难或使用符合泰勒原则的量规时的不方便,允许使用偏离泰勒原则的量规。例如,量规制造厂供应的统一规格的量规工作部分的长度不一定等于或近似于被测孔或轴的配合长度,但实际检验中却不得不使用这样的量规。对大尺寸的孔和轴通常分别使用非全形通规进行检验,以代替笨重的全形通规。由于曲轴"弓"字形特殊结构的限制,它的轴颈不能使用环规检验,而只能使用卡规进行检验。为了延长止规的使用寿命,止规不采用两点接触的形状,而制成非全形圆柱面。检验小孔时,为了增加止规的刚度和便于制造,可以采用全形止规。检验薄壁零件时,为了防止两点式止规造成该零件变形,也可采用全形止规。

在使用偏离泰勒原则的量规检验孔或轴的过程中,必须做到操作正确,尽量避免由于检验操作不当而造成的误判。例如,使用非全形通规检验孔或轴时,应在被测孔或轴的全长范围内的若干部位上分别围绕圆周的几个位置进行检验。

3. 光滑极限量规的公差带

制造量规和制造普通工件一样,必然存在误差。因此,必须规定制造公差。在量规公差带的确定中,既要保证被检工件的互换性,又要兼顾量规制造的工艺性和使用的经济性,以及被检工件的加工经济性。因此,GB/T 1957—2006 规定了量规工作部分的尺寸公差带和各项公差。

量规的通规和止规的公称尺寸分别为被检工件的最大实体尺寸和最小实体尺寸。由于通规在工作时要经常通过被检工件,其工作表面便会被磨损。为了使通规有一合理的使用寿命,除了规定制造公差外,还要规定磨损公差。而止规一般不会被被测工件穿过,因此不留磨损储量。

为了保证产品质量,GB/T 1957—2006 规定量规的尺寸公差不得超出被测工件的公差带。

图 6-14 所示为 GB/T 1957—2006 规定的量规公差带,图中 Z 表示通规尺寸公差带中心到被测孔、轴最大实体尺寸之间的距离。量规的通规、止规公差带均内缩到被检工件的尺寸公差带之内,其工作量规的通规公差带中心位置由 Z 决定,而其磨损极限与被测工件的最大实体尺寸重合。工作量规的止规公差带从工件的最小实体尺寸起,向被检工件的尺寸公差带之内分布,其工作量规的通规公差带中心位置由 Z 决定,而其磨损极限与被测工件的最大实体尺寸重合。工作量规的止规公差带从工件的最小实体尺寸起,向被检工件公差带内分布。采用内缩方式可以大大减少误收现象的发生。图中 T 表示工作量规的制造公差;T_p 表示校对量规的制造公差。

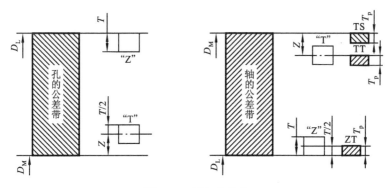

图 6-14　量规公差带

测量极限误差一般允许为被测孔、轴的尺寸公差的 $1/10\sim1/3$。对于标准公差等级相同而公称尺寸不同的孔、轴，这个比值基本相同。随着孔、轴的标准公差等级的降低，这个比值也会随之减小。量规尺寸公差带的大小和位置就是按照这个原则规定的。

GB/T 1957—2006 对公称尺寸至 500 mm、标准公差等级 IT6～IT16 的孔和轴规定了通规和止规工作部分定形尺寸的公差及通规尺寸公差带中心到工件最大实体尺寸之间的距离。它们的数值如表 6-8 所示。

表 6-8　量规尺寸公差 T_1 和通规尺寸公差带中心到工件最大实体尺寸之间的距离 Z_1 值　　　　单位：μm

工件的公称尺寸/mm	IT6			IT7			IT8			IT9			IT10			IT11			IT12		
	IT6	T_1	Z_1	IT7	T_1	Z_1	IT8	T_1	Z_1	IT9	T_1	Z_1	IT10	T_1	Z_1	IT11	T_1	Z_1	IT12	T_1	Z_1
>10～18	11	1.6	2.0	18	2.0	2.8	27	2.8	4.0	43	3.4	6	70	4	8	110	6	11	180	7	15
>18～30	13	2.0	2.4	21	2.4	3.4	33	3.4	5.0	52	4.0	7	84	5	9	130	7	13	210	8	18
>30～50	16	2.4	2.8	25	3.0	4.0	39	4.0	6.0	62	5.0	8	100	6	11	160	8	16	250	10	22
>50～80	19	2.8	3.4	30	3.6	4.6	46	4.6	7.0	74	6.0	9	120	7	13	190	9	19	300	12	26
>80～120	22	3.2	3.8	35	4.2	5.4	54	5.4	8.0	87	7.0	10	140	8	15	220	10	22	350	14	30

国家标准还规定，量规的工作部分的形状误差应该控制在尺寸公差范围内。其几何公差为尺寸公差的 50%。考虑到制造和测量困难，当量规尺寸公差小于或等于 0.002 mm 时，其几何公差应该取 0.001 mm。

根据被测孔、轴的标准公差等级的高低和量规测量面尺寸的大小，量规测量面的表面粗糙度轮廓幅度参数 Ra 的上限值为 $0.05\sim0.8\ \mu m$（见表 6-9）。

表 6-9　量规测量面的表面粗糙度轮廓幅度参数 Ra 值

光滑极限量规	量规测量面的尺寸/mm		
	≤120	>120～315	>315～500
	Ra 值/μm		
IT6 级孔用工作量规	≤0.05	≤0.10	≤0.20
IT7～IT9 级孔用工作量规	≤0.10	≤0.20	≤0.40
IT10～IT12 级孔用工作量规	≤0.20	≤0.40	≤0.80
IT13～IT16 级孔用工作量规	≤0.40	≤0.80	≤0.80
IT6～IT9 级轴用工作量规	≤0.10	≤0.20	≤0.40
IT10～IT12 级轴用工作量规	≤0.20	≤0.40	≤0.80
IT13～IT16 级轴用工作量规	≤0.40	≤0.80	≤0.80
IT6～IT9 级轴用工作环规的校对塞规	≤0.05	≤0.10	≤0.20
IT10～IT12 级轴用工作环规的校对塞规	≤0.10	≤0.20	≤0.40
IT13～IT16 级轴用工作环规的校对塞规	≤0.20	≤0.40	≤0.40

4. 光滑极限量规的设计

光滑极限量规工作部分极限尺寸的设计步骤如下：

(1) 按零件图上的被测工件的公差代号查出工件的极限偏差，计算出最大、最小实体尺寸，即可得知通规、止规及校对量规的工作部分的尺寸；

(2) 从表 6-8 中查出量规尺寸的公差 T 和通规尺寸公差带中心到被测工件的最大实体尺寸之间的距离 Z 值，按 T 确定量规的形状公差和校对量规的制造公差；

(3) 按照图 6-14 所示的形式绘制量规尺寸公差示意图，确定量规的上、下极限偏差，并计算量规工作部分的极限尺寸。

例 6-3 设计 $\phi 18$ H8/f7 孔与轴用的量规。

解 (1) 根据 GB/T 1800.1—2009 查出孔与轴的上、下极限偏差。

$$ES=+0.027 \text{ mm}, \quad EI=0$$
$$es=-0.016 \text{ mm}, \quad ei=-0.034 \text{ mm}$$

(2) 查表 6-8，量规尺寸公差 T 和 Z 值，并确定量规的形状公差和校对量规的制造公差。

塞规：制造公差 $T_1=0.0028$ mm；位置要素 $Z_1=0.004$ mm；形状公差为 $T_1/2=0.0014$ mm。

卡规：制造公差 $T_2=0.002$ mm；位置要素 $Z_2=0.0028$ mm；形状公差为 $T_2/2=0.001$ mm。

校对量规制造公差：$T_p=T_2/2=0.001$ mm。

(3) 计算量规的极限偏差及工作部分的极限尺寸。

① $\phi 18$H8 孔用塞规。

通规(T)：上极限偏差$=EI+Z_1+T_1/2=+0.0054$ mm；
下极限偏差$=EI+Z_1-T_1/2=+0.0026$ mm；
磨损极限$=EI=0$。

故通规工作部分的极限尺寸为 $\phi 18^{+0.0054}_{+0.0026}$ mm。

止规(Z)：上极限偏差$=ES=+0.027$ mm；
下极限偏差$=ES-T_1=+0.0242$ mm。

故止规工作部分的极限尺寸为 $\phi 18^{+0.0027}_{+0.0242}$ mm。

② $\phi 18$f7 轴用卡规。

通规(T)：上极限偏差$=es-Z_2+T_2/2=-0.0178$ mm；
下极限偏差$=es-Z_2-T_2/2=-0.0198$ mm；
磨损极限$=es=-0.016$ mm。

故止规工作部分的极限尺寸为 $\phi 18^{-0.0178}_{-0.0198}$ mm。

止规(Z)：上极限偏差$=ei+T_2=-0.032$ mm；
下极限偏差$=ei=-0.034$ mm。

故通规工作部分的极限尺寸为 $\phi 18^{-0.032}_{-0.034}$ mm。

③ 轴用卡规的校对量规。

"校通-通"量规(TT)：

上极限偏差 $= \mathrm{es} - Z_2 - T_2/2 + T_P = -0.0188$ mm；

下极限偏差 $= \mathrm{es} - Z_2 - T_2/2 = -0.0198$ mm。

故"校通-通"量规工作部分的极限尺寸为 $\phi 18_{-0.0198}^{-0.0188}$ mm。

"校通-损"量规(TS)：

上极限偏差 $= \mathrm{es} = -0.016$ mm；

下极限偏差 $= \mathrm{es} - T_P = -0.017$ mm。

故"校通-损"量规工作部分的极限尺寸为 $\phi 18_{-0.017}^{-0.016}$ mm。

"校止-通"量规(ZT)：

上极限偏差 $= \mathrm{ei} + T_P = -0.033$ mm；

下极限偏差 $= \mathrm{ei} = -0.034$ mm。

故"校止-通"量规工作部分的极限尺寸为 $\phi 18_{-0.034}^{-0.033}$ mm。

(4) 绘制 $\phi 18\mathrm{H}8/\mathrm{f}7$ 孔与轴量规公差示意图，如图 6-15 所示。

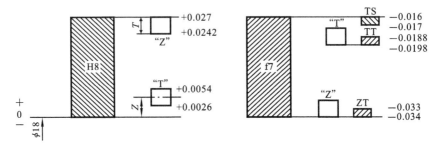

图 6-15 量规公差带示意图

量规宜采用合金工具钢、碳素工具钢、渗碳钢及其他耐磨材料制造，测量面硬度不应小于 HRC 60。其测量面的表面粗糙度 Ra 及量规的型式详见 GB/T 1957—2006。

6.4 用功能量规检验

功能量规是指当最大实体要求应用于注有公差的要素和(或)基准要素时，用来确定其提取组成要素是否超出最大实体实效边界的全形量规。

从检测的几何误差类型看，功能量规有直线度、平行度、垂直度、倾斜度、同轴度、对称度、位置度等。

从量规的结构看，如图 6-16 所示，有整体型、组合型、插入型、活动型等。

图 6-16(a)、(b)、(c)所示为同轴度量规，图 6-16(d)所示为平行度量规。

具有台阶形或不同尺寸插入件的插入型功能量规称为台阶插入式功能量规；具有光滑插入件的插入型量规称为无台阶式插入型功能量规。

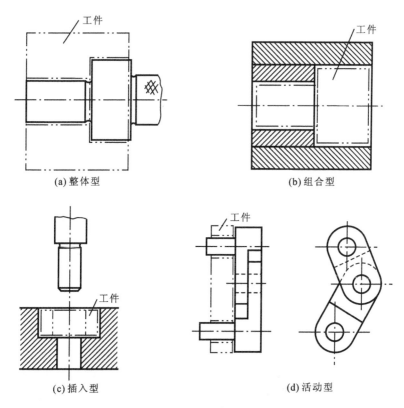

图 6-16 功能量规的类型

功能量规的工作部位包括检验部位、定位部位和导向部位。检验部位是用于模拟被测提取要素的边界的部位。定位部位是用于模拟基准要素的边界或基准、基准体系的部位。导向部位是便于检验部位和(或)定位部分进入被测提取要素和(或)基准要素部位。具体详见 GB/T 8069—1998《功能量规》。

思考题及习题

6-1 计算检验 $\phi30p8$ 轴用工作量规的工作尺寸,并画出量规的公差带图。

6-2 计算检验 $\phi50H7$ 孔用工作量规的工作尺寸,并画出量规的公差带图。

6-3 已知某轴 $\phi30f8^{-0.025}_{-0.064}$ Ⓔ 的实测轴径为 $\phi29.968$ mm,轴线直线度误差为 $\phi0.01$ mm,试判断该零件的合格性。

6-4 已知某孔 $\phi48H8$ Ⓔ 的实测直径为 $\phi48.01$ mm,轴线直线度误差为 $\phi0.015$ mm,试判断该零件的合格性。

6-5 用立式光学比较仪测得 $\phi40D11$ 的塞规直径为:通规 $\phi40.1$ mm,止规 $\phi40.242$ mm。试判断该塞规是否合格。

第 7 章　常用结合件的互换性

7.1　滚动轴承与孔轴结合的公差与配合

7.1.1　滚动轴承概述

滚动轴承是机器上广泛应用的作为一种传动支承的标准部件,一般由内圈、外圈、滚动体(钢球或滚珠)和保持架(又称保持器或隔离圈)组成,如图 7-1 所示。

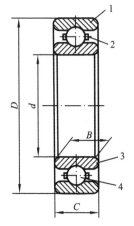

图 7-1　滚动轴承
1—外圈；2—保持架；
3—内圈；4—滚动体

滚动轴承按滚动体结构可分为球轴承、滚子轴承、滚针轴承,按承受载荷形式可分为向心轴承、推力轴承、向心推力轴承。

为了实现滚动轴承的互换性要求,我国制定了滚动轴承的公差标准,它不仅规定了滚动轴承的尺寸精度、旋转精度和测量方法,还规定了与轴承相配合的壳体孔和轴颈的尺寸精度、配合、几何公差和表面粗糙度等。设计时,根据产品功能、精度和结构要求,选择合适的滚动轴承。相关的国家标准主要有《滚动轴承　向心轴承　公差》(GB/T 307.1—2005)、《滚动轴承　测量和检验的原则及方法》(GB/T 307.2—2005)、《滚动轴承　通用技术规则》(GB/T 307.3—2005)、《滚动轴承　推力轴承　公差》(GB/T 307.4—2005)、《滚动轴承　公差　定义》(GB/T 4199—2003)、《滚动轴承与轴和外壳的配合》(GB/T 275—1993)等。

7.1.2　滚动轴承的公差等级

1. 滚动轴承的分级

《滚动轴承　通用技术规则》(GB/T 307.3—2005)国家标准规定,滚动轴承的公差等级按尺寸精度和旋转精度分级。

向心轴承公差等级分为 0、6、5、4、2 五级。
圆锥滚子轴承公差等级分为 0、6X、5、4、2 五级。
推力轴承公差等级分为 0、6、5、4 四级。
从 0~2 级,精度依次增高,2 级精度最高,0 级精度最低。

2. 滚动轴承各级精度的应用

0级为普通精度,在机器制造业中的应用最广,主要用于旋转精度要求不高、中等负荷、中等转速的一般机构中。例如,普通机床中的变速、进给机构,汽车、拖拉机中的变速机构,普通电动机、水泵、压缩机、汽轮机中的旋转机构等。

6(6X)、5、4级轴承通常称为精密轴承,它们应用在旋转精度要求较高或转速较高的机械中。例如,金属切削机床的主轴轴承(普通机床主轴的前轴承多采用5级,后轴承多采用6级,较精密的机床主轴轴承则多采用4级),精密仪器、仪表、高速摄影机等精密机械用的轴承一般使用精密轴承。

2级轴承称为高精密轴承,应用在高精度、高转速的特别精密的部位上,如精密坐标镗床和高精度齿轮磨床的主要支承处。

2、4、5、6级轴承统称高精度轴承,这类轴承在各类金属切削机床中应用很广,如表7-1所示。

表7-1 金属切削机床主轴轴承的公差等级

轴承类型	公差等级	应用情况
单列向心球轴承	4、2	高精度磨床,丝锥磨床,螺纹磨床,磨齿机,插齿刀磨床(2级)
角接触球轴承	5	精密镗床,内圆磨床,齿轮加工机床
	6	普通车床,铣床
双列圆柱滚子轴承	4	精密丝杠车床,高精度车床,高精度外圆磨床
	5	精密车床,铣床,六角车床,普通外圆磨床,多轴车床,镗床
	6	普通车床,自动车床,铣床,立式车床
圆柱滚子轴承 调心滚子轴承	6	精密车床,铣床的后轴承
圆锥滚子轴承	2、4	坐标镗床(2级),磨齿机(4级)
	5	精密车床,铣床,精密六角车床,滚齿机,镗床
	6X	普通车床,铣床
推力球轴承	6	一般精度机床

7.1.3 滚动轴承内、外径公差带及其特点

1. 滚动轴承尺寸精度

滚动轴承尺寸精度是指轴承内圈内径 d、外圈外径 D、内圈宽度 B、外圈宽度 C 和装配高 T 的制造精度。d 和 D 为轴承内、外径的公称尺寸。

由于轴承内、外圈均为薄壁结构,制造和存放时易变形(如变成椭圆形),但在轴承内、外圈与轴、外壳孔装配后能够得到矫正。为了便于制造,允许有一定的变形。为保证轴承与结合件的配合性质,必须限制内、外圈在其单一平面内的平均直径。

d_{mp} 和 D_{mp} 是同一轴承单一平面的平均内径和外径,即 $d_{mp}=(d_{spmax}+d_{spmin})/2$, $D_{mp}=(D_{spmax}+D_{spmin})/2$。$d_{spmax}$、$d_{spmin}$ 为加工后测得的最大、最小单一内径。D_{spmax} 和 D_{spmin} 为加工后测得的最大、最小单一外径。

2. 滚动轴承的旋转精度

用于滚动轴承旋转精度的评定参数有:

K_{ia},K_{ea}——成套轴承内、外圈径向跳动;

S_{ia},S_{ea}——成套轴承内、外圈轴向跳动;

S_d——内圈端面对内孔的垂直度;

S_D——外圈外表面对端面的垂直度;

S_{ea1}——成套轴承外圈凸缘背面轴向跳动;

S_{D1}——外圈外表面对凸缘背面的垂直度。

对不同公差等级、不同结构型式的滚动轴承,其尺寸精度和旋转精度的评定参数有不同要求。

3. 滚动轴承内、外径公差带特点

滚动轴承是标准件,内圈与轴颈的配合采用基孔制,但内径的公差带位置却与一般基准孔相反,如图 7-2 所示。根据滚动轴承国家标准规定,0、6、5、4、2 各级的轴承的单一平面平均内径(d_{mp})的公差带都分布在零线下侧,即上极限偏差为零,下极限偏差为负值。在多数情况下,轴承的内圈随轴一起转动时,为防止它们之间发生相对运动而导致结合面磨损,则两者的配合应是过盈,但过盈量又不宜过大。若采用《极限与配合》国家标准中的过盈配合,所得过盈量将过大;若采用过渡配合,则可能出现

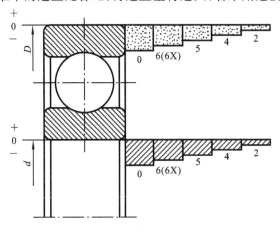

图 7-2 轴承内、外径公差带的分布

间隙,不能保证具有一定的过盈。为此,将公差带分布在零线下方,以保证配合获得足够、适当的过盈量。

轴承外径与外壳孔配合采用基轴制,通常两者之间不要求太紧。因此,滚动轴承公差国家标准对所有精度级轴承的单一平面平均外径(D_{mp})的公差带位置,仍按一般基准轴的规定,分布在零线下方,即上极限偏差为零,下极限偏差为负值。由于轴承精度要求很高,其公差值相对略小一些。因此,轴承外圈与外壳配合的松紧程度与极限与配合国家标准(GB/T 1800.2—2009)中的同名配合相比,配合性质也不完全相同。

7.1.4 滚动轴承的配合公差及选用

1. 滚动轴承的配合

《滚动轴承与轴和外壳的配合》(GB/T 275—1993)对 0 级和 6 级轴承配合的轴颈规定了 17 种公差带,外壳孔规定了 16 种公差带,如图 7-3 所示。

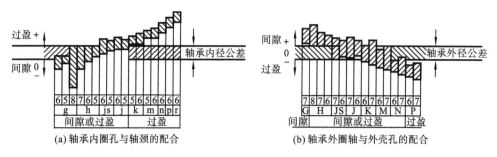

图 7-3　轴承与轴颈以及外孔壳配合的常用公差带

上述公差带只适用于对轴承的旋转精度和运转平稳性无特殊要求,轴为实心或厚壁钢制轴,外壳为铸钢或铸铁制件,轴承的工作温度不超过 100℃ 的使用场合。

2. 配合的选择

轴承配合的选择就是确定与轴承相配合的轴颈和轴承座的基本偏差代号。合理地选择滚动轴承与轴颈及外壳孔的配合,可保证机器运转的质量,延长其使用寿命,并使产品制造经济合理。

选择轴承配合的依据是:轴承的工作条件,轴承内、外圈所受的负载的大小、方向和性质,与轴承相配合的孔和轴的材料和结构,工作温度,装卸要求和调整要求等。选择时,应考虑的主要因素如下。

1) 负荷类型

轴承转动时,根据作用于轴承上合成径向负荷相对套圈的旋转情况,可将所受负荷分为局部负荷、循环负荷和摆动负荷三类,如图 7-4 所示。

(1) 局部负荷　轴承运转时,轴承所受的合成径向负荷,始终作用于套圈滚道局部区域,这种负荷称为局部负荷,如图 7-4(a)、(b) 所示。轴承受一个方向不变的径

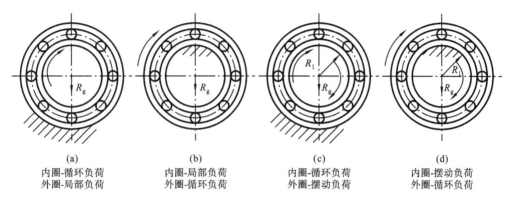

（a） 内圈-循环负荷 外圈-局部负荷　（b） 内圈-局部负荷 外圈-循环负荷　（c） 内圈-循环负荷 外圈-摆动负荷　（d） 内圈-摆动负荷 外圈-循环负荷

图 7-4　轴承套圈承受的负荷类型

向负荷 F_r，固定不转的套圈所受的负荷就是局部负荷。

当套圈受局部负荷时，配合应稍松，可以有不大的间隙，以便在滚动体摩擦力带动下，使套圈相对于轴颈或壳孔表面偶尔有游动可能，从而消除滚道的局部磨损，装拆也较为方便。一般可选过渡配合或间隙配合。

（2）循环负荷　轴承运转时，作用于轴承上的径向负荷顺次地作用于套圈滚道整个圆周上，这种负荷称为循环负荷，如图 7-4(a)、(b) 所示动圈上所承受的负荷。其特点是负荷与套圈相对转动。

当套圈受循环负荷时，不会导致滚道的局部磨损，但圆周滚道各点轮流循环受力，轴承套圈与相配合的轴颈或外壳孔之间易松动并产生滑行，引起配合表面发热、磨损，故套圈与轴颈（或外壳孔）的配合应较紧。但过盈量不能太大，否则会使轴承内部的游隙减小以致完全消失，产生过大的接触应力，导致轴承磨损加快，影响轴承的使用寿命。所以，一般应选择过盈量较小的过盈配合或过盈概率大的过渡配合。

（3）摆动负荷　作用于轴承上的合成径向负荷与承受的套圈在一定区域内相对摆动，即其负荷向量经常变动地作用在套圈滚道的局部圆周上，该套圈所承受的负荷性质，称为摆动负荷，如图 7-4(c)、(d) 所示。承受摆动负荷的套圈，其配合要求与循环负荷相同或略松一些。

2）负荷的大小

滚动轴承套圈与轴或壳体孔配合的最小过盈，取决于负荷的大小。一般把径向负荷 $P \leqslant 0.07C$ 的称为轻负荷；$0.07C < P \leqslant 0.15C$ 的称为正常负荷；$P > 0.15C$ 的称为重负荷。其中 C 为轴承的额定负荷，即轴承能够旋转 10^6 次而不发生点蚀破坏的概率为 90% 时的载荷值。

当轴承内圈承受循环负荷时，它与轴配合所需的最小过盈 $Y_{\min}$ 为

$$Y_{\min} = -\frac{13Rk}{b} \frac{1}{10^9} (\text{mm}) \tag{7-1}$$

式中:R 为轴承承受的最大径向负荷(N);k 为与轴承系列有关的系数,轻系列 $k=2.8$,中系列 $k=2.3$,重系列 $k=2$;b 为轴承内圈的配合宽度(mm),$b=B-2r$,B 为轴承宽度,r 为内圈倒角。

为避免套圈破裂,必须按不超过套圈允许的强度计算其最大过盈 Y_{max},即

$$Y_{max} = -\frac{11.4kd[\sigma_p]}{(2k-2)10^3}(mm) \tag{7-2}$$

式中:$[\sigma_p]$ 为允许的拉应力(10^5Pa)。轴承钢的拉应力 $[\sigma_p] \approx 400 \times 10^5$Pa;$d$ 为轴承内圈内径(mm);k 同前述含义。

根据计算得到的 Y_{min},便可从极限与配合国家标准(GB/T 1801—2009)中选取最接近的配合。

3) 工作温度的影响

轴承工作时,由于摩擦发热和其他热源的影响,套圈的温度会高于相配合零件的温度。内圈的热膨胀会引起与轴颈配合的松动,而外圈的热膨胀则会使它与外壳配合变紧。因此,轴承工作温度一般应低于 100℃,在高于此温度中工作的轴承,应将所选用的配合适当修正。

4) 轴承尺寸大小

随着轴承尺寸增大,选择的过盈配合的过盈越大,间隙配合的间隙就越大。

5) 旋转精度和速度的影响

当机器要求有较高的旋转精度时,要选用较高等级的轴承。与轴承相配合的轴和外壳也要选具有较高精度等级的。

对负荷较大、旋转精度要求较高的轴承,为消除弹性变形和振动的影响,应避免采用间隙配合。而对精密机床的轻负荷轴承,为避免孔与轴的形状误差对轴承精度的影响,常采用间隙配合。

在其他条件相同的情况下,轴承的旋转速度愈高,配合也应愈紧。

6) 其他因素影响

(1) 外壳和轴的结构和材料 轴承套圈与轴颈或外壳孔配合时,不应产生由于轴颈或外壳孔配合表面存在几何误差而引起的轴承内、外圈的不正常变形。对剖分式外壳,其与轴承外圈宜采用较松的配合,以免外圈产生椭圆变形,但要使外圈不能在外壳内转动。

(2) 安装与拆卸 为了安装和拆卸方便,对重型机械采用较松的配合;若要拆卸方便而又要用紧配合,可采用分离式轴承或内圈带锥孔和紧定套或退卸套的轴承。

滚动轴承配合的选择一般用类比法。向心轴承与轴、外壳孔配合公差带分别如表 7-2 和表 7-3 所示,推力轴承与轴和外壳孔的配合公差带见国家标准(GB/T 275—1993)。

表 7-2　向心轴承和轴的配合　轴公差带

圆柱孔轴承					
运转状态		负荷状态	深沟球轴承、调心球轴承和角接触球轴承	圆柱滚子轴承和圆锥滚子轴承	调心滚子轴承	公差带
说明	举例		轴承公称内径/mm			
旋转的内圈负荷及摆动负荷	一般通用机械、电动机、机床主轴、泵、内燃机、正齿轮传动装置、铁路机车车辆轴箱、破碎机等	轻负荷	≤18 >18~100 >100~200 —	— ≤40 >40~140 >140~200	— ≤40 >40~100 >100~200	h5 j6① k6① m6①
^	^	正常负荷	≤18 >18~100 >100~140 >140~200 >200~280 — —	— ≤40 >40~100 >100~140 >140~200 >200~400 —	— ≤40 >40~65 >65~100 >100~140 >140~280 >280~500	j5、js5 k5② m5② m6 n6 p6 r6
^	^	重负荷	— — — —	>50~140 >140~200 >200 —	>50~100 >100~140 >140~200 >200	n6③ p6③ r6③ r7③
固定的内圈负荷	静止轴上的各种轮子、张紧轮绳轮、振动筛、惯性振动器	所有负荷	所有尺寸			f6 g6① h6 j6
仅轴向负荷			所有尺寸			j6、js6
圆锥孔轴承					
所有负荷	铁路机车车辆轴箱		装在退卸套上的所有尺寸			h8(IT6)④⑤
^	一般机械传动		装在紧定套上的所有尺寸			H9(IT7)④⑤

注：① 凡对精度要求较高的场合，应用 j5，k5……代替 j6，k6……；
② 圆锥滚子轴承、角接触球轴承配合对游隙影响不大，可用 k6、m6 代替 k5、m5；
③ 重负荷下轴承游隙应选大于 0 级；
④ 凡有较高精度或转速要求的场合，应选用 h7(IT5)代替 h8(IT6)等；
⑤ IT6，IT7 表示圆柱度公差值。

表 7-3 向心轴承与和外壳孔的配合 孔公差带

运转状态		负荷状态	其他状况	公差带[①]	
说明	举例			球轴承	滚子轴承
固定的外圈负荷	一般机械、铁路机车车辆轴箱、电动机、泵、曲轴主轴承	轻、正常重	轴向易移动,可采用剖分式外壳	H7、G7[②]	
		冲击	轴向能移动,可采用整体或剖分式外壳	J7、JS7	
摆动负荷		轻、正常			
		正常、重		K7	
		冲击		M7	
旋转的外圈负荷	张紧滑轮、轮毂轴承	轻	轴向不移动,采用整体式外壳	J7	K7
		正常		K7、M7	M7、N7
		重		—	N7、P7

注:① 并列公差带随尺寸的增大从左到右选择,对旋转精度有较高要求时,可相应提高一个公差等级;
② 不适用于剖分式外壳。

例 7-1 在 C616 车床主轴后支承上,装有两个单列向心球轴承(见图 7-5),其外形尺寸为 $d \times D \times B = 50 \text{ mm} \times 90 \text{ mm} \times 20 \text{ mm}$,试选定轴承的公差等级、轴承与轴和外壳孔的配合。

解 (1) 分析确定轴承的公差等级。

① C616 车床属于轻载的普通车床,主轴承受轻载荷。

② C616 车床主轴的旋转精度和转速较高,选择 6 级精度的滚动轴承。

(2) 分析确定轴承与轴和外壳孔的配合。

① 轴承内圈与主轴配合一起旋转,外圈装在外壳孔中不转。

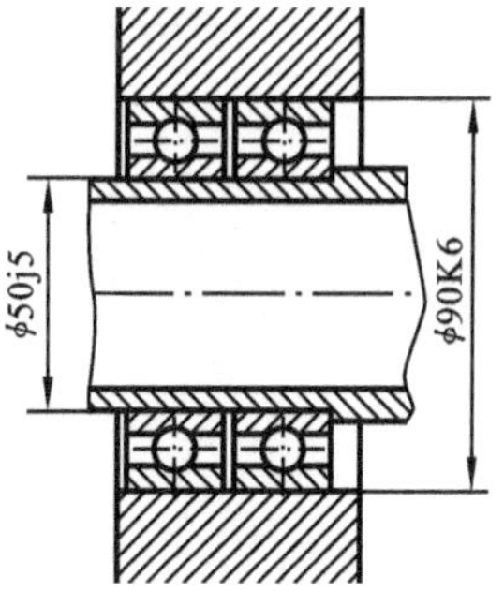

② 主轴后支承主要承受齿轮传递力,故内圈承受旋转负荷,外圈承受定向负荷。前者配合应紧,后者配合略松。

图 7-5 C616 车床主轴后轴承结构

③ 参考表 7-2、表 7-3 选用轴公差带 $\phi50\text{j}5$,外壳孔公差带 $\phi90\text{J}6$。

④ 机床主轴前轴承已轴向定位,若后轴承外圈和外壳孔配合无间隙,则不能补偿由于温度变化引起的主轴的伸缩性;若外圈与外壳孔配合有间隙,会引起主轴跳动,影响车床的加工精度。为了满足使用要求,外壳孔公差带改用 $\phi90\text{K}6$。

⑤ 按滚动轴承公差国家标准,GB/T 307.1—2005 查出 6 级轴承单一平面平均内径偏差 Δ_{dmp} 为 $\phi50_{-0.01}^{0}$ mm,查出轴承单一平面平均外径偏差 Δ_{Dmp} 为 $\phi90_{-0.013}^{0}$ mm。

根据极限与配合国家标准(GB/T 1801—2009)查得:轴为 $\phi50\text{j}5_{-0.005}^{+0.006}$ mm,外壳

孔为 $\phi 90\text{K}6^{+0.004}_{-0.018}$ mm。

图 7-6 所示为 C616 车床后轴承的公差与配合图解,由此可知,轴承与轴的配合比与外壳孔的配合要紧些。

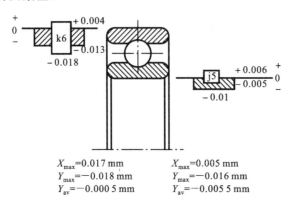

图 7-6　C616 车床主轴后轴承公差与配合图解

⑥ 将按表 7-4、表 7-5 查出轴和外壳孔配合的几何公差和表面粗糙度值标注在零件图上(见图 7-7 和图 7-8)。

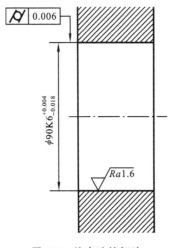

图 7-7　外壳孔的标注

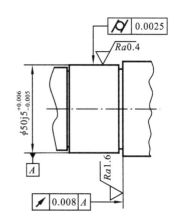

图 7-8　轴颈的标注

3. 几何公差及表面粗糙度的确定

为了保证轴承的正常运转,除了正确地选择轴承与轴颈及箱体孔的公差等级及配合外,还应对轴颈和箱体孔的几何公差及表面粗糙度提出要求。

(1) 形状公差　主要是轴颈和箱体孔的表面圆柱度要求。

(2) 位置、方向和跳动公差　主要是轴肩端面的跳动公差。

(3) 表面粗糙度　表面粗糙度值的高低直接影响着配合质量和连接强度,因此,凡是与轴承内、外圈配合的表面通常都对表面粗糙度提出较高的要求。具体选择参见表 7-4、表 7-5。

表 7-4　轴和外壳孔配合的几何公差

基本尺寸/mm		圆柱度 t				端面圆跳动 t_1			
		轴颈		外壳孔		轴肩		外壳孔	
		轴承公差等级							
		0	6(6X)	0	6(6X)	0	6(6X)	0	6(6X)
超过	到	公差值/μm							
	6	2.5	1.5	4	2.5	3	3	8	3
6	10	2.5	1.5	4	2.5	6	4	10	6
10	18	3.0	2.0	0	3.0	8	?	12	8
18	30	4.0	2.5	6	4.0	10	6	15	10
30	50	4.0	2.5	7	4.0	12	8	20	12
50	80	5.0	3.0	8	5.0	15	10	25	15
80	120	6.0	4.0	10	6.0	15	10	25	15
120	180	8.0	5.0	12	8.0	20	12	30	20
180	250	10.0	7.0	14	10.0	20	12	30	20
250	315	12.0	8.0	16	12.0	25	15	40	25
315	400	13.0	9.0	18	13.0	25	15	40	25
400	500	15.0	10.0	20	15.0	25	15	40	25

表 7-5　轴和外壳孔配合的表面粗糙度　　　　单位:μm

轴和轴承座直径/mm			轴或外壳孔配合表面直径公差等级							
			IT7			IT6			IT5	
			表面粗糙度							
超过	到	Rz	Ra		Rz	Ra		Rz	Ra	
			磨	车		磨	车		磨	车
80	80	10	1.6	3.2	6.3	0.8	1.6	4	0.4	0.8
	500	16	1.6	3.2	10	1.6	3.2	6.3	0.8	1.6
端面		25	3.2	6.3	25	3.2	6.3	10	1.6	3.2

7.2　螺纹连接的公差与配合

7.2.1　螺纹的分类及使用要求

螺纹连接在机械行业中的应用十分广泛。螺纹连接按其用途可分为三类。

1. 普通螺纹

普通螺纹通常称为紧固螺纹,有粗牙、细牙两种,用于紧固或连接零件,在使用中的主要要求是具有良好的可旋合性和可靠的连接强度。

2. 传动螺纹

传动螺纹通常指丝杠和测微螺纹,用于传递动力或精确位移。其主要要求是传递动力的可靠性或传递运动的准确性。

3. 紧密螺纹

紧密螺纹用于密封的螺纹结合。主要要求是结合紧密,不漏水、漏气和漏油。

除上述三类螺纹外,还有一些专门用途的螺纹,如石油螺纹、气瓶螺纹、灯泡螺纹、光学细牙螺纹等。

为了提高产品质量,保证零、部件的互换性要求,我国制定的普通螺纹国家标准有《普通螺纹 基本牙型》(GB/T 192—2003)、《普通螺纹 公差》(GB/T 197—2003)、《普通螺纹 极限偏差》(GB/T 2516—2003)、《普通螺纹量规 技术条件》(GB/T 3934—2003)、《螺纹量规和光滑极限量规 型式与尺寸》(GB/T 10920—2008)等五个。

7.2.2 普通螺纹部分术语及定义

1. 基本牙型

普通螺纹的牙型(见图 7-9)是在螺纹轴线的剖面上截去原始三角形(两个底边连接着且平行于螺纹轴线的等边三角形,其高用 H 表示)的顶部和底部形成的。顶部截去 $H/8$ 和底部截去 $H/4$ 形成基本牙型,是内、外螺纹共有的理论牙型,也是确定螺纹设计牙型的基础。

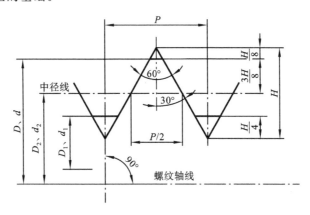

图 7-9 普通螺纹的基本牙型

2. 螺距 P 与导程 Ph

相邻两牙在中径线上对应两点间的轴向距离称为螺距;同一条螺旋线上的相邻两牙在中径线上,对应两点间的轴向距离称为导程。

3. 牙型高度 $5H/8$

它是指在原始三角形削去顶部($H/8$)和底部($2H/8$)后的高度,即等于牙顶高 $3H/8$ 与牙底高 $2H/8$ 之和。

4. 大径 d 或 D

大径是指与外螺纹牙顶或内螺纹牙底相重合的假想圆柱面的直径。国家标准规定,公制普通螺纹的大径的基本尺寸为螺纹公称直径,也是螺纹的基本大径。大径也是外螺纹顶径,内螺纹底径。

5. 小径 d_1 或 D_1

小径是指与外螺纹牙底或内螺纹牙顶相重合的假想圆柱面的直径。小径的基本尺寸为螺纹的基本小径。小径也是外螺纹的底径,内螺纹的顶径。

6. 外螺纹最大小径 d_{1max}

它应小于螺纹环规通端的最小小径,以保证通端螺纹环规能通过。

7. 中径 d_2 或 D_2

中径是一个假想圆柱的直径,该圆柱的母线通过牙型上沟槽和凸起宽度相等的地方。若在基本牙型上该圆柱的母线正好通过牙型上沟槽和凸起宽度,且等于 $P/2$ 时,此时的中径称基本中径。

8. 单一中径

单一中径是一个假想圆柱的直径,该圆柱的母线通过牙型上沟槽宽度等于螺距基本尺寸一半的地方。当螺距有误差时,单一中径和中径是不相等的。

9. 牙型角 α 和牙型半角($\alpha/2$)

在螺纹牙型上,两相邻牙侧间的夹角称为牙型角,对于公制普通螺纹 $\alpha=60°$。牙侧与螺纹轴线的垂线间的夹角称为牙侧角。牙型左、右对称的牙侧角称为牙型半角。

10. 螺纹的旋合长度

螺纹的旋合长度是指两个相互配合的螺纹沿螺纹轴线方向相互旋合部分的长度,如图 7-10 所示。

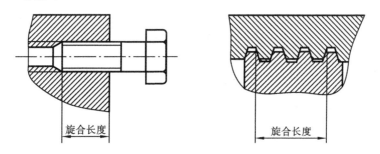

图 7-10 螺纹旋合长度

11. 螺纹最大实体牙型

它是指由设计牙型和各直径的基本偏差和公差所决定的最大实体状态下的螺纹

牙型。对于普通外螺纹,它是基本牙型的三个基本直径分别减去基本偏差(上极限偏差 es)后形成的基本牙型。对于普通内螺纹,它是基本牙型的三个基本直径分别加上基本偏差(下极限偏差 EI)后所形成的牙型。

12. 螺纹最小实体牙型

它是指由设计牙型和各直径的基本偏差和公差所决定的最大实体状态下的牙型。对于普通外螺纹,它是在最大实体牙型的顶径和中径上分别减去它们的顶径公差和中径公差(底径未作规定)后所形成的牙型。对于普通内螺纹,它是在最大实体牙型的顶径和中径上分别加上它们的顶径公差和中径公差(底径未作规定)后所形成的牙型。

13. 螺距误差中径当量

螺距误差中径当量是将螺距误差换算成中径的数值。在普通螺纹结合中,未单独规定螺距公差来限制螺距误差,而是将螺距误差换算成在中径上的影响量,即螺距误差中径当量,用规定中径公差来间接地限制螺距误差。对于牙型角 $\alpha=60°$ 的普通螺纹,螺距累积误差的中径当量为

$$f_{P\Sigma} = 1.732|\Delta P_\Sigma|(\mu m) \tag{7-3}$$

式中:ΔP_Σ 为螺距累积误差,单位为 μm。

14. 牙侧角误差中径当量

牙侧角误差中径当量是将牙侧角误差换算成中径的数值。在普通螺纹中,未单独规定牙侧角公差(即牙型半角的公差),而是将牙侧角的误差换算成在中径上的影响量,即牙侧角误差当量,用规定中径公差来间接地限制牙侧角误差。对于牙型半角为 $30°$ 的普通外螺纹,当牙型半角误差 $\Delta \frac{\alpha}{2}$ 为负时,牙型半角误差的中径当量 $f_{\frac{\alpha}{2}}$ 按式(7-4)计算。当牙型半角误差 $\Delta \frac{\alpha}{2}$ 为正时,牙型半角误差的中径当量 $f_{\frac{\alpha}{2}}$ 按式(7-5)计算。

$$f_{\frac{\alpha}{2}} = 0.44P\Delta\frac{\alpha}{2}(\mu m) \tag{7-4}$$

$$f_{\frac{\alpha}{2}} = 0.291P\Delta\frac{\alpha}{2}(\mu m) \tag{7-5}$$

式中:P 为基本螺距,单位为 μm;$\Delta \frac{\alpha}{2}$ 单位为 $(')$。

7.2.3 普通螺纹公差及基本偏差

从互换性的角度来看,影响互换性的几何要素有 5 个,即大径、中径、小径、螺距和牙型半角。但在普通螺纹连接中,未规定牙型半角公差和螺距公差,而规定了螺纹中径公差来对牙型半角误差和螺距误差进行综合控制。

1. 螺纹公差

国家标准《普通螺纹 公差》(GB/T 197—2003)对内、外螺纹的中径、大径和小

径公差作了规定,其相关直径的公差等级如表 7-6 所示。由于内、外螺纹的底径(d_1 和 D)是在加工时和中径一起由刀具切出的,其尺寸由加工保证,因此也未规定公差。

表 7-6 普通螺纹公差带

螺纹种类	螺纹直径	公差带位置	公差等级
内螺纹	小径 D_1	G—基本偏差 EI 为正值	4、5、6、7、8
	中径 D_2	H—基本偏差 EI 为零	4、5、6、7、8
外螺纹	大径 d	e、f、g—基本偏差 es 为负值	4、6、8
	中径 d_2	h—基本偏差 es 为零	3、4、5、6、7、8、9

内、外螺纹各直径的公差值如表 7-7 和表 7-8 所示。

表 7-7 普通螺纹中径公差(摘自 GB/T 197—2003) 单位:μm

公称直径 D/mm		螺距 P/mm	内螺纹中径公差 T_{D2}					外螺纹中径公差 T_{d2}						
>	≤		公差等级					公差等级						
			4	5	6	7	8	3	4	5	6	7	8	9
5.6	11.2	0.75	85	106	132	170	—	50	63	80	100	125	—	—
		1	95	118	150	190	236	56	71	90	112	140	180	224
		1.25	100	125	160	200	250	60	75	95	118	150	190	236
		1.5	112	140	180	224	280	67	85	106	132	170	212	265
11.2	22.4	1	100	125	160	200	250	60	75	95	118	150	190	236
		1.25	112	140	180	224	280	67	85	106	132	170	212	265
		1.5	118	150	190	236	300	71	90	112	140	180	224	280
		1.75	125	160	200	250	315	75	95	118	150	190	236	300
		2	132	170	212	265	335	80	100	125	160	200	250	315
		2.5	140	180	224	280	355	85	106	132	170	212	265	335
22.4	45	1	106	132	170	212	—	63	80	100	125	160	200	250
		1.5	125	160	200	250	315	75	95	118	150	190	236	300
		2	140	180	224	280	355	85	106	132	170	212	265	335
		3	170	212	265	335	425	100	125	160	200	250	315	400
		3.5	180	224	280	355	450	106	132	170	212	265	335	425
		4	190	236	300	375	475	112	140	180	224	280	355	450
		4.5	200	250	315	400	500	118	150	190	236	300	375	475

表 7-8 内螺纹小径公差和外螺纹大径公差（摘自 GB/T 197—2003） 单位：μm

螺距 P/mm	内螺纹小径公差 T_{D1}					外螺纹大径公差 T_{d1}		
	公差等级					公差等级		
	4	5	6	7	8	4	6	8
1	150	190	236	300	375	112	180	280
1.25	170	212	265	335	425	132	212	335
1.5	190	236	300	375	475	150	236	375
1.75	212	265	335	425	530	170	265	425
2	236	300	375	475	600	180	280	450
2.5	280	355	450	560	710	212	335	530
3	315	400	500	630	800	236	375	600
3.5	355	450	560	710	900	265	425	670
4	375	475	600	750	950	300	475	750

2. 螺纹的基本偏差

（GB/T 197—2003）《普通螺纹 公差》对大径、中径、小径三者规定了相同的基本偏差。其内螺纹的公差带位置如图 7-11(a)、(b)所示，外螺纹的公差带位置如图

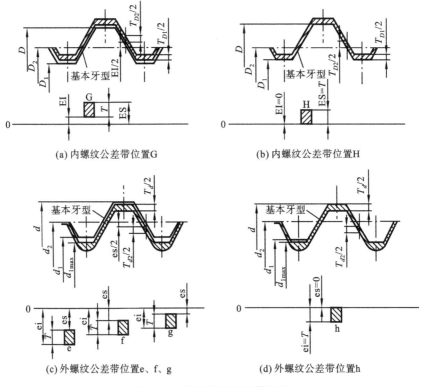

(a) 内螺纹公差带位置G (b) 内螺纹公差带位置H

(c) 外螺纹公差带位置e、f、g (d) 外螺纹公差带位置h

图 7-11 普通螺纹公差带位置

7-11(c)、(d)所示。图中,螺纹的基本牙型是计算螺纹偏差的基准。内、外螺纹的公差带相对于基本牙型的位置,与圆柱体的公差带位置一样,由基本偏差来确定。外螺纹的公差带在零线下方,基本偏差是上极限偏差 es；内螺纹的公差带在零线上方,基本偏差是下极限偏差 EI。

外螺纹的下极限偏差： $\quad\quad\quad ei = es - T$

内螺纹的上极限偏差： $\quad\quad\quad ES = EI + T$

式中：T 为螺纹公差。

在普通螺纹标准中,对内螺纹规定了 G、H 两种公差带位置,如图 7-11(a)、(b) 所示；对外螺纹规定了 e,f,g,h 四种公差带位置,如图 7-11(c)、(d)所示。H 和 h 的基本偏差为零。G 的基本偏差是正值,e,f,g 的基本偏差为负值,其数值的绝对值按从大到小排列。

普通内、外螺纹的基本偏差值如表 7-9 所示。

合理的螺纹其实际牙型各个部分都应该在公差带内,即实际牙型应在图 7-11 中画有断面线的公差带内。

表 7-9　普通内、外螺纹基本偏差(摘自 GB/T 197—2003)　　单位：μm

螺距 P/mm	内螺纹的基本偏差 EI		外螺纹的基本偏差 es			
	G	H	e	f	g	h
1	+26	0	−60	−40	−26	0
1.25	+28		−63	−42	−28	
1.5	+32		−67	−45	−32	
1.75	+34		−71	−48	−34	
2	+38		−71	−52	−38	
2.5	+42		−80	−58	−42	
3	+48		−85	−63	−48	
3.5	+53		−90	−70	−53	
4	+60		−95	−75	−60	
4.5	+63		−100	−80	−63	

7.2.4　螺纹旋合长度与精度等级及其选用

1. 旋合长度及其选用

《普通螺纹　公差》(GB/T 197—2003)按螺纹公称直径和螺距规定了三种旋合长度,即短旋合长度 S、中旋合长度 N 和长旋合长度 L,设计时一般选用中旋合长度 N,只有当结构或强度上需要时,才选用短旋合长度 S 或长旋合长度 L。螺纹旋合长度如表 7-10 所示。

表 7-10　螺纹旋合长度(摘自 GB/T 197—2003)　　　　　单位：mm

公差直径 D、d		螺距 P	旋 合 长 度			
			S	N		L
>	≤	≤	≤	>	≤	>
5.6	11.2	0.75	2.4	2.4	7.1	7.1
		1	3	3	9	9
		1.25	4	4	12	12
		1.5	5	5	15	15
11.2	22.4	1	3.8	3.8	11	11
		1.25	4.5	4.5	13	13
		1.5	5.6	5.6	16	16
		1.75	6	6	18	18
		2	8	8	24	24
		2.5	10	10	30	30
22.4	45	1	4	4	12	12
		1.5	6.3	6.3	19	19
		2	8.5	8.5	25	25
		3	12	12	36	36
		3.5	15	15	45	45
		4	18	18	53	53
		4.5	21	21	63	63

2. 精度等级及其选用

根据不同的公差带位置(G,H,e,f,g,h)及不同的公差等级(3～9级)可组成各种不同的公差带。公差带的代号由表示公差等级的数字和表示基本偏差的字母组成,如 6H,5g 等。

根据使用场合,标准将螺纹分为三个精度等级,即精密级、中等级和粗糙级。

(1) 精密螺纹　用于要求配合性质变动较小的地方；

(2) 中等精度　用于一般的机械、仪器和构件；

(3) 粗糙精度　用于精度要求不高或制造比较困难的螺纹,如建筑工程、污浊有杂质的装配环境,以及不重要的连接处。

3. 公差带与配合的选用

根据螺纹的使用精度和旋合长度,国家标准推荐了一些常用公差带,如表 7-11 和表 7-12 所示。除非特殊需要,一般不宜选择标准以外的公差带。

由表 7-11 和表 7-12 中可以看出：在同一精度中，对不同旋合长度(S,N,L)的螺纹中径，采用了不同的公差等级，这是考虑到不同旋合长度对螺距累积误差有不同影响的缘故。当旋合长度增加时，螺纹的螺距误差、半角误差及螺纹的几何误差有可能增大，与原有公差值相比加工精度要相应提高。当旋合长度减小时，螺纹的螺距误差、半角误差及螺纹的几何误差有可能减小，加工起来就会容易些。大量生产的精制紧固件螺纹，推荐采用带方框的公差带；公差带选用顺序是：带 * 号的公差带应优先选用，其次是不带 * 号的公差带，最后是带( )的公差带。

表 7-11 内螺纹选用公差带

精 度	公差带位置 G			公差带位置 H		
	S	N	L	S	N	L
精密	—	—	—	4H	5H	6H
中等	(5G)	*(6G)	(7G)	*5H	6H	*7H
粗糙	—	(7G)	(8G)	—	7H	8H

表 7-12 外螺纹选用公差带

精度	公差带位置 e			公差带位置 f			公差带位置 g			公差带位置 h		
	S	N	L	S	N	L	S	N	L	S	N	L
精密	—	—	—	—	—	—	—	(4g)	(4g5g)	(3h4h)	*4h	(5h4h)
中等	—	*6e	(7e6e)	—	*6f	—	(5g6g)	6g	(7g6g)	(5h6h)	6h	(7h6h)
粗糙	—	—	—	—	—	—	—	8g	(9g8g)	—	—	—

内、外螺纹选用的公差带可以任意组合，但为了保证足够的接触高度，标准推荐完工后的螺纹零件优先组成 H/g、H/h 或 G/h 的配合。选择时主要考虑以下几种情况。

(1) 为了保证旋合性，内、外螺纹应具有较高的同轴度，并有足够的接触高度和结合强度，通常采用最小间隙为零的配合(H/h)。

(2) 需要拆卸容易的螺纹，可选用较小间隙的配合(H/g 或 G/h)。

(3) 需要镀层的螺纹，其基本偏差按所需镀层厚度确定。需要涂镀的外螺纹，当镀层厚度为 10 μm 时，可采用 g；当镀层厚度为 20 μm 时，可采用 f；当镀层厚度为 30 μm 时，可采用 e；当内、外螺纹均需要涂镀时，则采用 G/e 或 G/f 的配合。

(4) 在高温条件下工作的螺纹，可根据装配时和工作时的温度来确定适当的间隙和相应的基本偏差，留有间隙以防螺纹卡死。一般常用基本偏差 e。

在表 7-11 和表 7-12 中对公差等级给出了"优先"、"其次"和"尽可能不用"的选择顺序。内螺纹的小径公差与中径公差采用相同的等级，也可随螺纹旋合长度的加长或缩短而降低或提高一级。外螺纹的大径公差，在 N 组中与中径公差采用相同的等级；在 S 组中比中径公差低一级；在 L 组中比中径公差高一级。

7.2.5 作用中径和中径合格性判断原则

1. 螺纹的作用中径

螺纹的作用中径（D_{2m}、d_{2m}）是指在规定的旋合长度内，恰好包容实际螺纹的一个假想螺纹的中径。此假想螺纹具有基本牙型的螺距、半角以及牙型高度，并在牙顶和牙底处留有间隙，以保证不与实际螺纹的大、小径发生干涉，故作用中径是螺纹旋合时实际起作用的中径。

大型普通螺纹由于使用量规的困难，通常采用单项测量，如测量出螺距、牙型半角、中径等，计算出作用中径来进行验收和判断螺纹合格与否。

作用中径按下列公式计算，正号用于外螺纹，负号用于内螺纹。

$$d_{2m}(D_{2m}) = d_2(D_2)_{单-} \pm (f_{\frac{\alpha}{2}} + f_{P\Sigma} + f_{\Delta P}) \quad (7\text{-}6)$$

$$d_{2m}(D_{2m}) = d_2(D_2)_{实际} \pm (f_{\frac{\alpha}{2}} + f_{P\Sigma}) \quad (7\text{-}7)$$

$$d_{2实际} - d_{2单-} = f_{\Delta P} \quad (7\text{-}8)$$

式中：$f_{\frac{\alpha}{2}}$ 为牙型半角误差的中径当量；$f_{P\Sigma}$ 为螺距累积误差的中径当量；$f_{\Delta P}$ 为测量中径处螺距偏差的中径当量。

由于加工螺纹时，牙型左、右半角均可能存在误差，且误差大小也不相等，因此其左、右半角的中径当量也可能不同。

$$f_{\frac{\alpha}{2}} = 0.073 P \left(k_1 \left| \Delta \frac{\alpha_1}{2} \right| + k_2 \left| \Delta \frac{\alpha_2}{2} \right| \right) \quad (7\text{-}9)$$

式中：当 $\Delta \frac{\alpha_1}{2}$（或 $\Delta \frac{\alpha_2}{2}$）为负时，$k_1$（或 k_2）取 3；当 $\Delta \frac{\alpha_1}{2}$（或 $\Delta \frac{\alpha_2}{2}$）为正时，$k_1$（或 k_2）取 2。

而 $f_{P\Sigma}$ 按式（7-3）计算，$f_{\Delta P}$ 按式（7-10）计算，即

$$f_{\Delta P} = \frac{\Delta P}{2} \cos \frac{\alpha}{2} \quad (7\text{-}10)$$

式中：ΔP 为用三针法测量时中径处的螺距偏差。

为了使相互结合的内、外螺纹能自由旋合，应保证 $D_{2m} \geqslant d_{2m}$。

对于普通螺纹来说，为了保证螺纹的旋合性，并考虑加工和检测的方便，没有单独规定中径、螺距及牙型半角的公差，而只规定中径（综合）公差（T_{D2}，T_{d2}）。这个中径（综合）公差同时用来限制中径、螺距及牙型半角三个参数的误差。

2. 螺纹中径的合格性判断

中径公差是评定普通螺纹互换性的主要指标。对螺纹中径合格性的判断原则是：实际螺纹的作用中径不能超出最大实体牙型的中径，而实际螺纹上任一部位的中径，不能超出最小实体牙型的单一中径，即

对于外螺纹

$$d_{2作用} \leqslant d_{2\max}$$

$$d_{2单-} \geqslant d_{2\min}$$

对于内螺纹

$$D_{2\text{作用}} \geqslant D_{2\min}$$
$$D_{2\text{单一}} \leqslant D_{2\max}$$

7.2.6 螺纹检测

根据使用要求,螺纹检测分为综合检验和单项测量两类。

1. 综合检验

尺寸不大的螺纹,一般用量规进行检验。检验时所用的量规包括顶径检验量规和中径检验量规。顶径检验量规和第 6 章所述的光滑极限量规相同。而中径量规是综合量规,它也有通规和止规,即通端螺纹量规和止端螺纹量规。图 7-12 和图 7-13 分别表示用螺纹量规检验外螺纹和内螺纹的示意图。

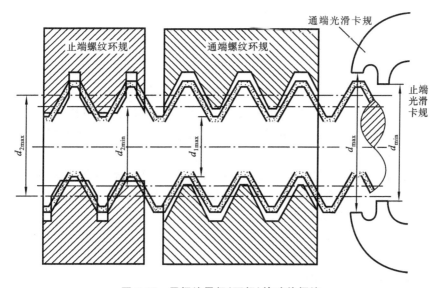

图 7-12 用螺纹量规(环规)检验外螺纹

图 7-12 中的通端光滑卡规和止端光滑卡规,用于检验外螺纹的顶径(大径);图 7-13 中的通端光滑塞规和止端光滑塞规用于检验内螺纹的顶径(小径)。

图 7-13 中的通端螺纹环规是用于检验除顶径外的被检外螺纹的所有轮廓,即被检外螺纹轮廓上的各点均不应超过该外螺纹的最大实体牙型。当然,它也限制了作用中径,即限制了实际中径与牙型半角误差的中径当量和螺距误差的中径当量之和。因此,该量规应采用完整牙型。由于该量规要限制螺距累计误差,所以通端螺纹环规的轴向长度应与被检螺纹的旋合长度相同。

图 7-12 中的止端螺纹环规主要用于检验外螺纹的实际中径,为了防止牙型半角误差和螺距误差对检验结果的影响,止端螺纹环规应采用截短牙型,且螺纹圈数也应减少。

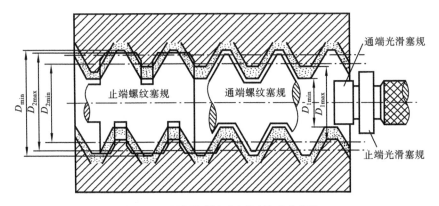

图 7-13 用螺纹量规(塞规)检验内螺纹

图 7-13 中的通端螺纹塞规是用于检验除顶径外的被检内螺纹的所有轮廓,即被检内螺纹轮廓上的各点均不应超过该螺纹的最大实体牙型。很明显,它也限制了作用中径,即限制了实际中径与牙型半角误差的中径当量和螺距误差的中径当量之和的差值。因此,该量规也应采用完整牙型。同样,由于该量规要限制螺距累计误差,所以通端螺纹塞规的轴向长度也应与被检螺纹旋合长度相等。

图 7-13 中的止端螺纹塞规,也主要用于检验内螺纹的实际中径,为了防止牙型半角误差和螺纹累计误差对检验结果的影响,止端螺纹塞规也应采用截短牙型,且螺纹圈数也应减少。

由上述可知,用螺纹量规检验被检螺纹时,通端螺纹量规(环规或塞规)能顺利与被检螺纹旋合,而止端螺纹量规(环规或塞规)不能与被检螺纹旋合或不完全旋合,则被检螺纹合格;反之,则为不合格。

2. 单项测量

单项测量就是分别测量螺纹的每个参数,主要是中径、螺距和牙型半角,其次是顶径和底径,有时还需要测量牙底的形状。

单项测量螺纹参数的方法很多,应用最广泛的是三针法和影像法。

1) 三针法

三针法主要用于测量精密外螺纹(如螺纹塞规、丝杠螺纹等)的单一中径。测量时,先将三根直径相同的精密量针分别放在被测螺纹的牙槽中,接着用精密量仪(如光学计、测长仪等)测出针距 M 值,如图 7-14 所示,然后根据公式计算出被测单一中径值 d_2。

被测螺纹中径为

$$d_2 = M\left(1 + \frac{1}{\sin\frac{\gamma}{2}}\right)d_0 + \frac{P}{2\tan\frac{\beta}{2}} \tag{7-11}$$

对于低精度外螺纹中径,还常用螺纹千分尺测量。

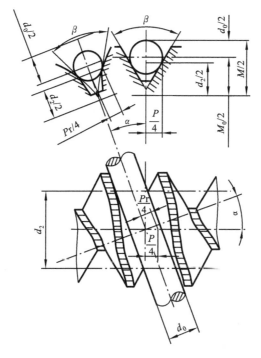

图 7-14 用三针法测量外螺纹的单一中径

2)影像法

用影像法测量螺纹时,用工具显微镜将被测螺纹的牙型轮廓放大成像,按被测螺纹的影像测量其螺距、牙型半角和中径。各种精密螺纹,如螺纹量规、丝杠等,均可在工具显微镜上测量。

7.3 圆锥结合的公差与配合

圆锥结合在机械制造中占有重要的地位和作用,它与圆柱结合相比(见图7-15),具有如下特点。

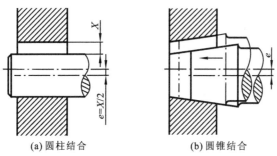

(a) 圆柱结合   (b) 圆锥结合

图 7-15 圆柱结合与圆锥结合

(1) 内、外配合圆锥的轴线易于对中,能保证有较高的同轴度精度,且经多次装拆仍能保持其同轴度。

(2) 配合性质可以调整,即间隙或过盈量可通过内、外圆锥的轴向相对移动来调整,以满足不同的工作要求,且能补偿磨损,延长使用寿命。

(3) 配合紧密,具有良好的密封性,并且拆装方便。

(4) 具有自锁性,能以较小的过盈量传递较大的扭矩。

但与圆柱配合相比,圆锥结合的结构较为复杂,加工和检测也较为困难,故不如圆柱配合应用广泛。为了提高产品质量,保证零、部件的互换性要求,我国制定的圆锥国家标准有《产品几何量技术规范(GPS)圆锥的锥度与锥角系列》(GB/T 157—2001)、《产品几何量技术规范(GPS)圆锥公差》(GB/T 11334—2005)、《圆锥量规公差与技术条件》(GB/T 11852—2003)、《产品几何量技术规范(GPS)圆锥配合》(GB/T 12360—2005)等。

7.3.1 圆锥结合的基本参数

1. 圆锥角

圆锥角是指在通过圆锥轴线的截面内两条素线间的夹角,用符号 α 表示。

圆锥角之半($\alpha/2$)称为斜角。

2. 圆锥直径

圆锥直径是指与圆锥轴线垂直的截面内的直径。内、外圆锥的最大直径分别用 D_i、D_e 表示,内、外圆锥的最小直径分别用 d_i、d_e 表示。任意给定截面(距锥面有一定距离)圆锥直径用 d_x 表示。设计时,一般选用内圆锥的最大直径或外圆锥的最小直径作为基本直径。

3. 圆锥长度

圆锥长度是指最大圆锥直径截面与最小圆锥直径截面之间的轴向距离。内、外圆锥长度分别用 L_i、L_e 来表示。

4. 圆锥配合长度

圆锥配合长度是指内、外圆锥配合面的轴向距离,用符号 H 表示。

5. 锥度

锥度是指两个垂直圆锥轴线截面的圆锥直径差与该两截面间的轴向距离之比,用符号 C 表示。若最大圆锥直径为 D,最小圆锥直径为 d,圆锥长度为 L,则锥度 C 为

$$C = \frac{D-d}{L} = 2\tan\frac{\alpha}{2} = 1 : \cot\frac{\alpha}{2} \tag{7-12}$$

锥度常用比例或分数表示,例如 $C=1:20$ 或 $C=1/20$ 等。

6. 基面距

基面距是指相互结合的内、外圆锥的基准面间的距离。在圆锥配合中,基面距用

来确定内、外圆锥之间的轴向相对位置,用 E_a 符号表示,如图 7-16 所示。

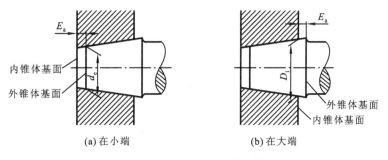

图 7-16 圆锥基面距的位置

基面距的位置取决于所选的圆锥结合的基本直径,即内圆锥的大端直径 D_i 或外圆锥的小端直径 d_e。若以 D_i 为基本直径,基面距的位置在圆锥的大端,若以 d_e 为基本直径,则基面距的位置在圆锥的小端。

7.3.2 锥度与锥角

锥度与锥角系列分为一般用途和特殊用途两种。

为了减少加工圆锥体零件所用的定值刀具、量具的品种和规格,国家标准《产品几何量技术规范(GPS)圆锥的锥度与锥角系列》(GB/T 157—2001)规定了一般用途的锥度和锥角系列共 21 种。锥度 C 的范围从 1∶500 到 1∶0.288 675 1,锥角的范围从 $6'52.529\ 5''$ 到 $120°$。它适用于一般机械零件中的光滑圆锥表面,但不适用于棱锥、锥螺纹和锥齿轮等零件。设计时优先选用第一系列,当不满足要求时,才选用第二系列。

特殊用途圆锥的锥度与锥角系列,详见 GB/T 157—2001。

7.3.3 圆锥几何参数误差对圆锥配合的影响

1. 圆锥直径误差对基面距的影响

设以内圆锥最大直径为基本直径,基面距位置在大端。若内、外圆锥角和形状均不存在误差,只有内、外圆锥直径误差 ΔD_i,ΔD_e,如图 7-17 所示。此时,基面距误差为

$$\Delta a = -(\Delta D_i - \Delta D_e)/2\tan(\alpha/2) = -(\Delta D_i - \Delta D_e)/C \qquad (7-13)$$

由式(7-13)可知,当 $\Delta D_i > \Delta D_e$ 时,$(\Delta D_i - \Delta D_e)$ 的差值为正,Δa 为负值,基面距 a 减小;当 $\Delta D_i < \Delta D_e$ 时,$(\Delta D_i - \Delta D_e)$ 的差值为负,Δa 为正值,基面距 a 增大。

2. 圆锥角误差对基面距的影响

设以内圆锥最大直径为基本直径,基面距位置在大端,无直径无误差,有圆锥角误差 $(-\Delta\alpha_i - \Delta\alpha_e)$,且 $\Delta\alpha_i \neq \Delta\alpha_e$,如图 7-18 所示。

有两种可能情况。

若内圆锥的锥角 α_i 小于外圆锥角 α_e,即 $\alpha_i < \alpha_e$,此时内圆锥最小圆锥直径增大,

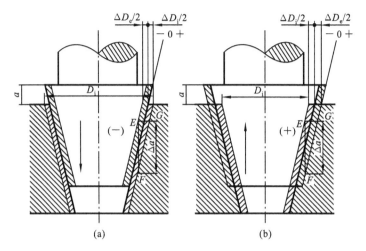

图 7-17 直径误差对基面距的影响

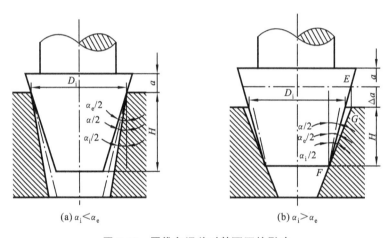

图 7-18 圆锥角误差对基面距的影响

外圆锥的最小直径减小,如图 7-18(a)所示。此时,内、外圆锥在大端接触,由此引起的基面距变化小,可以忽略不计。

若内圆锥的锥角 α_i 大于外圆锥角的锥角 α_e,即 $\alpha_i > \alpha_e$,如图 7-18(b)所示,圆锥与外圆将在小端接触,若锥角误差引起的基面距增大量为 Δa,则

$$\Delta a \approx \frac{1}{C} 0.000\,6 H \left(\frac{\alpha_i}{2} - \frac{\alpha_e}{2} \right) \tag{7-14}$$

式中:Δa 和 H 单位为 mm;α_i 和 α_e 的单位为 $(')$。

实际上直径误差和锥角误差同时存在,它们对基面距的综合影响如下。

当 $\alpha_i < \alpha_e$ 时,圆锥角误差对基面距的影响很小,可以忽略,只计算误差的影响;当 $\alpha_i > \alpha_e$ 时,直径误差和圆锥角误差对基面距的影响同时存在,其最大可能变动量为

$$\Delta a = \frac{1}{C} \left[(\Delta D_e - \Delta D_i) + 0.000\,6 H \left(\frac{\alpha_i}{2} - \frac{\alpha_e}{2} \right) \right] \tag{7-15}$$

所以可以根据基面距允许变动量的要求,在确定圆锥角度和圆锥直径时,按工艺条件选定一个参数的公差,再按式(7-15)计算另一个参数的公差。

3. 圆锥形状误差对配合的影响

圆锥形状误差是指在任一轴向截面内圆锥素线的直线度误差和任一横向截面内的圆度误差,它们主要影响其配合表面的接触精度。

为了满足圆锥连接功能和使用要求,圆锥公差国家标准(GB/T 11334—2005)规定了下述四项公差。

1) 圆锥直径公差

圆锥直径公差(T_D)是指圆锥直径的允许变动量,如图 7-19 所示。在圆锥轴向截面内两个极限圆锥所限定的区域就是圆锥直径的公差带。圆锥直径公差带值 T_D,以公称圆锥直径(一般取最大圆锥直径 D)为公称尺寸,按极限与配合国家标准(GB/T 1800.1—2009)规定的标准公差选取,公差等级一般选 IT5~IT8,适用于圆锥的全长 L。

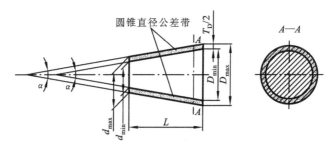

图 7-19 圆锥直径公差带

对于有配合要求的圆锥,其内、外圆锥直径公差区位置按国家标准(GB/T 12360—2005)中有关规定选取。

对于无配合要求的圆锥,建议选用基本偏差 JS 和 js 确定内、外圆锥的公差区位置。

2) 圆锥角公差

圆锥角公差(AT)是指圆锥角允许的变动量,如图 7-20 所示。在圆锥轴向截面

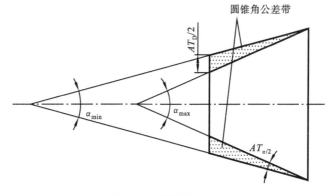

图 7-20 圆锥角公差带

内,由最大和最小极限圆锥角所限定的区域称为圆锥角公差带。国家标准规定,圆锥角公差 AT 共分 12 个公差等级,用符号 $AT1, AT2, \cdots, AT12$ 表示,其中 AT1 级精度最高,AT12 级精度最低。圆锥角公差数值如表 7-13 所示,表中数值用于棱体的角度时,以该角短边长度作为 L 选取公差值。

对同一加工方法,基本圆锥长度 L 越大,角度误差就越小,故同一公差等级中,L 越大,角度公差值越小。

表 7-13　圆锥角公差(摘自 GB/T 11334—2005)

公称圆锥长度 L/mm	AT5			AT6		
	AT_α		AT_D	AT_α		AT_D
	μrad	(')('')	μm	μrad	(')('')	μm
>25～40	160	33''	>4.0～6.3	250	52''	>6.3～10.0
>40～63	125	26''	>5.0～8.0	200	41''	>8.0～12.5
>63～100	100	21''	>6.3～10.0	160	33''	>10.0～16.0

公称圆锥长度 L/mm	AT7			AT8		
	AT_α		AT_D	AT_α		AT_D
	μrad	(')('')	μm	μrad	(')('')	μm
>25～40	400	1'22''	>10.0～16.0	630	2'10''	>16.0～20.5
>40～63	315	1'05''	>12.5～20.0	500	1'43''	>20.0～32.0
>63～100	250	52''	>16.0～25.0	400	1'22''	>25.0～40.0

公称圆锥长度 L/mm	AT9			AT10		
	AT_α		AT_D	AT_α		AT_D
	μrad	(')('')	μm	μrad	(')('')	μm
>25～40	1 000	3'26''	>25～40	1 600	5'30''	>40～63
>40～63	800	2'45''	>32～50	1 250	4'18''	>50～80
>63～100	630	2'10''	>40～63	1 000	3'26''	>63～100

注：① 1 μrad 等于半径为 1 m、弧长为 1 μm 的圆弧所对应的圆心角,5 μrad≈1'',300 μrad≈1';

② 查表示例　示例 1,L 为 63 mm,选用 AT7,查表得 AT_α 为 315 μrad 或 1'05'',则 AT_D 为 20 μm;
示例 2,L 为 50 mm,选用 AT7,查表得 AT_α 为 315 μrad 或 1'05'',则 $AT_D = AT_\alpha \times L \times 10^{-3} = 315 \times 50 \times 10^{-3}$ μm = 15.75 μm,取 AT_D 为 15.8 μm。

3) 圆锥的形状公差(T_F)

圆锥的形状公差包括圆锥素线直线度公差和截面圆度公差。在一般情况下,不单独给出,而是由相应的两极限圆锥公差区限制。

圆锥素线直线度公差是指在圆锥轴向截面内,允许实际素线形状的最大变动量,圆锥素线直线度公差带是在给定截面上,距离为公差值 T_F 的两条平行直线间的区域。

圆锥截面圆度公差是指在圆锥轴线法向截面上，允许截面形状的最大变动量。截面圆度公差带是半径差为公差值 T_F 的两同心圆间的区域。

当圆锥的形状误差需要加以特别控制时，应规定圆锥素线直线度公差和横截面的圆度公差，其值可在 GB/T 1184—1996《形状和位置公差　未注公差值》中选取。

4) 给定截面圆锥直径公差（T_{DS}）

给定截面圆锥直径公差 T_{DS} 是指在垂直圆锥轴线的给定截面内，圆锥直径的允许变动量。它是以给定截面内直径为公称尺寸，按极限与配合国家标准（GB/T 1800.1—2009）规定的标准公差选取，选取的公差值仅适用于该给定截面，其公差位置按功能要求确定。其公差带如图 7-21 所示。

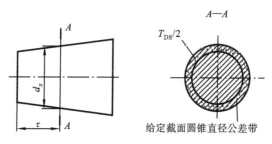

图 7-21　给定截面圆锥直径公差带

一般情况不规定给定截面圆锥直径公差，只有对圆锥工件有特殊需求（如阀类零件中，在配合的圆锥给定截面上要求接触良好，以保证密封性）时，才规定此项公差，但必须同时规定圆锥角公差 AT，它们之间的关系如图 7-22 所示。

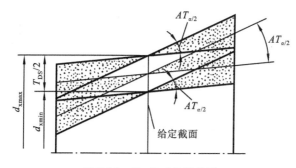

图 7-22　T_{DS} 与 AT 的关系

4. 公差给定方法

对一个具体的圆锥零件来说，并不都需要给定上述四项公差，而是按圆锥零件的功能要求和工艺特点选取公差项目。国家标准（GB/T 11334—2005）规定圆锥公差的给定方法有两种。

第一种方法是给出圆锥的公称圆锥角 α（或锥度 C）和圆锥直径公差 T_D。此时，圆锥角误差和圆锥形状误差均应在极限圆锥所限定的区域内。当圆锥角公差和圆锥形状公差有更高要求时,可再给出圆锥角公差 AT 和圆锥形状公差 T_F。此时 AT 和 T_F 仅占 T_D 的一部分。按这种方法给定圆锥公差时,在圆锥直径公差后边加注符号①。

第二种方法是给出给定截面圆锥直径公差 T_{DS} 和圆锥角公差 AT。此时,给定截面圆锥直径和圆锥角应分别满足这两项公差的要求。当对圆锥形状公差有更高要求时,可再给出圆锥形状公差 T_F。

7.3.4 圆锥配合类型

根据圆锥配合形成的方式,将其分为两类:结构型圆锥配合和位移型圆锥配合。

1. 结构型圆锥配合

结构型圆锥配合方式有两种。

一种是由内、外圆锥的结构确定装配的最终位置而形成配合。按这种方式可以得到间隙配合、过渡配合。图 7-23 所示为由轴肩接触得到间隙配合的示例。

第二种是由内、外圆锥基准平面之间的尺寸确定装配的最终位置而形成配合。按这种方式可以得到间隙配合、过渡配合和过盈配合。图 7-24 所示为由结构尺寸 a 得到过盈配合的示例。

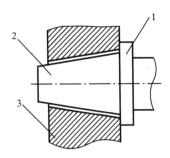

图 7-23 由轴肩接触得到间隙配合
1—轴肩;2—外圆锥;3—内圆锥

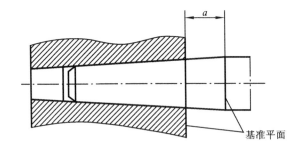

图 7-24 由结构尺寸 a 得到过盈配合

2. 位移型圆锥配合

位移型圆锥配合方式也有两种。

一种是由内、外圆锥实际初始位置 P_a 开始,作一定的相对轴向移动而形成配合。按这种方式可以得到间隙配合和过盈配合。

另一种是由内、外圆锥实际初始位置 P_a 开始,施加一定的装配力产生轴向位移而形成配合。按这种方式只能得到过盈配合。

3. 配合要求

(1) 圆锥配合应根据使用要求有适当的间隙或过盈。间隙或过盈是在垂直于圆锥表面的方向上起作用,但按垂直于圆锥轴线方向给定并测量,对于锥度小于或等于 1∶3 的圆锥,两个方向的数值差异很小,可忽略不计。

(2) 间隙或过盈应均匀,即保证接触均匀性。为此应控制内、外锥角偏差和形状误差。

(3) 有些圆锥配合要求将实际基面距控制在一定范围内。

7.3.5 圆锥配合的精度设计

无论结构型圆锥配合或位移型圆锥配合,内、外圆锥通常都按给出理论正确的圆锥角和圆锥直径公差带的方法给定公差。

结构型圆锥配合的精度设计方法与光滑圆柱的轴、孔配合类同。按 GB/T 1800.1—2009 选取公差等级。内、外圆锥直径的公差带一般应不低于 9 级。标准推荐优先采用基孔制,即内圆锥直径的基本偏差取 H。当采用基孔制时,根据允许极限间隙或过盈的大小,确定外圆锥直径的基本偏差,从而确定其配合。圆锥直径的配合也可从 GB/T 1801—2009 中规定的优先和常用配合中选取。当圆锥配合的接触精度要求较高时,可给出圆锥角公差和圆锥形状公差。其数值可从表 7-13 及 GB/T 13319—2003 的相应表格中选取,但其数值应小于圆锥直径公差。

对位移型圆锥配合,其配合性质取决于内、外圆锥的相对轴向位移 E_a。轴向位移 E_a 的极限值(E_{amax}、E_{amin})和轴向位移公差 T_E 可按以下公式计算。

(1) 对于间隙配合

$$E_{amax} = \frac{1}{C} \times S_{max} \tag{7-16}$$

$$E_{amin} = \frac{1}{C} \times S_{min} \tag{7-17}$$

$$T_E = E_{amax} - E_{amin} = \frac{1}{C}(S_{max} - S_{min}) \tag{7-18}$$

(2) 对于过盈配合

$$E_{amax} = \frac{1}{C} \times \delta_{max} \tag{7-19}$$

$$E_{amin} = \frac{1}{C} \times \delta_{min} \tag{7-20}$$

$$T_E = E_{amax} - E_{amin} = \frac{1}{C}(\delta_{max} - \delta_{min}) \tag{7-21}$$

式中:S_{max}、S_{min} 为配合的最大、最小间隙量;δ_{max}、δ_{min} 为配合的最大、最小过盈量;C 为锥度值。

对位移型圆锥配合,内、外圆锥直径的极限偏差推荐采用单向分布或双向对称分布,即内圆锥基本偏差采用 H 或 JS,外圆锥基本偏差采用 h 或 js。

例 7-2 圆锥配合的精度设计举例。

某铣床主轴轴端与齿轮孔连接,采用圆锥加平键的连接方式,其基本圆锥直径为大端直径 $D=\phi 90$ mm,锥度 $C=1:15$。试确定此圆锥的配合及内、外圆锥体的公差。

解 由于此圆锥配合采用圆锥加平键的连接方式,即主要靠平键传递转矩,因而圆锥面主要起定位作用。所以圆锥公差可按标准规定的第一种方法给定,即只需给出圆锥的理论正确圆锥角 α(或锥度 C)和圆锥直径公差 T_D。此时,锥角误差和圆锥形状误差都由圆锥直径公差 T_D 来控制。

(1) 确定公差等级 圆锥直径的标准公差一般为IT5~IT8。从满足使用要求和加工的经济性出发,外圆锥直径标准公差选IT7,内圆锥直径标准公差则选IT8。

(2) 确定基准制 对于结构型圆锥配合,标准推荐优先采用基孔制,则内圆锥直径的基本偏差取 H,其公差带代号为 H8,即 $\phi 90H8(^{+0.054}_{0})$。

(3) 确定圆锥配合 由圆锥直径误差的影响分析可知,为使内、外锥体配合时轴向位移量变化最小,则圆锥的直径的基本偏差选 k 即可满足要求。此时,外圆锥直径公差带代号为 k7,即 $\phi 90k7(^{+0.038}_{+0.003})$。如图 7-25 所示。

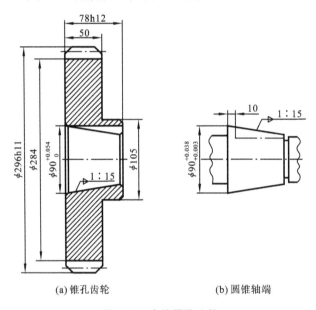

(a) 锥孔齿轮   (b) 圆锥轴端

图 7-25 内外圆锥连接

7.3.6 角度和锥度的测量

1. 比较测量法

比较测量法是将组成一定角度的刚性量与被测角度比较,用光隙法或涂色法估计被测角度的误差。锥度量规如图 7-26 所示,检验内锥体用塞规、检验外锥体用环规。在量规的基面端(大端或小端)处刻有相距为 m 的两条刻线(或小台阶),而 m 相当于工件锥体基面距的公差。检验时,若工件锥体端面介于量规的两条刻线之间,则为合格。锥度量规也可采用涂色法检验锥角误差,要求在锥体的大端接触,接触线长度对于高精度工件不低于85%,精密工件不低于80%,普通工件不低于75%。

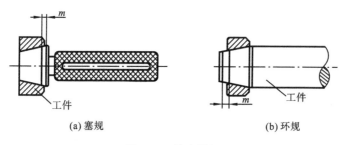

(a) 塞规 (b) 环规

图 7-26 锥度量规

角度量块是角度测量中的基准量具，用来检定或校准角度的工具、仪器，也用来直接检验工件的角度。角度量块成套的有 19 块、36 块和 94 块三种，每套都有三角形和四角形（见图 7-27），三角形量块有一个工作角（α），四角形量块有四个工作角（α、β、γ、δ）。角度量块可单独使用，也可按被测角度的大小组合利用。

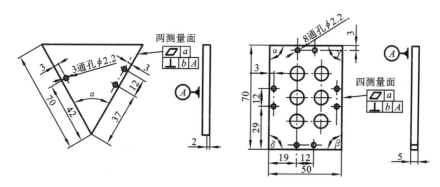

图 7-27 角度量块

2. 间接测量法

间接测量法通过测量与锥度、角度有关的尺寸，按几何关系计算出被测角度的大小。常用器具有平板、钢球、量块、正弦规及通用量具等，也可在坐标测量机上进行测量。

图 7-28 所示为用正弦规测量外锥体锥角的示意图。测量前，先按下式计算量块组的高度

$$h = L\sin\alpha \tag{7-22}$$

若指示器在 a、b 两点的读数差为 ΔF，则锥度偏差 ΔC 为

$$\Delta C = \frac{\Delta F}{l}(\text{rad}) = \frac{\Delta F}{l} \times 10^6 (\mu\text{rad}) \tag{7-23}$$

换算成锥角偏差，则可近似为

$$\Delta\alpha = \frac{\Delta F}{l} \times 2 \times 10^5 (″) \tag{7-24}$$

3. 绝对测量法

对于要求不高的角度工件，万能角度尺是测量角度的常用量具，在机械制造中广

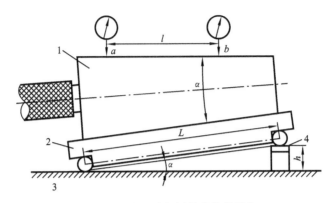

图 7-28 用正弦规测量外锥体锥角
1—外锥体；2—正弦规；3—工作台；4—量块

泛使用的是 $5'$ 和 $2'$ 的万能角度尺。

对于精度要求较高的角度零件，常用光学分度头或测角仪进行测量。光学分度头常用于测量中心角或精密分度等。光学分度头的分度值有 $1'$，$10''$，$5''$，$2''$ 和 $1''$ 等。测角仪的测量精度更高，分度值可达 $0.1''$，它主要用于检定角度基准，如多面棱体、角度量块或光学棱镜的角度等。

7.4　键与花键结合的公差与配合

在机械结构中，键和花键主要用来连接轴和轴上的齿轮、皮带轮等零件，用以传递扭矩和运动。当轴与传动件之间有轴向相对运动要求时，键还能起导向作用。例如，变速箱中的齿轮可以沿花键轴移动以达到变换速度的目的。

为了提高产品质量，保证零、部件的互换性要求，我国制定有《普通型　平键》(GB/T 1096—2003)、《导向型　平键》(GB/T 1097—2003)、《普通型　半圆键》(GB/T 1099.1—2003)、《键　技术条件》(GB/T 1568—2008)、《矩形花键尺寸、公差和检验》(GB/T 1144—2001)、《矩形花键量规》(GB/T 10919—2006)等多项国家标准。

根据键连接的功能，其使用要求如下：

（1）键和键槽侧面应有足够的接触面积，以承受负荷，保证键连接的可靠性和寿命；

（2）键嵌入轴槽要牢固可靠，以防止松动脱落，但同时又要便于拆卸；

（3）对导向键，键与键槽间应有一定的间隙，以保证相对运动和导向精度要求。

键连接的尺寸系列及其选择、强度验算，可参考有关设计手册。

键连接可分为单键连接和花键连接两大类。

7.4.1　单键连接

单键是普遍应用的一种标准件。单键连接是一种可拆连接，常用于轴和齿轮、皮带轮等的连接。在两连接件中,通过键传递扭矩和运动,或以键作为导向件。

单键分平键、半圆键和楔键三大类型,其中平键包括普通平键、导向平键和薄型平键;楔键包括普通楔键、钩头楔键和切向键,如表 7-14。

表 7-14 单键的种类

类型	图形	类型	图形
平键 — 普通平键	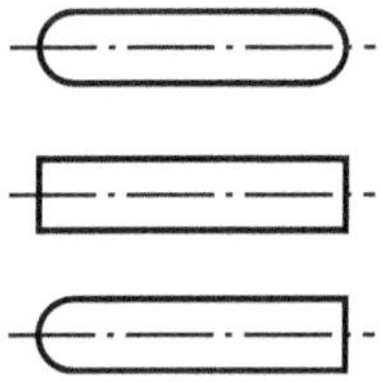 A型、B型、C型	半圆键	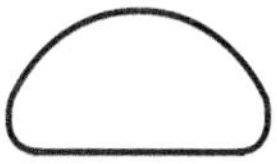
平键 — 导向平键	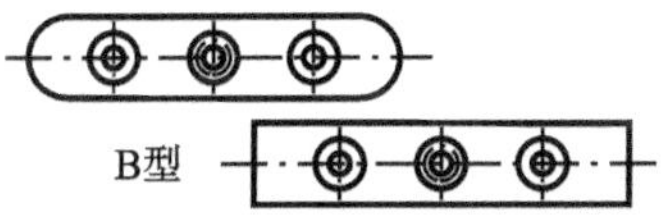 A型、B型	楔键 — 普通楔键	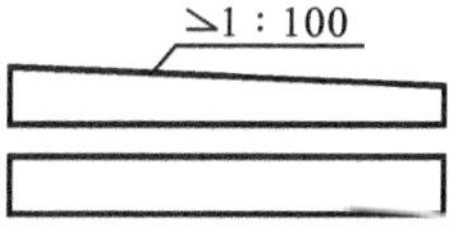 ≥1:100
		楔键 — 钩头楔键	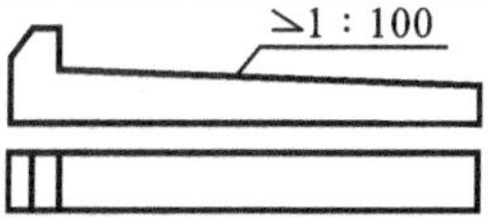 ≥1:100
平键 — 薄型平键	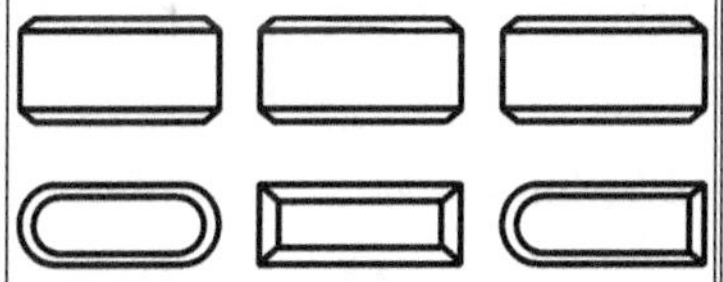 A型、B型、C型	楔键 — 切向键	 ≥1:100

平键靠键侧传递扭矩,其对中良好、装拆方便。普通平键在各种机器上应用最广泛。

半圆键靠侧面传递扭矩,装配方便,适用于轻载和锥形轴端。

楔键以其上、下两面作为工作面,装配时打入轮毂,靠楔紧作用传递扭矩,适用于低速重载、低精度场合。

1. 平键连接的特点及结构参数

平键连接是通过键和键槽侧面的相互接触传递转矩的,键的上表面和轮毂槽底面间留有一定的间隙。因此,键和轴槽的侧面应有充分大的实际有效面积来承受负荷,并且键嵌入轴槽要牢固可靠,以防止松动脱落。所以,键宽与键槽宽 b 是决定配合性质和配合精度的主要参数,为主要配合尺寸,应规定较严的公差,而键长 L、键高 h、轴槽深 t 和轮毂槽深 t_1 为非配合尺寸,其配合精度要求较低。平键连接方式及主要结构参数如图 7-29 所示。键宽与键槽宽 b 的公差带如图 7-30 所示。

2. 键连接的公差与配合

由于键为标准件,考虑到工艺上的特点,为使不同配合所用键的规格统一,以利

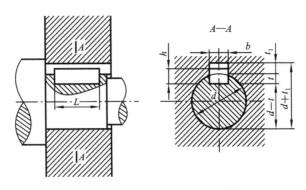

图 7-29 平键连接方式及主要结构参数

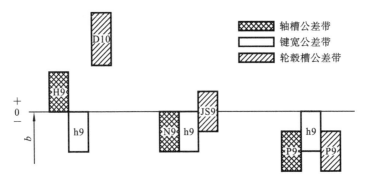

图 7-30 键宽与键槽宽 b 的公差带

采用精拔型钢来制作,国家标准规定键连接为基轴制配合。为保证键在轴槽上的固紧,同时又便于拆装,轴槽和轮毂槽可以采用不同的公差带,使其配合松紧不同。

国家标准(GB/T 1095—2003 及 GB/T 1098—2003)对轴槽和轮毂键槽各规定了三组公差带,构成三组配合,即一般键连接、较松键连接和较紧连接。三种配合的配合性质及应用如表 7-15 所示。

表 7-15 各种配合性质及应用

配合种类	尺寸 b 的公差			配合性质及应用
	键	轴槽	轮毂槽	
较松连接	h9	H9	D10	键在轴上及轮毂中均能滑动。主要用于导向平键,轮毂可在轴上作轴向移动
一般连接	h8	N9	JS9	键在轴上及轮毂中均固定。用于载荷不大的场合
较紧连接		P9	P9	键在轴上及轮毂中均固定,而比一般连接更紧。主要用于载荷较大,载荷具有冲击性,以及双向传递扭矩的场合

非配合尺寸公差规定如下:键高 h 的公差带为 h11,键长 L 的公差带为 h14,轴

槽长度 L 的公差带为 H14。轴槽深 t 与轮毂槽深 t_1 的极限偏差参见表 7-16 或表 7-17。各要素公差参见表 7-16 至表 7-17。

表 7-16　平键、键及键槽剖面尺寸及键槽公差（摘录）　　　　　单位：mm

键		键　槽									
公称直径 d 公称尺寸 b×h	公称尺寸 b	宽　度 b				深　度				半径 r	
		偏　差				轴 t		毂 t_1			
		较松键连接		一般键连接		较紧键连接					
		轴 H9	毂 D10	轴 N9	毂 JS9	轴和毂 P9					
						公称	偏差	公称	偏差	最小	最大
≥22~30　8×7	8	+0.036 0	+0.098 +0.040	0 −0.036	±0.018	−0.015 −0.051	4.0		3.3		0.16	0.25
>30~38　10×8	10						5.0		3.3			
>38~44　12×8	12						5.0		3.3			
>44~50　14×9	14	+0.043 0	+0.120 +0.050	0 −0.043	±0.0215	−0.018 −0.061	5.5	+0.2 0	3.8	+0.2 0	0.25	0.40
>50~58　16×10	16						6.0		4.3			
>58~65　18×11	18						7.0		4.4			
>65~75　20×12	20						7.5		4.9			
>75~85　22×14	22	+0.052 0	+0.149 +0.065	0 −0.052	±0.026	−0.022 −0.074	9.0		5.4		0.40	0.60
>85~95　25×14	25						9.0		5.4			
>95~110　28×16	28						10.0		6.4			

注：① $d-t$ 和 $d-t_1$ 两个组合尺寸的偏差按相应的 t 和 t_1 的偏差选取，但 $d-t$ 偏差值应取负号（−）；
② 导向平键的轴槽和轮毂槽用较松键连接的公差。

表 7-17　平键公差（摘录）　　　　　单位：mm

	公称尺寸	8	10	12	14	16	18	20	22	25	28
b	偏差 h8	0 −0.022			0 −0.027				0 −0.033		
	公称尺寸	7	8	8	9	10	11	12	14	16	
h	偏差 h11	0 −0.090						0 −0.110			

此外，为了保证键宽和键槽宽之间具有足够的接触面积和避免装配困难，国家标准还规定了键槽（轴槽和毂槽）对轴及轮毂轴线的对称度公差和键的两个配合侧面的平行度公差。轴槽和轮毂槽的对称度公差按《形状和位置公差　未注公差值》（GB/T 1184—1996）对称度公差 7~9 级选取。当键长 L 与键宽 b 之比大于或等于 8 时，键的两侧面在长度方向上的平行度应符合《形状和位置公差　未注公差值》（GB/T 1184—1996）的规定，当 b≤6 mm 时取 7 级；b≥8~36 mm 时取 6 级；b≥40 mm

取 5 级。

同时还规定轴槽、轮毂槽宽的两侧面的表面粗糙度参数 Ra 的最大值为 1.6～3.2 μm，轴槽底面、轮毂槽底面的表面粗糙度参数 Ra 的最大值为 6.3 μm。

3. 单键的检验

1) 键的检验

若无特殊要求，可用游标卡尺、千分尺等通用量具测量，也可用量规（卡规）检验它的各部分尺寸。

2) 键槽的检验

在单件或小批生产中，一般用通用量具（如游标卡尺，外径、内径和深度千分尺等）测量轴槽、轮毂槽的深度与宽度，如可用图 7-31 所示的方法测量轴槽的对称度及倾斜度；在大批和大量生产中，则用专用量规进行检验，对于尺寸可用光滑极限量规检测，对于位置误差可用位置量规检测，如表 7-18 所示。

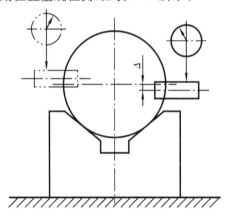

图 7-31　轴槽对称度及倾斜度的测量

表 7-18　键槽检测用量规

检测参数	量规名称及图形	说　明
槽宽 (b)	槽宽 b 用的板式塞规	—
轮毂槽深 ($d+t_2$)	轮毂槽深量规	—

续表

检测参数	量规名称及图形	说明
轴槽深度 $(d-t_1)$	轴槽深度量规	圆环内径作为测量基准,上支杆相当于深度尺
轮毂槽的对称度误差	轮毂槽对称度量规	量规能塞入孔内即为合格
轴槽的对称度误差	轴槽对称度量规	带有中心柱的 V 形块,只有通端,量规能通过轴槽即为合格

7.4.2 花键连接

花键连接是多键结合。花键连接按键廓的形状不同分为矩形花键、渐开线花键和三角花键三种(见图 7-32)。目前用得最普遍的是矩形花键。使用时具有连接强度高、传递扭矩大、定心精度和滑动连接的导向精度高和移动灵活性,以及固定连接的可装配性等特点。

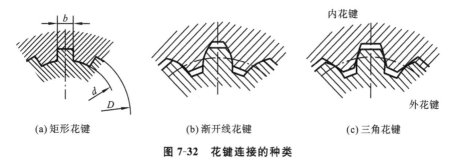

(a) 矩形花键 (b) 渐开线花键 (c) 三角花键

图 7-32 花键连接的种类

花键连接的优点:①键与轴或孔为一整体,连接强度高、负荷分布均匀、可传递较大扭矩;②连接可靠、导向精度高、定心性好、易达到较高的同轴度要求。

花键连接与单键连接相比,其定心精度高,导向性好,承载能力强,因而在机械生产中获得了广泛的应用。

花键连接键数通常为偶数,按传递扭矩的大小,可分为轻系列、中系列和重系列三种。

(1) 轻系列　键数最少,键齿高度最小,主要用于机床制造工业。

(2) 中系列　主要用于拖拉机、汽车工业。

(3) 重系列　键数最多,键齿高度最大,主要用于重型机械。

轻、中系列分 6、8、10 个键,两者的小径、键(槽)宽都相同,仅大径不同。

1. 矩形花键结合

为便于加工和测量,矩形花键的键数为偶数,有 6、8、10 三种。矩形花键如图 7-33 所示,其主要尺寸参数有小径 d、大径 D、键(槽)宽 B。

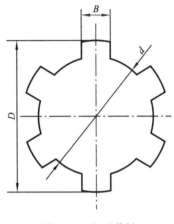

图 7-33　矩形花键

矩形花键连接的结合面有三个,即大径结合面、小径结合面和键侧结合面。要保证三个结合面同时达到高精度的配合是很困难的,也无此必要。使用中只要选择其中一个结合面作为主要配合面,对其尺寸规定较高的精度,作为主要配合尺寸即可。

以确定内、外花键的配合性质,并起定心作用的表面称为定心表面。

花键连接有三种定心方式:小径 d 定心、大径 D 定心和键(槽)宽 B 定心,国家标准(GB/T 1144—2001)规定矩形花键以小径结合面作为定心表面,即采用小径定心。定心直径 d 的公差等级较高,非定心直径 D 的公差等级较低。但键齿侧面是传递转矩及导向的主要表面,故键(槽)宽 B 应具有足够的精度,一般要求比非定心直径 D 要严格。

2. 矩形花键采用小径定心的优越性

(1) 以小径定心,其内、外花键的小径可以通过磨削达到所要求的尺寸和形状公差,可用高精度的小径作为加工和传动基准,从而使矩形花键的定心精度高,定心稳定性好,保证和提高传动精度,提高产品性能和质量。

(2) 有利于提高机器的使用寿命。因为大多数传动零件(如齿轮)都经过了渗碳、淬火以提高零件的硬度和强度,采用小径定心矩形花键,可用磨削方法消除热处理变形,从而提高机器的使用寿命。

(3) 有利于用齿轮精度标准的贯彻配套。

(4) 可减少刀、量具和工装规格,有利于集中生产和配套协作。

3. 矩形花键的公差与配合

矩形花键配合的精度,按其使用要求分为一般用和精密传动用两种。精密级用于机床变速箱,其定心精度要求高或传递扭矩较大;一般级适用于汽车、拖拉机的变速箱。GB/T 1144—2001规定的小径 d、大径 D 及键（槽）宽 B 的尺寸公差带如表7-19所示。

表 7-19 矩形内、外花键的尺寸公差带

内花键				外花键			装配类型
d	D	\multicolumn{2}{c	}{B}	d	D	B	
		拉削后不热处理	拉削后热处理				
\multicolumn{8}{c}{一 般 用}
H7	H10	H9	H11	f7	a11	d10	滑动
				g7		f9	紧滑动
				h7		h10	固定
\multicolumn{8}{c}{精 密 传 动 用}
H5	H10	H7、H9		f5	a11	d8	滑动
				g5		f7	紧滑动
				h5		h8	固定
H6				f6		d8	滑动
				g6		f7	紧滑动
				h6		h8	固定

矩形花键连接采用基孔制，可以减少加工和检验内花键拉刀和花键量规的规格数量，并规定了最松的滑动配合、略松的紧滑动配合和较紧的固定配合。此固定配合仍属于光滑圆柱体配合的间隙配合，但由于几何误差的影响，故配合变紧。对于内、外花键之间要求有相对移动，而且移动距离长、移动频率高的情况，应选用配合间隙较大的滑动连接，以保证运动的灵活性并使配合面间有足够的润滑层，如汽车、拖拉机等变速箱中的变速齿轮与轴的连接。对于内、外花键之间虽有相对滑动，但定心精度要求高，传递扭矩大或经常有反向转动的情况，则应选用配合间隙较小的紧滑动连接。对于内、外花键间无轴向移动，只用来传递扭矩的情况，则应选用固定配合。

4．矩形花键的几何公差

国家标准 GB/T 1144—2001 对矩形花键的几何公差作了规定。

（1）为了保证定心表面的配合性质，内、外花键小径（定心直径）的尺寸公差和几何公差的关系应采用包容要求。

（2）在大批量生产时，采用花键综合量规来检验矩形花键，因此对键宽需要遵守最大实体要求。对键和键槽只需要规定位置度公差，位置度公差如表 7-20 所示，图样标注如图 7-34 所示。

表 7-20　矩形花键位置度公差值　　　　　　　　　　　　　　　　单位：mm

键槽宽或键宽 B			3	3.5～6	7～10	12～18
t_1	键槽宽		0.010	0.015	0.020	0.025
	键宽	滑动、固定	0.010	0.015	0.020	0.025
		紧滑动	0.006	0.010	0.013	0.016

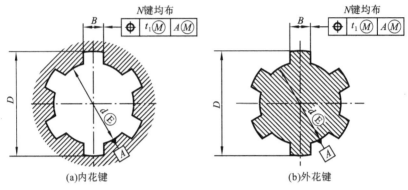

图 7-34　矩形花键位置度公差标注示例

(3) 在单件、小生产时，对键(键槽)宽需规定对称度公差和均匀分布要求，并遵守独立原则，两者同值。对称度公差值如表 7-21 所示，图样标注如图 7-35 所示。

表 7-21　矩形花键对称度公差值　　　　　　　　　　　　　　　　单位：mm

键槽宽或键宽 B		3	3.5～6	7～10	12～18
t_2	一般用	0.010	0.012	0.015	0.018
	精密传动用	0.006	0.008	0.009	0.011

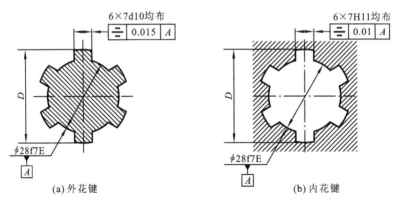

图 7-35　矩形花键对称度公差标注示例

(4) 对于较长的花键，国家标准未作规定，可根据产品性能自行规定键(键槽)侧对小径 d 轴线的平行度公差。

矩形花键各结合面的表面粗糙度要求如表 7-22 所示。

表 7-22　矩形花键表面粗糙度推荐值　　　　　　　　　　单位:μm

加工表面	内 花 键	外 花 键
	Ra 不大于	
大径	6.3	3.2
小径	1.6	0.8
键侧	6.3	1.6

5. 花键的标注方法

矩形花键的标记代号按顺序包括下列项目:键数 N、小径 d、大径 D、键宽 B、花键的公差代号。对 $N=6, d=23\dfrac{H7}{f7}, D=26\dfrac{H10}{a11}, B=\dfrac{H11}{d10}$ 的花键,可根据需要采取以下的标注形式。

花键规格:　　　　$N \times d \times D \times B$　$6 \times 23 \times 26 \times 6$

花键副:　$6 \times 23 \dfrac{H7}{f7} \times 26 \dfrac{H10}{a11} \times 6 \dfrac{H11}{d10}$　(GB/T 1144—2001)

内花键:　　$6 \times 23H7 \times 26H10 \times 6H11$　(GB/T 1144—2001)

外花键:　　$6 \times 23f7 \times 26a11 \times 6d10$　(GB/T 1144—2001)

6. 检测

矩形花键的检验方法有综合检验法和单项检验法。

1) 综合检验法

首先,用综合通规(对内花键为塞规,对外花键为环规,见图 7-36)来综合检验小径 d、大径 D 和键(键槽)宽 B 的作用尺寸,即包括上述位置度(或对称度)和同轴度等几何误差。然后,用单项止端量规(或其他量具)分别检验尺寸 d、D、T 和 B 的最小实际尺寸。合格的标志是综合通规能通过,而止规不能通过。矩形花键量规的尺寸和公差,可以查阅国家标准《矩形花键　尺寸、公差和检验》(GB/T 1144—2001)。

(a) 综合塞规　　　　　　　　　　(b) 综合环规

图 7-36　综合量规

2) 单项检验法

当没有综合量规或作工艺分析时,应对花键的下列尺寸和参数进行检测:

小径、大径、键槽宽(键宽)的极限尺寸;键槽宽(键宽)对轴线的对称度误差;各键槽(键)对轴线的均匀分布误差。

思考题及习题

7-1 有一个 0 级滚动轴承 210(外径为 $\phi 90_{-0.015}^{0}$ mm,内径为 $\phi 50_{-0.012}^{0}$ mm),它与内圈配合的轴用 k5、与外圈配合的孔用 J6,试画出它们的公差与配合示意图,并计算其极限间隙(或过盈)及平均间隙(或过盈)。

7-2 图 7-37 所示为某闭式传动的减速器的一部分装配图,它的传动轴上安装有 0 级 6209 深沟球轴承(外径为 $\phi 85$ mm,内径为 $\phi 45$ mm),它的额定动负荷为 19 700 N。工作情况为:外壳固定;传动轴旋转,转速为 980 r/min。承受的径向动负荷为 1 300 N。试确定:

(1) 轴颈和外壳孔的尺寸公差带代号和采用的公差原则;
(2) 轴颈和外壳孔的几何公差值和表面粗糙度轮廓幅度参数上限值;
(3) 将上述公差要求分别标注在装配图和零件图上。

7-3 试述圆锥角和锥度的定义。它们之间有什么关系?

7-4 某圆锥的锥度为 1∶10,最小圆锥直径为 90 mm,圆锥长度为 100 mm,试求其最大圆锥直径和圆锥角。

7-5 用正弦规测量锥度量规的锥角偏差。锥度量规的锥角公称值为 $2°52'31.4''$ ($2.875402°$),测量简图如图 7-38 所示。正弦规两圆柱中心距为 100 mm,两测点间的距离为 70 mm,两测点的读数差为 17.5 μm。试求量块组的计算高度及锥角偏差;若锥角极限偏差为 ± 315 μrad,此项偏差是否合格?

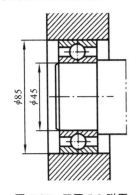

图 7-37 习题 7-2 附图

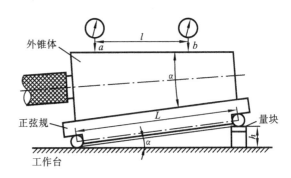

图 7-38 习题 7-5 附图

7-6 测得某螺栓 M16-6h($d_2 = 14.701$ mm,$T_{d2} = 0.16$ mm,$P = 2$ mm)的单一中径为 14.6 mm,$\Delta P_\Sigma = 35$ μm,$\Delta_{a1} = -50'$,$\Delta_{a2} = +40'$,试问:此螺栓中径是否合格?

7-7 有一 $\phi 40$H7/m6 的孔、轴配合,采用普通平键连接中的正常连接传递转矩。试确定:

(1) 孔和轴的极限偏差;
(2) 轮毂键槽和轴键槽宽度和深度的基本尺寸及极限偏差;
(3) 孔和轴的直径采用的公差原则;

(4) 轮毂键槽两侧面的中心平面相对于轮毂孔基准轴线的对称度公差值,该对称度公差采用独立原则;

(5) 轴键槽两侧面的中心平面相对于轴的基准轴线的对称度公差值,该对称度公差与键槽宽度尺寸公差的关系采用最大实体要求,而与直径轴尺寸公差的关系采用独立原则;

(6) 孔、轴和键槽的表面粗糙度轮廓幅度参数及其允许值。

将这些技术要求标注在图 7-39 上。

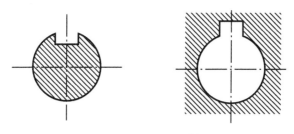

图 7-39　习题 7-9 附图

7-8　矩形花键连接标注为 $8\times46H7/f7\times50H10/a11\times9H11/d10$,试说明该标注中各项代号的含义。内、外矩形花键键槽和键的两侧面的中心平面对小径定心表面轴线的位置公差有哪两种选择? 试述它们的名称及相应采用的公差原则。

7-9　根据国家标准的规定,按小径定心的矩形花键副在装配图上的标注为 $6\times23H7/g7\times26H10/a11\times6H11/f9$。试确定:

(1) 内、外花键的小径、大径、键槽宽度、键宽度的极限偏差;

(2) 键槽和键的两侧面的中心平面对定心表面轴线的位置度公差值;

(3) 定心表面采用的公差原则;

(4) 位置度公差与键槽宽度(或键宽度)尺寸公差及定心表面尺寸公差的关系应采用的公差原则;

(5) 内、外花键的表面粗糙度轮廓幅度参数及其允许值。将这些技术要求标注在图 7-40 上。

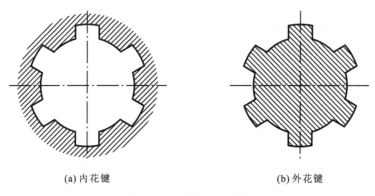

(a) 内花键　　　　　　　　　(b) 外花键

图 7-40　习题 7-11 附图

第8章 圆柱齿轮公差与检测

齿轮广泛应用于各种机电产品中,其制造经济性和工作性能、寿命与齿轮设计和制造精度有密切关系。

本章依据国家标准和指导性技术文件,介绍齿轮传动的使用要求、齿轮加工的主要工艺误差、齿轮精度和齿轮副侧隙评定指标,以及偏差(误差)检测、齿轮坯精度和齿轮箱体精度、齿轮精度设计等。

8.1 齿轮传动使用要求和齿轮加工工艺误差

1. 齿轮传动的使用要求

齿轮传动的使用要求可以归纳为以下四个方面。

1) 传递运动的准确性

要求齿轮在一转范围内,传动比的变化尽量小,以保证主、从动齿轮运动协调。

2) 传动的平稳性

要求齿轮在一个齿距角范围内,传动比的变化尽量小。因为这种小周期传动比的过大变化,会引起齿轮冲击,产生振动和噪声。

3) 载荷分布的均匀性

要求齿轮啮合时,齿轮齿面接触良好。若载荷集中于局部齿面,可能造成齿面非正常磨损或其他形式的损坏,甚至断齿。

4) 合适的传动侧隙

侧隙即齿侧间隙,是指一对啮合齿轮的工作齿面接触时,非工作齿面之间的间隙。侧隙是在齿轮副装配后形成的。侧隙用于储存润滑油、补偿制造和安装误差、补偿热变形和弹性变形。侧隙过小,在齿轮传动过程中可能发生齿面烧伤或卡死。

不同用途的齿轮传动,对前三项要求的程度会不同,包括各项要求之间的差异;对侧隙大小的要求也不同。例如,分度齿轮和读数齿轮,其模数小、转速低,主要要求是传递运动准确;高速动力齿轮如机床和汽车变速箱齿轮,其转速高、传递功率较大,主要要求是传动平稳、振动及噪声小,以及齿面接触均匀;低速重载齿轮如轧钢机、矿山机械、起重机械中的齿轮,其转速低、传递功率大,主要要求是齿面接触均匀;高速重载齿轮如蒸汽涡轮机和燃气涡轮机中的齿轮,其转速高、传递功率大,对传递运动准确性、传动平稳性、载荷分布均匀性的要求都较高。

各类齿轮传动都应有适当的侧隙。齿轮副所要求的侧隙的大小主要取决于工作条件。对重载、高速齿轮传动,力变形和热变形较大,侧隙应大些;对于需要正、反转的齿轮副,为了减小回程误差,侧隙应较小。

2. 影响齿轮使用要求的主要工艺误差

1) 影响齿轮传递运动准确性的主要工艺误差

影响齿轮传递运动准确性的主要工艺误差,就齿轮特征来说是齿轮轮齿分布不均匀。而影响齿轮轮齿分布的主要工艺误差是几何偏心和运动偏心。下面以滚齿为例来分析这两种工艺误差。

如图 8-1 所示,滚齿过程是滚刀 6 与齿坯 2 强制啮合的过程。滚刀的纵向剖切面形状为标准齿条,对单头滚刀,滚刀每转一转,该齿条移动一个齿距。齿坯安装在工作台 3 的心轴 1 上,通过分齿传动链使得滚刀转过一转时,工作台转过被切齿轮的一个齿距角。滚刀和工作台连续回转,切出所有轮齿的齿廓。滚刀架沿滚齿机刀架导轨移动,滚刀切出整个齿宽上的齿廓。滚刀相对工作台回转轴线的径向位置决定了齿轮齿厚的大小。

(1) 几何偏心 几何偏心是指齿坯在机床工作台心轴上的安装偏心。如图 8-1 所示,由于齿坯安装孔与心轴之间有间隙,使齿坯安装孔轴线 $O'O'$(齿轮工作时的回转轴线)与工作台回转轴线 OO 不重合,两者在度量面上的距离 e_1 就称为几何偏心。

如图 8-2 所示,在没有其他工艺误差的前提下,切削过程中,滚刀轴线 O_1O_1 的位置不变,工作台回转中心 O 至 O_1O_1 的距离 A 保持不变;齿坯安装孔中心 O' 绕工作台回转中心 O 转动,即齿坯转一转的过程中 O' 至 O_1O_1 的距离 A' 是变动的,其最大距离 A'_{max} 与最小距离 A'_{min} 之差为 $2e_1$。被切齿轮的形态则可概括为:在以工作台回转中心 O 为圆心的圆周上,轮齿是均匀分布的,任意两个相邻齿之间的齿距都相等,即 $p_{ti}=$

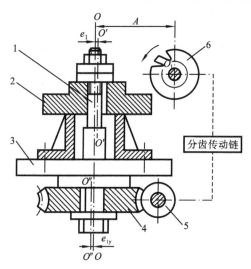

图 8-1 滚齿机切齿示意图

1—心轴;2—齿坯;3—工作台;
4—分度蜗轮;5—分度蜗杆;6—滚刀

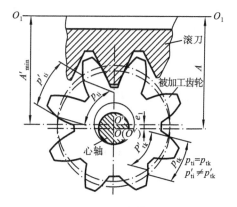

图 8-2 几何偏心

e_1—几何偏心;O—滚齿机工作台回转中心;
O'—齿轮坯基准孔中心

p_{tk};但在以齿坯安装孔中心 O' 为圆心的圆周上,轮齿分布是不均匀的,$p'_{ti} \neq p'_{tk}$。

存在以工作台回转中心 O 为圆心的基圆,相对该基圆,齿廓是理论渐开线;不存在以齿坯安装孔中心 O' 为圆心的基圆,相对 O',齿廓不是理论渐开线,存在齿廓偏差(齿廓倾斜偏差)。

各齿的齿高不都相等,最大齿高与最小齿高相差 $2e_1$。

齿根圆中心与工作台回转中心 O 同心,齿顶圆与齿根圆不是同心圆(假设无其他误差,齿顶圆圆心与齿坯安装孔中心 O' 同心)。

在以工作台回转中心 O 为圆心的圆周上,齿厚相等;在以齿坯安装孔中心 O' 为圆心的圆周上,齿厚不相等。

总之,以工作台回转中心 O 为基准来度量齿圈,除齿高不都相等(齿顶圆中心不与之同心)外,其他都是理想的;以齿坯安装孔中心 O' 为基准来度量齿圈,必然都存在误差(偏差)。

还需指出,几何偏心除影响传递运动的准确性外,对其他三方面的使用要求也有影响。

(2) 运动偏心　运动偏心是指机床分齿传动链传动误差。这种误差导致加工过程中机床工作台与滚刀之间的速比不能保持恒定。可以把分齿传动链各环节的误差等价到其中的一个环节上:分齿传动链中的分度蜗轮与工作台心轴之间存在安装偏心(见图 8-3),故将此种误差称为运动偏心。

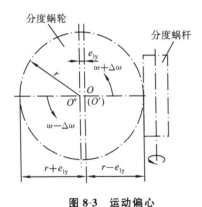

图 8-3　运动偏心
O'—分度蜗轮的分度圆中心;
O—滚齿机工作台回转中心

如图 8-3 所示,分度蜗轮的分度圆中心为 O',分度圆半径为 r;工作台回转中心为 O(即心轴轴线);两者之间的距离(即运动偏心)为 e_{1y}。设滚刀匀速回转,经过分齿传动链,分度蜗杆也匀速回转(其间误差都等价到运动偏心上了),带动分度蜗轮绕工作台回转中心 O 转动。分度蜗轮的节圆半径在最小值 $(r-e_{1y})$ 至最大值 $(r+e_{1y})$ 之间变化,分度蜗轮的角速度(也是齿坯的角速度)相应在最大值 $(\omega+\Delta\omega)$ 至最小值 $(\omega-\Delta\omega)$ 之间变化,ω 为分度蜗轮的正确角速度,即节圆半径为 r 时的角速度。在没有其他工艺误差的前提下,被切齿轮的形态可概括为:

① 在以齿坯安装孔中心 O'(也是工作台回转中心)为圆心的圆周上,轮齿分布不均匀,齿坯转速慢处齿距角小,实际上,在任何圆周上,轮齿分布都不均匀;

② 不存在理想基圆,齿廓非理想渐开线,因为加工中基圆半径是变化的;

③ 各齿的齿高相等,因为加工过程中齿坯安装孔中心 O' 至滚刀轴线 O_1O_1 的距离没有改变;

④ 齿顶圆、齿根圆和齿坯安装孔三者同心(假设齿坯无误差且齿高相等);

⑤ 在以齿坯安装孔中心 O'（也是工作台回转中心）为圆心的圆周上,齿厚不等,齿坯转速慢处齿厚较大,实际上,在任何圆周上,齿厚都不相等。

总之,当存在运动偏心时,齿轮齿圈除齿高外,都存在误差(偏差)。

还需指出,运动偏心除影响传递运动的准确性外,对其他三方面的使用要求也有影响。

2) 影响齿轮传动平稳性的主要工艺误差

影响齿轮传动平稳性的主要工艺误差,就齿轮特征来说,是齿轮齿距偏差(特别直接的是基圆齿距偏差)和齿廓偏差(包括齿廓渐开线形状偏差和渐开线压力角偏差)。造成这些误差(偏差)的原因比较复杂,其随切齿方法的不同有所不同。下面介绍一些滚齿中的主要工艺误差。

(1) 滚刀齿形角偏差的影响　滚刀齿形角是指能与滚刀正确啮合的假想齿条的齿形角。当滚刀齿形角偏差为负时(即滚刀齿形角做小),被切齿轮表现为齿顶部分变肥,齿根部分变瘦,齿形角也小,如图 8-4(a)所示；当滚刀齿形角偏差为正时(即滚刀齿形角做大),被切齿轮表现为齿顶部分变瘦,齿根部分变肥,齿形角也大,如图 8-4(b)所示。齿轮基节相应发生改变。

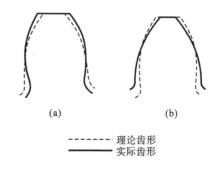

图 8-4　滚刀齿形角偏差对齿轮齿廓的影响

(2) 滚刀轴向齿距偏差的影响　滚刀轴向齿距偏差是指滚刀轴向实际齿距与理论齿距之差。当滚刀轴向齿距偏差为正时,被切齿轮的基节偏差变大；当滚刀轴向齿距偏差为负时,被切齿轮的基节偏差变小。同时,滚刀轴向齿距偏差引起被切齿轮基圆半径的同向变化,而基圆是决定渐开线齿形的唯一参数。

(3) 滚刀安装误差的影响　滚刀安装误差包括滚刀径向跳动、滚刀轴向窜动和滚刀轴线偏斜。滚刀径向跳动由滚刀基圆柱相对滚刀安装孔的径向跳动、安装孔与刀杆的配合间隙和刀杆支撑引起的径向跳动组成。滚刀轴向窜动主要由刀杆支撑引起。滚刀轴线偏斜主要由刀杆支撑部位的制造、装配和调整误差引起。在对齿形的影响上,轴向窜动比径向跳动大；轴线偏斜还会造成轮齿两侧齿形角不相等和齿形不对称。

(4) 机床小周期误差的影响　机床小周期误差主要是指分度蜗杆的制造误差和安装后的径向跳动和轴向窜动,它们将直接引起蜗轮的转角误差,进而造成被切齿轮的基圆误差。这些工艺误差以蜗杆一转为一个周期,其所造成的齿轮误差也是周期性的。

3) 影响载荷分布均匀性的主要工艺误差

影响载荷分布均匀性的主要工艺误差,就齿轮特征来说,是指齿轮螺旋线偏差(主要影响齿长方向的接触精度)、基圆齿距偏差和齿廓偏差(主要影响齿高方向的接触精度)。就齿轮副特征来说,是指齿轮副安装轴线的平行度偏差(轴线平面内和垂直平面上,齿长、齿高方向的接触精度都受影响)。造成基圆齿距偏差和齿廓偏差的一些工艺因素已在前面说明,这里仅分析造成齿轮螺旋线偏差的工艺原因。造成齿轮副安装轴线平行度偏差的主要原因是箱体孔轴线的平行度偏差。

(1) 机床导轨相对于工作台回转轴线的平行度误差的影响 机床导轨相对于工作台回转轴线的平行度误差示意如图 8-5 所示。滚齿时靠滚刀作垂直进给来完成整个齿宽的切削,如果机床导轨相对于工作台回转轴线有平行度误差 Δy,就会使滚切出的轮齿向中心倾斜,被切齿轮沿齿宽方向的齿廓位移量不相等,如图 8-5(a)所示;如果机床导轨相对于工作台回转轴线有平行度误差 Δx,就会使滚切出的轮齿相应歪斜,如图 8-5(b)所示。并且,Δx 对载荷分布均匀性的影响要比 Δy 的大很多。

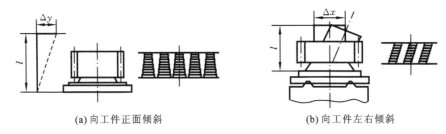

(a) 向工件正面倾斜　　　　　　　(b) 向工件左右倾斜

图 8-5　刀架导轨倾斜的影响

(2) 齿坯安装误差的影响 齿坯安装误差主要有夹具定位端面与心轴轴线不垂直、夹紧后心轴变形、夹具顶尖的同轴度误差等。显然,它们的影响相当于机床导轨相对于工作台回转轴线的平行度误差,但齿轮误差形态有不同。

(3) 齿坯自身误差的影响 影响载荷分布均匀性的齿坯误差主要是齿坯定位端面对安装孔轴线的垂直度误差,如图 8-6 所示。同样,它的影响也相当于机床导轨相对于工作台回转轴线的平行度误差,齿轮误差形态则相当于齿坯安装误差的影响。

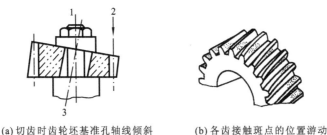

(a) 切齿时齿轮坯基准孔轴线倾斜　　　(b) 各齿接触斑点的位置游动

图 8-6　齿坯自身误差的影响

4) 影响齿侧间隙的主要工艺原因

就齿轮特征来说,影响齿侧间隙的主要因素是齿轮齿厚偏差。就齿轮副特征来说,主要因素是齿轮副中心距偏差。显然,它们的影响方向是:齿厚增大侧隙减小,中心距增大侧隙增大。造成齿轮副中心距偏差的主要原因是箱体孔的中心距偏差。造成齿厚变动的工艺原因主要是切齿时刀具的进刀位置:刀具离工作台回转轴线近一点,齿厚小一点;反之,齿厚大一点。

8.2 齿轮精度的评定指标及检测

1. 齿轮精度的评定指标

1) 单个齿距偏差 f_{pt}

单个齿距偏差(single pitch deviation)是指在端平面上,在接近齿高中部的一个与齿轮轴线同心的圆上,实际齿距与理论齿距的代数差,如图 8-7 所示。图中,实线表示齿廓的实际位置,虚线表示齿廓的理想位置,D 为接近齿高中部的圆。

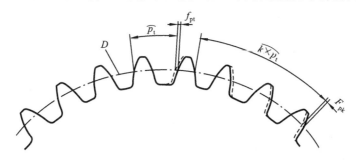

图 8-7 单个齿距偏差 f_{pt} 和齿距累积偏差 F_{pk}

2) 齿距累积偏差 F_{pk}

齿距累积偏差(cumulative pitch deviation)是指任意 k 个齿距的实际弧长与理论弧长的代数差(见图 8-7)。理论上它等于这 k 个齿距的各单个齿距偏差的代数和。一般,F_{pk} 被限定在不大于 1/8 的圆周上评定,即 k 为 2 到 $z/8$ 的整数(z 为被评定齿轮的齿数)。

3) 齿距累积总偏差 F_p

齿距累积总偏差(total cumulative pitch deviation)是指齿轮同侧齿面任意弧段内的最大齿距累积偏差。它表现为齿距累积偏差曲线的总幅值,如图 8-8 所示。

4) 齿廓总偏差 F_α

齿廓总偏差(total profiler deviation)是指在计值范围内,包容实际齿廓迹线的两条设计齿廓迹线间的距离,如图 8-9 所示。它在端平面内垂直于渐开线齿廓的方向计值。

实际螺旋线迹线是由齿轮齿廓检验设备在纸上或其他介质上画出来的齿廓偏差曲线。

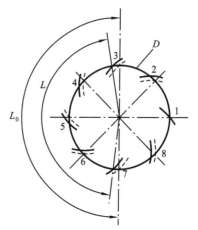

图 8-8 齿距累积总偏差 F_p

关于计值范围。首先定义三个点(见图 8-9):齿廓上齿顶、齿顶倒棱或齿顶倒圆的起始点 A,齿根圆角或挖根的起始点 F(L_{AF} 称为可用长度),被测齿轮与配对齿轮有效啮合的终止点 E(如不知道配对齿轮,其与基本齿条有效啮合的终止点为点 E)。将齿廓上从点 E 到点 A 的展开长度称为有效长度 L_{AE}。计值范围则是从点 E 开始延伸至有效长度 92% 处。

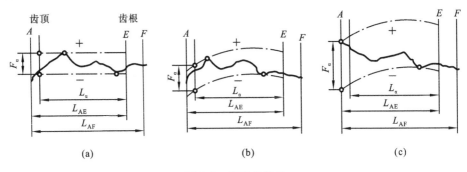

图 8-9 齿廓总偏差

有效长度剩下的 8% 在靠近齿顶处,其评定规则(包括齿廓形状偏差)为:若这部分迹线偏向齿体外,将其计入评定范围;若迹线偏向齿体内,只要其包容迹线间距离不超出齿廓总偏差 F_α 的三倍,就不计入评定范围。

如图 8-9(a)所示,设计齿廓是未修形的渐开线,实际齿廓在减薄区内具有偏向体内的负偏差并超出包容迹线,未计入评定范围;如图 8-9(b)所示,设计齿廓是修形的渐开线,实际齿廓在减薄区内具有偏向体内的负偏差,未超出包容迹线;如图 8-9(c)所示,设计齿廓是修形的渐开线,实际齿廓在减薄区内具有偏向体外的正偏差,计入评定范围。

5) 螺旋线总偏差 F_β

螺旋线总偏差(total helix deviation)是指在齿廓计值范围 L_β(profiler evaluation range)内,包容实际螺旋线迹线的两条设计螺旋线间的距离,如图 8-10 所示。它在端面基圆切线方向上计值。计值范围是不包括齿端倒角或修圆在内的部分。倒角或修圆部分的数值,取以下两个数值中较小的一个:5% 的齿宽或一个模数。

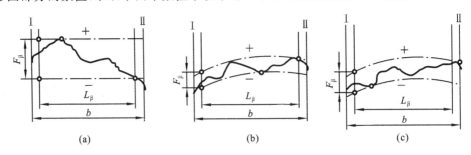

图 8-10 螺旋线总偏差

轮齿两端未纳入计值范围的部分,其评定规则(包括螺旋线形状偏差)为:若这部分迹线偏向齿体外,将其计入评定范围;若迹线偏向齿体内,只要其包容迹线间距离不超出螺旋线总偏差 F_β 的三倍,就不计入评定范围。

如图 8-10(a)所示,设计螺旋线是未修形的螺旋线,实际螺旋线在减薄区内具有偏向体内的负偏差并超出包容迹线(右端),未计入评定范围;如图 8-10(b)所示,设计螺旋线是修形的螺旋线,实际螺旋线在减薄区内具有偏向体内的负偏差并超出包容迹线(左端),未计入评定范围;如图 8-10(c)所示,设计螺旋线是修形的螺旋线;实际螺旋线在减薄区内具有偏向体外的正偏差,计入评定范围。

6) 切向综合总偏差 F_i'

切向综合总偏差(total tangential composite deviation)是指被测齿轮与测量齿轮单面啮合检验时,被测齿轮一转内,齿轮分度圆上实际圆周位移与理论圆周位移的最大差值,以分度圆弧长计。其仪器记录曲线及评定如图 8-11 所示。

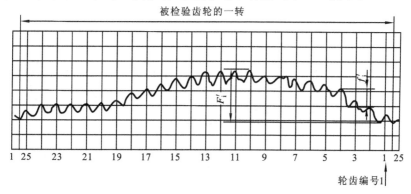

图 8-11 切向综合偏差曲线

7) 一齿切向综合偏差 f_i'

一齿切向综合偏差(tooth-to-tooth total tangential composite deviation)是指切向综合偏差记录曲线上小波纹的幅度值,以分度圆弧长计。即一个齿距内的切向综合偏差,如图 8-11 所示。

8) 径向综合总偏差 F_i''

径向综合总偏差(total radial composite deviation)是指在径向(双面)综合检验时,被测齿轮的左右齿面同时与测量齿轮接触并转过一整圈时出现的中心距最大值与最小值之差。其仪器记录曲线及评定如图 8-12 所示。

9) 一齿径向综合偏差 f_i''

一齿径向综合偏差(tooth-to-tooth total radial composite deviation)是指径向综合偏差记录曲线上小波纹的幅度值,即一个齿距内的径向综合偏差,如图 8-12 所示。

10) 径向跳动 F_r

径向跳动(run-out)是指测头在每个齿槽内近似齿高中部与左、右齿面接触,测头到齿轮轴线的最大和最小距离之差,如图 8-13 所示。

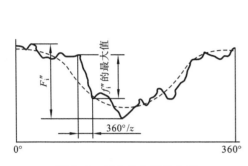

图 8-12　径向综合偏差曲线

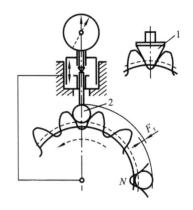

图 8-13　径向跳动测量原理
1—砧或棱柱体；2—球或圆柱

对以上 10 个指标,根据它们对齿轮传动的主要影响,可以分为三组,如表 8-1 所示。

表 8-1　齿轮指标的分组

组别	偏差项目	主要特性	对齿轮传动的影响
1	$F_p, F_{pk}, F_i', F_i'', F_r$	长周期误差,除 F_{pk} 外,都是在齿轮一转范围内度量	传递运动的准确性
2	$f_{pt}, F_\alpha, f_{f\alpha}, f_{H\alpha}, f_i', f_i''$	小周期误差,在一个齿上或一个齿距内度量	传动的平稳性
3	$F_\beta, f_{f\beta}, f_{H\beta}$	在齿轮轴线方向上的误差	载荷分布的均匀性

2. 齿轮精度的检验

在实际生产中,没有必要也不可能测量齿轮全部指标的偏差,因为有些指标的偏差对于特定产品齿轮的功能并没有明显的影响;一些指标在性能上可以代替另一些指标,如切向综合总偏差能代替齿距累积总偏差、一齿切向综合偏差可代替单个齿距偏差、径向综合总偏差可代替径向跳动等。

在测量中,应尽量用齿轮安装基准作为测量基准,例如在测量中若需齿轮旋转,应以齿轮安装基准轴线作为测量中的齿轮旋转轴线。

1) 单个齿距和齿距累积偏差的检验

检测齿距精度最常用的装置,一是有两个触头的齿距比较仪,二是只有一个触头的角度分度仪。

用齿距比较仪检测齿距偏差的测量和数据处理过程如下。在测量齿距偏差时,齿距比较仪的两个触头置于同一正截面上,至齿轮轴线应有相同的径向距离(位于齿高中部)。测量前按某一适当尺寸或被测齿轮任意一个实际齿距调整指示表的示值零位。依次测量各齿距相对这一尺寸或实际齿距的偏差,如图 8-14 所示。数据处理过程如表 8-2 所示,表中实测齿距偏差是虚拟的。

表 8-2 用相对法测量齿距偏差测量数据及处理   单位:μm

N	1	2	3	4	5	6	7	8	9	10	11	12	13	14	15	16	17	18
A	25	23	26	24	19	19	22	19	20	18	23	21	19	21	24	25	27	21
B	22.00																	
C	+3	+1	+4	+2	−3	−3	0	−3	−2	−4	+1	−1	−3	−1	+2	+3	+5	−1
D	+3	+4	+8	+10	+7	+4	+4	+1	−1	−5	−4	−5	−8	−9	−7	−4	+1	0

表中,N 是齿距序数,也是齿面序数,将齿面 1 和齿面 2 之间的齿距定义为齿距 1,以此类推,齿面 18 和齿面 1 之间的齿距定义为齿距 18;A 是用两测头测得的相对齿距偏差值(μm);B 是所有 A 值的算术平均值(μm);C 为各个齿距的偏差,是 A 与 B 的差值(μm);D 是由从齿距 1 的齿距偏差(C 值)起依次累加所得(μm)。由该表可得:

(1) 单个齿距偏差 f_{pt} 为 +5 μm(绝对值最大的 C 值,发生在第 17 个齿距 17 处);

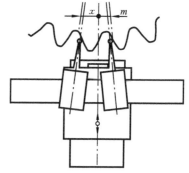

图 8-14 使用齿距比较仪测量齿距偏差

(2) 齿距累积总偏差 F_p 为 19 μm(正的最大 D 值减去绝对值最大的负的 D 值,发生在齿面 4 和齿面 15 之间);

(3) 齿距累积偏差 F_{pk},如取齿距数 k 等于 3,则齿距累积偏差 F_{p3} 为 10 μm(累加任意相邻的 3 个 C 值,取绝对值最大的一个正值或负值;发生在第 15、16、17 个齿距上,即齿面 15 和 18 之间)。

可以看出,通过测量得到一套相对齿距偏差值,经数据处理后可得多个齿轮精度指标值。

2) **齿廓偏差的检验**

齿廓偏差通常用渐开线测量仪测量。图 8-15 所示为基圆盘式渐开线测量仪的原理图。按照被测齿轮 3 的基圆直径 d_b 精确制造的基圆盘 2 与该齿轮同轴安装,基圆盘 2 与直尺 1 以一定的压力接触而相切。杠杆 4 安装在直尺 1 上,随该直尺一起移动;它一端的测头与被测齿面接触,它的另一端与指示表的测头接触,或者与记录器的记录笔联结。直尺 1 作直线运动时,借摩擦力带动基圆盘 2 旋转,基圆盘 2 作纯滚动,被测齿轮与基圆盘同步转动。显然,如果被测齿轮的齿廓未经修形并且没有误差,检测过程中杠杆 4 不会摆动,指示表不会变动,或者记录笔会在走纸上画出直线。

首先要按基圆直径 d_b 调整杠杆 4 测头的位置,使测头与被测齿面的接触点(测头上的点 P 与被测齿面上的点 B)正好落在直尺 1 与基圆盘 2 的切点(直尺上的点

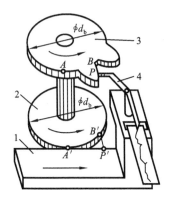

图 8-15 基圆盘式渐开线测量仪原理
1—直尺；2—基圆盘；
3—被测齿轮；4—杠杆

P' 与基圆盘上的点 B') 上。测量过程中，直尺与基圆盘沿箭头方向作纯滚动。点 P' 相对于基圆盘运动的轨迹 $B'P'$ 为理论渐开线。同时，杠杆测头上的点 P 从最初接触的被测齿面上的点 B，移动到图示位置，BP 为实际齿廓。BP 上各点相对于 $B'P'$ 上对应点的偏差，使杠杆测头产生相应位移。测头位移的大小可在指示表上读出，在被测齿廓计值范围内的最大示值与最小示值之差即为齿廓总偏差 F_α。测头位移的大小还可以由记录器记录下来而得到齿廓偏差曲线（迹线）。如图 8-9(a) 中，设计齿廓是理论渐开线，设计齿廓迹线是一条直线。被测齿廓总会存在齿廓偏差，其齿廓迹线是一条不规则曲线。在计值范围内，包容实际齿廓迹线且距离最小的两条设计齿廓迹线之间的距离，即为齿廓总偏差 F_α。如图 8-9(b) 中，设计齿廓采用凸齿廓，设计齿廓迹线是一条凸形曲线。同样，在计值范围内，包容实际齿廓迹线且距离最小的两条设计齿廓迹线之间的距离，即为齿廓总偏差 F_α。

8.3 齿轮副精度的评定及检测

1. 齿轮副的切向综合误差及检测

齿轮副的切向综合误差 $\Delta F'_{ic}$ 是指安装好的齿轮副，在啮合转动足够多的转数内，一个齿轮（齿数为 z_2 的大齿轮）相对另一个齿轮（齿数为 z_1 的小齿轮）的实际转角与公称转角之差的总幅度值。仪器记录曲线及评定如图 8-16 所示。$\Delta F'_{ic}$ 以分度圆弧长计值，用来评定齿轮副传递运动的准确性。

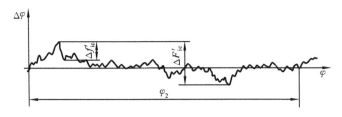

图 8-16 齿轮副切向综合误差曲线
φ—大齿轮的转角；$\Delta\varphi$—大齿轮的转角误差；φ_2—显示误差变化全周期的大齿轮转角

$\Delta F'_{ic}$ 在齿轮副装配后用传动精度测量仪测量。要啮合转动足够多的转数，是为了显示出误差变化的全周期。因此，大齿轮的转数为

$$n_2 = z_1/u$$

式中：u 是大、小齿轮齿数 z_2、z_1 的公因数。换算成大齿轮的转角为

$$\varphi_2 = 2\pi z_1/u$$

$\Delta F'_{ic}$ 也可以通过把两个配对齿轮安装在单啮仪上来测量；或者在单啮仪上分别测出它们的切向综合总偏差 F'_i，按其切向综合总偏差之和考核。

齿轮副的切向综合偏差 F'_{ic} 取为两个配对齿轮切向综合总偏差 F'_{i1} 与 F'_{i2} 之和。

2. 齿轮副的一齿切向综合误差及检测

齿轮副的一齿切向综合误差 $\Delta f'_{ic}$ 是指安装好的齿轮副，在啮合转动足够多的转数内，一个齿轮(齿数为 z_2 的大齿轮)相对另一个齿轮(齿数为 z_1 的小齿轮)在一个齿距内的实际转角与公称转角之差的最大幅度值，如图 8-16 所示。$\Delta f'_{ic}$ 以分度圆弧长计值，用来评定齿轮副传动的平稳性。

$\Delta f'_{ic}$ 和 $\Delta F'_{ic}$ 是在同一测量过程中得到的，是齿轮副切向综合误差曲线(见图 8-16)上小波纹的最大幅度值。

齿轮副的一齿切向综合偏差 f'_{ic} 取为两个配对齿轮一齿切向综合偏差 f'_{i1} 与 f'_{i2} 之和。

对于分度传动链用的齿轮副，$\Delta F'_{ic}$ 的影响是重要的；对于高速传动用的齿轮副，$\Delta F'_{ic}$ 和 $\Delta f'_{ic}$ 的影响都是重要的。现行齿轮精度标准体系中，给出了传动总偏差 F' 和一齿传动偏差 f'，没有关于它们的说明。考虑到在实际中仍会有应用，按 GB/T 10095—1988 介绍了 $\Delta F'_{ic}$ 和 $\Delta f'_{ic}$，包括含义和公差构成方式；但在公差构成元素上，采用了 2008 版新标准的元素名称，即切向综合总偏差(原为切向综合公差)和一齿切向综合偏差(与原标准同名)。其中包含了如下建议：在确定这两个误差的公差时，用现行齿轮精度标准切向综合总偏差和一齿切向综合偏差的公差数值。

3. 齿轮副的接触斑点

1) 接触斑点及其与齿轮精度等级的一般关系

接触斑点是指装配(在箱体内或啮合实验台上)好的齿轮副，在轻微制动下运转后齿面的接触痕迹。接触斑点用接触痕迹占齿宽 b 和有效齿面高度 h 的百分比表示，如图 8-17 所示。

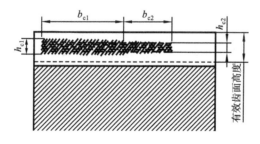

图 8-17 接触斑点示意图

产品齿轮副的接触斑点(在箱体内安装)可以反映轮齿间载荷分布情况；产品齿轮与测量齿轮的接触斑点(在啮合实验台上安装)还可用于齿轮齿廓和螺旋线精度的评估。

表 8-3 和表 8-4 所示为齿轮装配后(空载)检测时齿轮精度等级和接触斑点分布的一般关系,是符合表列精度的齿轮副在接触精度上最好的接触斑点,适用于齿廓和螺旋线未经修形的齿轮。在啮合实验台上安装所获得的检查结果应当是相似的。但是,不能利用这两个表格,通过接触斑点的检查结果,去反推齿轮的精度等级。

表 8-3 斜齿轮装配后的接触斑点(摘自 GB/Z 18620.4—2008)

精度等级 (按 GB/T 10095)	b_{c1} 占齿宽的 百分比/(%)	h_{c1} 占有效齿面 高度的百分比/(%)	b_{c2} 占齿宽的 百分比/(%)	h_{c2} 占有效齿面 高度的百分比/(%)
4 级及更高	50	50	40	30
5 和 6 级	45	40	35	20
7 和 8 级	35	40	35	20
9 至 12 级	25	40	25	20

表 8-4 直齿轮装配后的接触斑点(摘自 GB/Z 18620.4—2008)

精度等级 (按 GB/T 10095)	b_{c1} 占齿宽的 百分比/(%)	h_{c1} 占有效齿面 高度的百分比/(%)	b_{c2} 占齿宽的 百分比/(%)	h_{c2} 占有效齿面 高度的百分比/(%)
4 级及更高	50	70	40	50
5 和 6 级	45	50	35	30
7 和 8 级	35	50	35	30
9 至 12 级	25	50	25	30

对重要的齿轮副,对齿廓、螺旋线修形的齿轮,可以在图样中规定所需接触斑点的位置、形状和大小。

GB/Z 18620.4—2008《圆柱齿轮 检验实施规范 第 4 部分:表面结构和轮齿接触斑点的检验》说明了获得接触斑点的方法、对检测过程的要求及应该注意的问题。

2) 齿轮副轴线平行度偏差

轴线平行度偏差对载荷分布的影响与方向有关,标准分别规定了轴线平面内的偏差 $f_{\Sigma\delta}$ 和垂直平面内的偏差 $f_{\Sigma\beta}$,如图 8-18 所示。

轴线平面内的偏差 $f_{\Sigma\delta}$ 是在两轴线的公共平面上测量的,公共平面是用两根轴中轴承跨距较长的一根轴的轴线(称为 L)和另一根轴上的一个轴承来确定的,如果两根轴的轴承跨距相同,则用小齿轮轴的轴线和大齿轮轴的一个轴承中心来确定。垂直平面内的偏差 $f_{\Sigma\beta}$ 是在过轴承中心、垂直于公共平面且平行于轴线 L 的平面上测量的。显然,度量对象是轴承跨距较短或大齿轮轴的轴线,度量值分别是这根轴线在这两个平面上的投影的平行度偏差。

轴线平行度偏差影响螺旋线啮合偏差,轴线平面内偏差的影响是工作压力角的正弦函数,而垂直平面上偏差的影响则是工作压力角的余弦函数。可见一定量的垂直平面上偏差导致的啮合偏差将比同样大小的轴线平面内偏差导致的啮合偏差要大 2~3 倍。因此,对这两种偏差要规定不同的最大允许值,现行标准推荐:

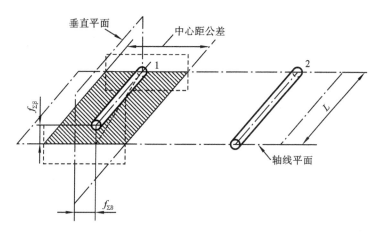

图 8-18 轴线平行度偏差与中心距公差

垂直平面内偏差 $f_{\Sigma\beta}$ 的最大允许值为

$$f_{\Sigma\beta} = 0.5(L/b)F_\beta \tag{8-1}$$

轴线平面内偏差 $f_{\Sigma\delta}$ 的最大允许值为

$$f_{\Sigma\delta} = 2f_{\Sigma\beta} \tag{8-2}$$

式中：L 为较大的轴承跨距；b 为齿宽；F_β 为螺旋线总偏差。

齿轮副轴线平行度偏差不仅影响载荷分布的均匀性，也影响齿轮副的侧隙。

必须注意，现行标准齿轮副轴线平行度偏差定义在轴承跨距上，旧标准则定义在齿宽上。在同样要求下，现行标准的公差值是旧标准的 L/b 倍。

4. 齿轮副的侧隙

1）齿轮副侧隙和侧隙配合体制

齿轮副的侧隙是指在两个相配齿轮的工作齿面接触时，在两个非工作齿面之间所形成的间隙。按照度量方向的不同，侧隙可分为以下三种。

圆周侧隙 j_{wt}：固定两相啮合齿轮中的一个，另一个齿轮所能转过的节圆弧长的最大值，如图 8-19 所示。图中，测头位移方向为节圆切线方向。

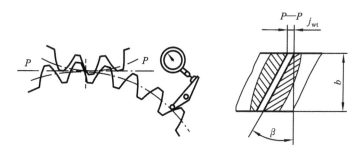

图 8-19 圆周侧隙及测量

法向侧隙 j_{bn}：两个齿轮的工作齿面接触时，在非工作齿面之间的最短距离。可用测片或塞片测量,也可如图 8-20 所示使用指示表测量,图中测头位移方向为齿面法向。

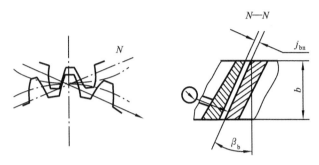

图 8-20　法向侧隙及测量

径向侧隙 j_r:从两个齿轮的装配位置开始,缩小它们的中心距,直到左、右齿面都相接触为止,这个缩小的量为径向侧隙。

三者之间的关系为

$$j_{bn} = j_{wt} \cos\alpha_{wt} \cos\beta_b \tag{8-3}$$

$$j_r = \frac{j_{wt}}{2\tan\alpha_{wt}} \tag{8-4}$$

式中:α_{wt} 为端面压力角;β_b 为基圆螺旋角。

显然,齿轮副的侧隙是多因素影响的结果。从设计角度来看,侧隙状态称为侧隙配合,构成侧隙配合的因素有两齿轮的齿厚和它们的安装中心距:齿厚越大,侧隙越小;中心距越大,侧隙越大。在侧隙配合体制上,采用基中心距制:固定中心距的公差带,通过改变齿厚公差带,得到不同的侧隙配合。

就像孔、轴的形位误差影响孔轴配合一样,齿轮的齿距、齿廓、螺旋线偏差和齿轮副轴线的平行度偏差影响齿轮副的侧隙配合。

2) 齿轮副中心距偏差

齿轮副的中心距偏差 f_a(中心距极限偏差 $\pm f_a$)是指在箱体两侧轴承孔跨距 L 的范围内,实际中心距与公称中心距之差。由于侧隙体制采用的是基中心距制,中心距的公差带只有一种:对称配置,如图 8-18 所示。极限侧隙的确定需在中心距公差带确定后才能进行,故确定中心距公差带时并不考虑侧隙的影响因素,这些影响因素在确定齿厚极限偏差时考虑。现行标准没有给出中心距极限偏差 $\pm f_a$ 的确定方法和数值表。GB/T 10095—1998 推荐按第Ⅱ公差组等级确定中心距极限偏差。对于齿轮精度,GB/T 10099—2008 现行标准没有作此推荐,也没有新的推荐。鉴于原标准的推荐仍有使用意义,故原样摘录如附表 8 所示。要注意,现行标准还没有"第Ⅱ公差组等级"概念,而且新、旧标准相同指标的等级划分有所不同。在使用时可以采用数值比对方法,先看所选主要影响齿轮传动平稳性指标的公差数值相当于原标准的哪一级,再按该级查表。一般说来,直接按现行标准指标等级查表,出入也不大。还要注意,旧标准中齿轮副中心距偏差的定义与现行标准有所不同,它的定义是"在齿轮副的齿宽中间平面内,实际中心距与公称中心距之差"。在同样极限偏差值时,现行标准的限制要比旧标准的严格。

3) 齿厚偏差及检测

齿厚偏差本是单个齿轮的指标,因其主要与侧隙有关,故在本节介绍。

(1) 有关齿厚的术语解释　关于单个齿的齿厚有下面6个重要术语,它们的意义在新、旧标准中是一样的,如图8-21所示。

公称齿厚 s_n:齿厚理论值。具有理论齿厚的相配齿轮在基本中心距下无侧隙啮合。它定义在分度圆或分度圆柱面上,为法向弧齿厚。

实际齿厚 $s_{nactual}$:通过测量得到的齿厚。测量位置在公称齿厚的定义位置上。

齿厚偏差:实际齿厚与公称齿厚之差。

极限齿厚:允许实际齿厚变化的两个界限值。其中,较大的一个称为最大极限齿厚,代号 s_{ns};较小的一个称为最小极限齿厚,代号 s_{ni}。

齿厚公差 T_{sn}:极限齿厚差值的绝对值。

齿厚极限偏差:极限齿厚与公称齿厚之差。其中,最大极限齿厚与公称齿厚之差称为齿厚上偏差 E_{sns},最小极限齿厚与公称齿厚之差称为齿厚下偏差 E_{sni}。

新标准规定了关于齿厚的一些新术语,本章不予介绍。

(2) 实际齿厚测量　按照定义,齿厚以分度圆弧长计值(弧齿厚)。由于弧长不便于测量,实际上是按分度圆上的弦齿高来测量弦齿厚的,如图8-22所示。直齿轮分度圆上的公称弦齿厚 s_{nc} 与公称弦齿高 h_c 的计算公式分别为

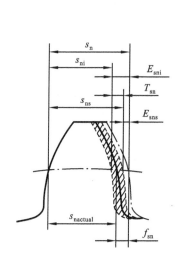

图8-21　单个齿的齿厚术语

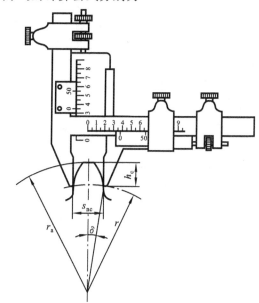

图8-22　分度圆弦齿厚测量

r—分度圆半径;r_a—齿顶圆半径

$$\left.\begin{array}{l} s_{nc} = mz\sin\delta \\ h_c = r_a - \dfrac{mz}{2}\cos\delta \end{array}\right\} \tag{8-5}$$

式中：δ 为分度圆弦齿厚之半所对应的中心角，$\delta = \dfrac{\pi}{2z} + \dfrac{2x}{z}\tan\alpha$；$r_a$ 为齿轮齿顶圆半径；m、z、α、x 分别为齿轮的模数、齿数、压力角、变位系数。

通常用齿厚游标卡尺测齿厚，如图 8-22 所示。齿厚游标卡尺由两只相互垂直的主尺构成，垂直主尺有一个定位面，由垂直游标读数显示其位置，用来确定测量部位的高度；水平主尺有两个量爪，当它们与齿面接触时，由水平游标读数读出量爪间的距离，即所测部位的齿厚。通常，用一次或两次测量结果来表明整个齿轮在齿厚方面的特性。

可以看出，齿厚游标卡尺携带方便，使用简便。但是，由于量爪与齿面的接触位置在尖角处，测量位置和测量力不易控制；测量需用齿顶圆定位，齿顶圆的尺寸精度及其对齿轮安装孔的同轴度精度对测量定位精度影响较大，因而测量精度较低。为追求较高测量精度，可以采用测公法线长度或测跨球(圆柱)尺寸来反映齿厚状况。

另外，齿厚游标卡尺不能用于测量内齿轮。

8.4 齿轮坯和箱体孔的精度

齿轮坯的尺寸偏差和齿轮箱体的尺寸偏差对于齿轮副的接触条件和运行状况有着极大的影响。加工较高精度的齿轮坯和箱体，比加工较高精度的齿轮要容易实现并经济得多。同时，齿轮坯精度也是保证齿轮加工精度的重要条件。应根据制造设备和条件，使齿轮坯和箱体的制造公差保持在可能的最小值上，这样就能给齿轮以较松的公差，从而获得更为经济的整体设计方案。

1. 齿轮坯精度

有关齿轮轮齿精度(如齿廓偏差、相邻齿距偏差等)参数的数值，只有在明确其基准轴线时才有意义。如在测量时齿轮基准轴线有改变，则这些参数数值也将改变。因此在齿轮图纸上必须把规定齿轮公差的基准轴线明确表示出来，事实上整个齿轮的参数体系均以其为准。齿轮坯尺寸公差如表 8-5 所示，以供参考。

表 8-5 齿轮坯尺寸公差

齿轮精度等级		5	6	7	8	9	10	11	12
孔	尺寸公差	IT5	IT6	IT7		IT8		IT9	
轴	尺寸公差	IT5		IT6		IT7		IT8	
顶圈直径偏差		\multicolumn{8}{c}{$\pm 0.05 m_n$}								

1) 基准轴线与工作轴线之间的关系

基准轴线是制造者(检测者)用来确定单个轮齿几何形状的轴线，是制造(检测)

所必需的。工作轴线是齿轮在工作时绕其旋转的轴线,确定在齿轮安装面的中心上。设计者要使基准轴线在产品图上得到足够清楚的表达、便于在制造(检测)中精确地体现、便于齿轮相对于工作轴线的技术要求得以满足。

满足此要求最常用的方法是以齿轮工作轴线为其基准轴线,即以齿轮安装面作为制造(检测)基准面。然而,在一些情况下,首先需确定一个基准轴线(通常称为设计基准),然后将其他所有的轴线,包括工作轴线及可能还有的一些制造中用到的轴线(通常称为工艺基准)用适当的公差与之联系。在此情况下,齿轮性能尺寸链将增加环节,使某一或某些组成环的公差减小。

2) 确定基准轴线的方法

一个零件的基准轴线是用基准面来确定的,可以用以下三种基本方法来实现。

(1) 如图 8-23 所示,用两个短的圆柱或圆锥形基准面上设定的两个圆的圆心来确定轴线上的两点。图中,基准所示表面是预定的轴齿轮安装表面。

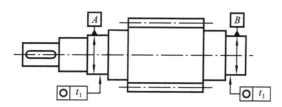

图 8-23 用两个短的基准面确定基准轴线

(2) 如图 8-24 所示,用一个长的圆柱或圆锥形的面来同时确定轴线的位置和方向。孔的轴线可以用与之相匹配的工作芯轴的轴线来代表。

(3) 如图 8-25 所示,轴线的位置用一个短的圆柱形基准面上的一个圆的圆心来确定,而其方向则用垂直于过该圆心的轴线(理论上是存在的)的一个基准端面来确定。

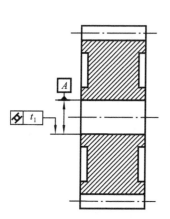

图 8-24 用一个长的基准面确定基准轴线

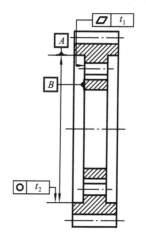

图 8-25 用一个圆柱面和一个端面确定基准轴线

如果采用第一种或第三种方法,其圆柱或圆锥形基准面必须是轴向很短的,以保证它们自己不会单独确定另一条轴线。在第三种方法中,基准端面的直径应尽可能取大一些。

在与小齿轮做成一体的轴上常常有一段用于安装大齿轮的地方,此安装面的公差值应该与大齿轮的质量要求相适应。

3) 中心孔的应用

在制造和检测时,对于与轴做成一体的小齿轮,最常用的也是最好的工艺基准是轴两端的中心孔,通过中心孔将轴安置于顶尖上。这样,通过两个中心孔就确定了它的基准轴线,齿轮公差及(轴承)安装面的公差均须相对于此轴线来规定,如图8-26所示。而且很明显,安装面相对于中心孔的跳动公差必须规定很紧的公差值。

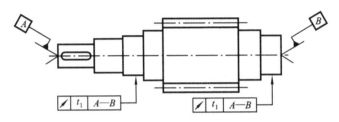

图 8-26 用中心孔确定基准轴线

4) 基准面的形状公差、工作及制造安装面的形状公差

基准面的精度要求取决于齿轮的精度要求。基准面的形状公差不应大于表8-6中所规定的数值,并力求减至能经济地制造的最小值。

工作安装面的形状公差,不应大于表8-6中所给定的数值。如果用了另外的制造安装面,应采用同样的限制。

这些面的精度要求,必须在零件图上予以表示。

表 8-6 基准面与安装面的形状公差

确定轴线的基准面	公 差 项 目		
	圆 度	圆 柱 度	平 面 度
两个短的圆柱或圆锥形基准面	$0.04(L/b)F_\beta$ 或 $0.1F_p$,两者中之小值	—	—
一个长的圆柱或圆锥形基准面	—	$0.04(L/b)F_\beta$ 或 $0.1F_p$,两者中之小值	—
一个短的圆柱面和一个端面	$0.06F_p$	—	$0.06(D_d/b)F_\beta$

注:L 为轴承跨距;b 为齿宽;D_d 为基准面(端面)直径;F_β 为螺旋线总偏差;F_p 为齿距累积总偏差。

5) 工作安装面的跳动公差

如果工作安装面被选择为基准面,则不涉及本条。当基准轴线与工作轴线不重合时(见图8-26),则工作安装面相对于基准轴线的跳动必须在图样上予以表示。跳动公差不应大于表 8-7 中所规定的数值。

如果把齿顶圆柱面作为基准面,表 8-7 中的数值可用做尺寸公差,而其形状公差不应大于表 8-6 中所给定的数值。

表 8-7 工作安装面的跳动公差

工作安装面	跳 动 量(总的指示幅度)	
	径 向	轴 向
仅指圆柱或圆锥形安装面	$0.15(L/b)F_\beta$ 或 $0.3F_p$,两者中之大值	—
一个圆柱安装面和一个端面安装面	$0.3F_p$	$0.2(D_d/b)F_\beta$

注:表中符号意义同表 8-5。

2. 中心距和轴线的平行度(箱体公差)

设计者应对箱体孔中心距和轴线(或公共轴线)的平行度两项偏差选择适当的极限偏差 $\pm f'_a$ 和公差 $f'_{\Sigma\delta}$、$f'_{\Sigma\beta}$。公差值的选择与单个齿轮的参数公差密切相关,特别是与主要影响齿轮传动平稳性和齿面接触均匀性的参数公差密切相关,以保证这些参数公差所应体现的传动功能得以发挥:沿齿长方向正常接触和不因接触的不均匀造成传动比额外的高频变化(额外的振动)。结构上可以使轴承位置能够调整,这可能是提高传动精度最为有效的技术措施;当然,成本会有所增加,结构实现上也有许多困难。

1) 箱体孔中心距极限偏差

箱体孔中心距极限偏差 $\pm f'_a$ 可参照齿轮副中心距极限偏差 $\pm f_a$ 确定,f'_a 不能大于 f_a,可取 $f'_a=0.8f_a$。注意到旧标准中齿轮副中心距偏差的定义与现行标准不同,对于同样极限偏差值,现行标准的限制要比旧标准严格,f'_a 占 f_a 的比例可以更大一些。

2) 箱体孔轴线平行度公差

箱体孔轴线平行度公差 $f'_{\Sigma\delta}$ 和 $f'_{\Sigma\beta}$ 可分别参照齿轮副轴线平面内平行度公差 $f_{\Sigma\delta}$ 和垂直平面内平行度公差 $f_{\Sigma\beta}$ 选取,前者不能大于后者,可以取为相同。

8.5 渐开线圆柱齿轮精度设计

1. 精度等级的选择

齿轮精度等级应根据齿轮用途、使用要求、传动功率、圆周速度等技术要求来决定,一般有下述两种方法。

1) 计算法

如果已知传动链末端元件传动精度要求,可按传动链误差传递规律,分配各级齿轮副的传动精度要求,确定齿轮的精度等级。

根据传动装置允许的机械振动,用机械动力学和机械振动学理论在确定装置动态特性的基础上确定齿轮精度要求。

一般并不需要同时做以上两项计算。应根据齿轮使用要求的主要方面,确定主要影响传递运动准确性指标的精度等级或主要影响传动平稳性指标的精度等级,以此为基础,考虑其他使用要求并兼顾工艺协调原则,确定其他指标的精度等级。

2) 经验法

已有齿轮传动装置的设计经验可以作为新设计的参考。表 8-8 所示为常用精度等级齿轮的一般加工方法,表 8-9 所示为齿轮传动常用精度等级在机床上的大致应用,表 8-10 所示为齿轮传动常用精度等级在交通和工程机械上的大致应用。

表 8-8 常用精度等级齿轮的一般加工方法

项 目		精 度 等 级					
		4	5	6	7	8	9
切齿方法		周期误差很小的精密机床上范成法加工	周期误差小的精密机床上范成法加工	精密机床上范成法加工	较精密机床上范成法加工	范成法机床加工	范成法机床加工或分度法精细加工
齿面最后加工		精密磨齿;软和中硬齿面的大齿轮研齿或剃齿		磨齿、精密滚齿或剃齿	较高精度滚齿和插齿,渗碳淬火齿轮需后续加工	滚齿和插齿,必要时剃齿	一般滚、插齿
齿面粗糙度	齿面	硬化	调质	硬化	调质	硬化	调质	硬化	调质	硬化	调质
	Ra	0.4	0.8	1.6	0.8	1.6		3.2	6.3	3.2	6.3

表 8-9 齿轮传动常用精度等级在机床上的应用

	精 度 等 级					
	4	5	6	7	8	9
工作条件及应用范围	高精度和精密的分度链末端齿轮;圆周速度高于 30 m/s 的直齿轮和高于 50 m/s 的斜齿轮	一般精度的分度链末端齿轮,高精度和精密的分度链中间齿轮;圆周速度在 15~30 m/s 之间的直齿轮,圆周速度在 30~50 m/s 之间的斜齿轮	一般精度的分度链中间齿轮,Ⅲ级和Ⅲ级以上精度等级机床的进给齿轮;油泵齿轮;圆周速度在 10~15 m/s 之间的直齿轮,圆周速度在 15~30 m/s 之间的斜齿轮	Ⅳ级和Ⅳ级以下精度等级机床的进给齿轮;圆周速度在 6~10 m/s 之间的直齿轮,圆周速度在 8~15 m/s 之间的斜齿轮	圆周速度低于 6 m/s 的直齿轮和低于 8 m/s 的斜齿轮	没有传动精度要求的手动齿轮

表 8-10 齿轮传动常用精度等级在交通和工程机械上的应用

	精度等级					
	4	5	6	7	8	9
工作条件及应用范围	需要很高的平稳性、低噪声的船用和航空齿轮；圆周速度高于 35 m/s 的直齿轮和高于 70 m/s 的斜齿轮	需要高的平稳性、低噪声的船用和航空齿轮；圆周速度在 20～35 m/s 之间的直齿轮，圆周速度在 35～70 m/s 之间的斜齿轮	高速传动、平稳和低噪声要求的机车、飞机、船舶和轿车的齿轮；圆周速度在 15～20 m/s 之间的直齿轮，圆周速度在 25～35 m/s 之间的斜齿轮	有平稳和低噪声要求的飞机、船舶和轿车的齿轮；圆周速度在 10～15 m/s 之间的直齿轮，圆周速度在 15～25 m/s 之间的斜齿轮	中等速度、较平稳传动的载重汽车和拖拉机的齿轮；圆周速度在 4～10 m/s 之间的直齿轮，圆周速度在 8～15 m/s 之间的斜齿轮	较低速和噪声要求不高的载重汽车第 1 挡和倒挡齿轮，拖拉机和联合收割机齿轮。圆周速度低于 4 m/s 的直齿轮和低于 8 m/s 的斜齿轮

2. 齿厚要求的确定

1) 最大极限齿厚的确定方法

(1) 根据温度补偿和润滑的需要确定在标准温度下无载荷时所需要的最小法向侧隙 j_{nmin}。

补偿热变形所需的法向侧隙 j_{n1} 为

$$j_{n1} = a(\alpha_1 \Delta t_1 - \alpha_2 \Delta t_2) \times 2\sin\alpha_n \quad (8-6)$$

式中：a 为齿轮副的公称中心距；α_1 和 α_2 为齿轮和箱体材料的线膨胀系数(1/℃)；Δt_1 和 Δt_2 为齿轮温度 t_1 和箱体温度 t_2 对标准温度 20℃ 的偏差；α_n 为齿轮的标准压力角。

润滑需要的法向侧隙 j_{n2} 考虑润滑方法和齿轮圆周速度，参考表 8-11 选取。

表 8-11 保证正常润滑条件所需的法向侧隙 j_{n2}

润滑方式	齿轮的圆周速度 v/(m/s)			
	≤10	>10～25	>25～60	>60
喷油润滑	$0.01m_n$	$0.02m_n$	$0.03m_n$	$(0.03\sim0.05)m_n$
油池润滑	$(0.005\sim0.01)m_n$			

注：m_n 为齿轮法向模数(mm)。

则最小法向侧隙 j_{nmin} 为

$$j_{nmin} = j_{n1} + j_{n2} \quad (8-7)$$

(2) 计算齿轮和齿轮副各相关偏差所造成的侧隙减少量。用侧隙减少量与 j_{nmin} 之和计算齿厚上偏差，就得到了最大极限齿厚。相应的计算公式为

$$|E_{sns1} + E_{sns2}| = \frac{j_{nmin} + f_a \times 2\sin\alpha_n + J_n}{\cos\alpha_n} \tag{8-8}$$

通常将相配齿轮的齿厚上偏差取为一样,于是式(8-8)成为

$$|E_{sns}| = \frac{j_{nmin} + f_a \times 2\sin\alpha_n + J_n}{2\cos\alpha_n} \tag{8-9}$$

其中 J_n 为

$$J_n = \sqrt{(f_{pt1}^2 + f_{pt2}^2)\cos^2\alpha_n + F_{\beta 1}^2 + F_{\beta 2}^2 + \left(\frac{b}{L}f_{\Sigma\beta}\cos\alpha_n\right)^2} \tag{8-10}$$

注意到 $f_{\Sigma\beta} = 0.5(L/b)F_\beta$(见式 8-1),$\alpha_n = 20°$;为简单起见,这里将小齿轮的螺旋线总公差设为与大齿轮的螺旋线总公差相同,式(8-10)简化为

$$J_n = \sqrt{(f_{pt1}^2 + f_{pt2}^2)\cos^2\alpha_n + 2.221F_{\beta 1}^2} \tag{8-11}$$

以上式中:E_{sns}、E_{sni} 分别为两齿轮单一齿厚上、下偏差;f_a 为中心距极限偏差的界限值;f_{pt1}、f_{pt2} 分别为两齿轮齿距极限偏差的界限值;b 为齿轮宽度;L 为轴承跨距;$F_{\beta 1}$、$F_{\beta 2}$ 分别为大、小齿轮螺旋线总偏差;$f_{\Sigma\beta}$ 为垂直平面内的轴线平行度公差。

2) 齿厚公差的确定方法

齿厚公差的确定方法是:根据径向切深公差和径向跳动公差计算齿厚公差,用最大极限齿厚(或齿厚上偏差)减去齿厚公差,就得到最小极限齿厚(或齿厚下偏差)。

径向切深公差参考表 8-12 选取。

表 8-12 径向切深公差

主要影响传递运动准确性指标的精度等级	4 级	5 级	6 级	7 级	8 级	9 级
b_r	1.26IT7	IT8	1.26IT8	IT9	1.26IT9	IT10

注:标准公差 IT 按齿轮分度圆直径查表。

齿厚公差的计算式为

$$T_{sn} = 2\tan\alpha_n \sqrt{F_r^2 + b_r^2} \tag{8-12}$$

齿厚下偏差的计算式为

$$E_{sni} = E_{sns} - T_{sn} \tag{8-13}$$

式中:T_{sn} 为单一齿厚公差;F_r 为径向跳动公差;b_r 为径向切深公差。

3. 齿轮精度的标注

齿轮精度新标准没有就精度标注做出明确规定,只是要求在说明齿轮精度要求时,应注明 GB/T 10095.1 或 GB/T 10095.2。具体标注方法如下。

(1) 当齿轮的检验项目同为某一精度等级时,可标注精度等级和标准号。如齿轮检验项目同为 7 级,则标注为

　　　　　7　GB/T 10095.1—2008　 或　 7　GB/T 10095.2—2008

(2) 当齿轮检验项目的精度等级不同时,如齿廓总偏差 F_α 为 6 级、齿距累计总偏差 F_p 和螺旋线总偏差 F_β 为 7 级时,则标注为

6($F_α$)、7(F_p, $F_β$) GB/T 10095.1—2008

(3) 按照 GB/T 6443—1986《渐开线圆柱齿轮图样上应注明的尺寸数据》的规定,将齿厚(公法线长度,跨球(圆柱)尺寸)的极限偏差数值,注在图样右上角参数表中。

例 8-1 传递功率为 5 kW 的圆柱齿轮减速器输入轴转速 $n_1=327$ r/min;齿轮法向模数 $m_n=3$ mm,压力角 $α_n=20°$,螺旋角 $β=8°6'34''$;齿数 $z_1=20, z_2=79$。采用油池润滑。稳定工作时齿轮温度 $t_1=45℃$,箱体温度 $t_2=30℃$。此外,齿轮材料的线膨胀系数 $a_1=11.5×10^{-6}/℃$,箱体材料的线膨胀系数 $a_2=10.5×10^{-6}/℃$。试确定齿轮精度的检验指标及其精度等级,确定齿厚极限偏差。

解 (1) 计算所需参数。

小齿轮的分度圆直径 $d_1=m_n z_1/\cos β=60.606$ mm;

大齿轮的分度圆直径 $d_2=m_n z_2/\cos β=239.394$ mm;

齿轮圆周速度 $v=π d_1 n_1=62.23$ m/min$=1.04$ m/s。

(2) 确定齿轮精度的检验指标及其精度等级。

参考表 8-10,按圆周速度,可以将齿轮精度的检验指标确定为 9 级;考虑到减速器的噪声要求较高,将其确定为 8 级。精度检验指标取为齿距累积总偏差 F_p、单个齿距偏差 f_{pt} 和螺旋线总偏差 $F_β$。鉴于齿轮精度要求不是很高;对于斜齿轮,螺旋线偏差不仅影响齿轮副接触精度,也影响齿轮传动的平稳性,检验指标中没有齿廓总偏差 $F_α$。

查附表 1,得大齿轮齿距累积总偏差 $F_{p1}=70$ μm,小齿轮齿距累积总偏差 $F_{p2}=53$ μm;

查附表 2,得大齿轮单个齿距极限偏差 $±f_{pt1}=18$ μm,小齿轮单个齿距极限偏差 $±f_{pt2}=17$ μm;

查附表 4,得大齿轮螺旋线总偏差 $F_{β1}=29$ μm,小齿轮螺旋线总偏差 $F_{β2}=28$ μm。

(3) 确定公称齿厚及其极限偏差。

由式(8-5),得公称弦齿厚 s_{nc} 和弦齿高 h_c 分别为

$$s_{nc}=mz\sin δ=4.71 \text{ mm}$$

$$h_c=r_a-\frac{mz}{2}\cos δ=3.02 \text{ mm}$$

由式(8-6),得补偿热变形所需的法向侧隙 j_{n1} 为

$$j_{n1}=a(α_1 Δt_1-α_2 Δt_2)×2\sin α_n=0.019 \text{ mm}$$

油池润滑,由表 8-11 取润滑需要的法向侧隙 $j_{n2}=0.01 m_n=0.03$ mm。

由式(8-7),得最小法向侧隙为

$$j_{n\min}=j_{n1}+j_{n2}=0.049 \text{ mm}$$

由式(8-11),并取 $F_β$ 为大齿轮螺旋线总偏差 29 μm,有

$$J_n = \sqrt{(f_{pt1}^2 + f_{pt2}^2)\cos^2\alpha_n + 2.221 F_{\beta 1}^2} = 0.049 \text{ mm}$$

由附表 8,查得中心距极限偏差 $f_a = 0.0315$ mm,大、小齿轮的齿厚上偏差取为一样,由式(8-9),有

$$|E_{sns}| = \frac{j_{nmin} + f_a \times 2\sin\alpha_n + J_n}{2\cos\alpha_n} = 0.063 \text{ mm}$$

由附表 5,查得大齿轮径向跳动公差 $F_{r1} = 0.056$ mm,小齿轮径向跳动公差 $F_{r2} = 0.043$ mm;由表 8-14,查得径向切深公差 $b_r = 1.26 \text{IT}9$,则大齿轮径向切深公差 $b_{r1} = 0.145$ mm,小齿轮径向切深公差 $b_{r2} = 0.093$ mm。由式(8-12),得大齿轮齿厚公差为

$$T_{sn1} = 2\tan\alpha_n \sqrt{F_{r1}^2 + b_{r1}^2} = 0.113 \text{ mm}$$

小齿轮齿厚公差为

$$T_{sn2} = 2\tan\alpha_n \sqrt{F_{r2}^2 + b_{r2}^2} = 0.075 \text{ mm}$$

由式(8-13),得大齿轮齿厚下偏差为

$$E_{sni1} = E_{sns} - T_{sn1} = (-0.063 - 0.113) \text{ mm} = -0.176 \text{ mm}$$

小齿轮齿厚下偏差为

$$E_{sni2} = E_{sns} - T_{sn2} = (-0.063 - 0.075) \text{ mm} = -0.138 \text{ mm}$$

思考题及习题

8-1 齿轮传动有哪些使用要求?

8-2 什么是几何偏心?在滚齿加工中,仅存在几何偏心时,被切齿轮有哪些特点?

8-3 什么是运动偏心?在滚齿加工中,仅存在运动偏心时,被切齿轮有哪些特点?

8-4 影响载荷分布均匀性的主要工艺误差有哪些?

8-5 影响齿侧间隙的主要工艺误差有哪些?

8-6 齿距累积总偏差 F_p 和切向综合总偏差 F_i' 在性质上有何异同?是否需要同时采用为齿轮精度的评定指标?

8-7 径向跳动 F_r 和径向综合总偏差 F_i'' 在性质上有何异同?是否需要同时采用为齿轮精度的评定指标?

8-8 齿轮精度指标中,哪些指标主要影响齿轮传递运动的准确性?哪些指标主要影响齿轮传动的平稳性?哪些指标主要影响齿轮载荷分布的均匀性?

8-9 用齿距比较仪依次测量各齿距的齿距偏差如表 8-13 中的 A 值(μm)。表中,N 是齿距序数,也是齿面序数,将齿面 1 和齿面 2 之间的齿距定义为齿距 1,以此类推,齿面 12 和齿面 1 之间的齿距定义为齿距 12。定义 B 为所有 A 值的算术平均值(μm);C 为各个齿距的偏差(μm);D 为齿面 2,3,$\cdots$,12,1 到齿面 1 的齿距累计偏

差(μm)。试计算 B、C、D 值(填入表格),并求单个齿距偏差 f_{pt}、齿距累积总偏差 F_p、两个齿距的齿距累积偏差 F_{p2}。

表 8-13 习题 8-9 附表

N	1	2	3	4	5	6	7	8	9	10	11	12
A/μm	0	+8	+12	-4	-12	+20	+12	+16	0	+12	+12	-4
B/μm												
C/μm												
D/μm												

8-10 用角度转位法测量齿面 $2,3,\cdots,12,1$ 到齿面 1 的齿距累计偏差(表 8-14 中的 D 值),定义 C 为各个齿距的偏差,N 的意义同上题。试计算 C 值并填入表格,并求单个齿距偏差 f_{pt}、齿距累积总偏差 F_p、两个齿距的齿距累积偏差 F_{p2}。

表 8-14 习题 8-10 附表

N	1	2	3	4	5	6	7	8	9	10	11	12
D/μm	+6	+10	+16	+20	+16	+6	-1	-6	-8	-10	-4	0
C/μm												

8-11 单级直齿圆柱齿轮减速器的齿轮模数 $m=3.5$ mm,压力角 $\alpha=20°$;传递功率为 5 kW;输入轴转速 $n_1=1\,440$ r/min;齿数 $z_1=18,z_2=81$;齿宽 $b_1=55$ mm,$b_2=50$ mm。采用油池润滑。稳定工作时齿轮温度 $t_1=50℃$,箱体温度 $t_2=35℃$。此外,齿轮材料的线膨胀系数 $a_1=11.5\times10^{-6}/℃$,箱体材料的线膨胀系数 $a_2=10.5\times10^{-6}/℃$。试确定齿轮精度的检验指标及其精度等级,确定齿厚极限偏差。

第 9 章 尺 寸 链

9.1 概 述

在机械产品的设计、制造过程中,一个重要的问题就是如何保证产品的质量。也就是说,在设计各类机器及其零、部件时,除了要正确选择材料,进行运动精度、强度、刚度的分析和计算外,通常还需要进行几何精度的分析和计算,合理地确定机器零件的尺寸公差、几何公差,在满足产品设计预定技术要求的前提下,能使零件、机器获得经济的加工和顺利的装配。为此,需要对设计图样上要素与要素之间、零件与零件之间,有相互尺寸、位置关系要求,且能对构成首尾衔接、形成封闭形式的尺寸组加以分析,研究它们之间的变化,计算各个尺寸的极限偏差及公差,以便选择能保证达到产品规定公差要求的设计方案与经济的工艺方法。

尺寸链计算是确定装配方法与保证装配精度的基本计算方法,也是保证零件的制造精度的基本方法,对降低制造成本具有重要的意义。

本章的重点是讨论长度尺寸链中的直线尺寸链。

9.1.1 尺寸链的定义

在机器装配或零件加工过程中,由相互连接的尺寸形成的封闭尺寸组,称为尺寸链(dimensional chain)。

如图 9-1 所示为齿轮部件装配图,为保证齿轮灵活转动,要求安装后齿轮与挡圈间的轴向间隙为 A_0,则尺寸 A_1、A_2、A_3、A_4、A_5 和 A_0 就构成了一个封闭尺寸组,形成了一个尺寸链。

又如图 9-2 所示的轴,加工时四个轴向尺寸 A_1、A_2、A_3 和 A_0 也构成了一个封闭尺寸组,同样形成了一个尺寸链。

再如图 9-3 所示的零件在加工过程中,已加工尺寸 A_2 和本工序尺寸 A_1 直接影响尺寸 A_0,因而 A_1、A_2 和 A_0 按一定关系构成一个相互联系的封闭尺寸组,也形成了一个尺寸链。

9.1.2 尺寸链的特征

尺寸链具有以下两个特征。

(1) 封闭性 组成尺寸链的各个尺寸按一定的顺序排列成封闭的形式。

(2) 相关性 尺寸链中某一个尺寸的变化,将引起其他尺寸的变化,这些尺寸彼此关联,相互制约。

9.1.3 尺寸链的分类

1. 按应用场合分

(1) 装配尺寸链 全部组成环为不同零件设计尺寸所形成的尺寸链,如图 9-1 所示。装配尺寸链的特点是尺寸链中的各尺寸来自各个零件,能表示出零件与零件之间的相互尺寸关系。

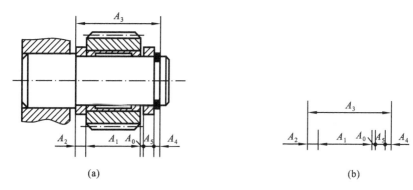

图 9-1 装配尺寸链

(2) 零件尺寸链 全部组成环为同一零件设计尺寸所形成的尺寸链,如图 9-2 所示。零件尺寸链的特点是封闭环尺寸与各增环、减环之间的关系,能在一个零件上反映出来。

装配尺寸链与零件尺寸链统称为设计尺寸链。

(3) 工艺尺寸链 全部组成环为同一零件工艺尺寸所形成的尺寸链,如图 9-3 所示。

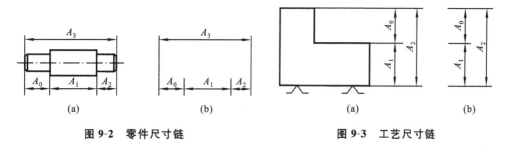

图 9-2 零件尺寸链　　　　　　图 9-3 工艺尺寸链

这里,设计尺寸是指零件图上标注的尺寸;工艺尺寸是指工序尺寸、定位尺寸和测量尺寸等。

2. 按各环所在空间位置分

(1) 直线尺寸链 全部组成环平行于封闭环的尺寸链(见图 9-1 至图 9-3)。

(2) 平面尺寸链 全部组成环位于一个或几个平行平面内,但某些组成环不平行于封闭环的尺寸链(见图9-4)。

(3) 空间尺寸链　组成环位于几个不平行平面内的尺寸链。

3. 按几何特征分

(1) 长度尺寸链　全部环为长度尺寸的尺寸链(见图9-1至图9-4)。

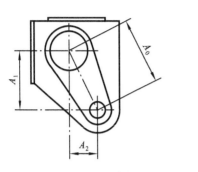

图 9-4　平面尺寸链

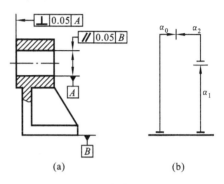

图 9-5　角度尺寸链

(2) 角度尺寸链　全部环为角度尺寸的尺寸链(见图9-5)。角度尺寸链常用于分析和计算机械结构中有关零件要素的位置精度,如平行度、垂直度和同轴度等。

注意:长度环用大写英文字母 A、B、C 等表示;角度环用小写希腊字母 α、β、γ 等表示。

除上述分类外,尺寸链还有其他一些分类方法,如按组成环性质可分为标量尺寸链(全部组成环为标量尺寸的尺寸链)和矢量尺寸链(全部组成环为矢量尺寸的尺寸链);按组成环和封闭环的关系分为基本尺寸链(全部组成环皆直接影响封闭环的尺寸链)和派生尺寸链(一个尺寸链的封闭环为另一个尺寸链组成环的尺寸链)等。

9.1.4　尺寸链的组成

列入尺寸链中的每一个尺寸都称为环(link),如图9-3中的 A_1、A_2、A_0。

按环的不同性质可分为封闭环和组成环。

(1) 封闭环(closing link)　封闭环是指尺寸链中在装配过程或加工过程最后形成的一环。封闭环加下脚标"0"表示,如图9-1、图9-2和图9-3中的 A_0。

(2) 组成环(component link)　组成环是指尺寸链中对封闭环有影响的全部环。组成环加下脚标用阿拉伯数字表示,数字表示各组成环的序号。如图9-3中的 A_1、A_2。这些环中任一环的变动必然引起封闭环的变动。

根据组成环对封闭环影响的不同,组成环又分为增环和减环。

① 增环(increasing link)　增环是指尺寸链中的组成环,该环的变动引起封闭环同向变动。同向变动是指当该组成环尺寸增大而其他组成环尺寸不变时,封闭环的尺寸随之增大;当该组成环尺寸减小而其他组成环尺寸不变时,封闭环的尺寸随之减小。如图9-1和图9-2中的 A_3,以及图9-3中的 A_2。

② 减环(decreasing link)　减环是指尺寸链中的组成环,该环的变动引起封闭环反向变动。反向变动是指当该组成环尺寸增大而其他组成环尺寸不变时,封闭环的尺寸随之减小;当该组成环尺寸减小而其他组成环尺寸不变时,封闭环的尺寸随之增大。如图9-1中的A_1、A_2、A_4、A_5,图9-2中的A_1、A_2和图9-3中的A_1。

9.1.5　尺寸链的建立与分析

1. 确定封闭环

建立尺寸链,首先要正确地确定封闭环。一个尺寸链只有一个封闭环。

(1) 装配尺寸链的封闭环是在装配之后形成的,往往是机器上有装配精度要求,如保证机器可靠工作的相对位置或保证零件相对运动的间隙等的尺寸。在建立尺寸链之前,必须查明在机器装配和验收的技术要求中规定的所有几何精度要求项目,这些项目往往就是某些尺寸链的封闭环。

(2) 零件尺寸链的封闭环应为公差等级要求最低的环,一般在零件图样上不需标注,以免引起加工中的混乱。如图9-2中的A_0是不需标注的。

(3) 工艺尺寸链的封闭环是在加工中自然形成的,一般为被加工零件要求达到的设计尺寸或工艺过程中需要的尺寸。加工顺序不同,封闭环也不同。所以工艺尺寸链的封闭环必须在加工顺序确定之后才能判断。

2. 查找组成环

组成环是对封闭环有直接影响的那些尺寸。一个尺寸链的组成环数应尽量少。

查找尺寸链的组成环时,先从封闭环的任意一端开始,找与封闭环相邻的第一个尺寸,然后再找与第一个尺寸相邻的第二个尺寸,这样一环接一环,直到与封闭环的另一端连接为止,从而形成封闭环的尺寸组。

如图9-6所示的车床主轴轴线与尾座轴线高度差的允许值A_0是装配技术要求,为封闭环。组成环可从尾座顶尖开始查找,经由尾座顶尖轴线到底面的高度A_1、与床身导轨面相连的底板厚度A_2、床身导轨面到主轴轴线的距离A_3,最后回到封闭环,A_1、A_2、A_3均为组成环。

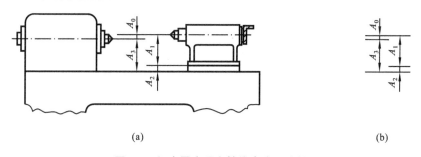

图9-6　机床尾座顶尖轴线高度尺寸链

在组成环中,可能只有增环没有减环,但不能只有减环没有增环。

在对封闭环有较高技术要求或几何误差较大的情况下,建立尺寸链时,还要考虑几何误差对封闭环的影响。

3. 画尺寸链图

为了讨论问题方便,更清楚表达尺寸链的组成,通常不需要画出零件或部件的具体结构,也不必按严格的比例画,只需将尺寸链中各尺寸依次画出,形成封闭的图形即可,这样的图形称为尺寸链图,如图 9-1 至图 9-3 的(b)、图 9-5 和图 9-6 的(b)所示。

在尺寸链图中,常用带单箭头的线段表示各环,箭头仅表示查找尺寸链组成环的方向。与封闭环箭头相反的环为增环,与封闭环箭头相同的环为减环。

4. 尺寸链计算的类型和方法

1) 尺寸链计算的类型

分析和计算尺寸链是为了正确合理地确定尺寸链中各环的尺寸公差和极限偏差。根据不同要求,尺寸链计算主要有以下三种类型。

(1) 正计算　已知各组成环的基本尺寸和极限偏差,求封闭环的基本尺寸和极限偏差。它常用于验算设计的正确性,故又称校核计算。

(2) 反计算　已知封闭环的基本尺寸、极限偏差及各组成环的基本尺寸,求各组成环的极限偏差。它常用于设计机器或零件时,合理地确定各部件或零件上各有关尺寸的极限偏差,即根据设计的精度要求,进行公差分配。

(3) 中间计算　已知封闭环和其他组成环的基本尺寸和极限偏差,只求某一组成环的基本尺寸和极限偏差。它常用于工艺设计,如基准的换算和工序尺寸的确定等。

2) 尺寸链解算的方法

(1) 完全互换法　从尺寸链各环的最大与最小尺寸出发进行尺寸链计算,不考虑各环实际尺寸的分布情况。按此方法计算出来的尺寸加工各组成环,装配时各组成环不需挑选或辅助加工,装配后即能满足封闭环的公差要求,实现完全互换。

(2) 大数互换法　按此方法计算、加工的绝大部分零件,装配时各组成环不需挑选或改变其大小或位置,装配后即能满足封闭环的公差要求。按大数互换法计算,在相同的封闭环公差条件下,可使各组成环公差扩大,从而获得良好的技术经济效益,也较科学、合理。当然此时封闭环超出技术要求的情况是存在的,其概率很小,但应有适当的工艺措施,以排除或恢复超出公差范围或极限偏差的个别零件。

(3) 修配法　装配时去除补偿环的部分材料以改变其实际尺寸,使封闭环达到其公差或极限偏差要求。

(4) 调整法　装配时用调整的方法改变补偿环的实际尺寸或位置,使封闭环达到其公差或极限偏差要求。

(5) 分组法　先按完全互换法计算各组成环的公差和极限偏差,再将各组成环的公差扩大若干倍,达到经济可行的公差后再加工,然后按完工零件的实际尺寸分组,根据大配大、小配小的原则,进行装配,达到封闭环的公差要求。这样,同组内的零件可互换,而不同组的零件不具备互换性。

在某些场合,为了获得更高的装配精度,而生产条件又不允许提高组成环的制造精度时,可采用分组互换法、修配法和调整法等来完成加工任务。

在解尺寸链时又可根据不同的产品设计要求、结构特征、精度等级、生产批量和互换性的要求,而分别采用完全互换法(极值法)、概率法(大数法)、分组互换法、修配法和调整法等。

本章主要介绍用完全互换法和概率法解尺寸链。

9.2 完全互换法

不考虑各环实际尺寸的分布情况,从尺寸链各环的最大和最小极限出发进行尺寸链计算的方法称为完全互换法,又称极值法。按此法计算出来的尺寸进行加工,所得到的零件具有完全互换性,这种零件无须进行挑选或修配,就能顺利地装到机器上,并能达到所需要的精度要求。

完全互换法是尺寸链计算中最基本的方法。

9.2.1 基本公式

设尺寸链的组成环数为 m,其中 n 个增环,$m-n$ 个减环,A_0 为封闭环的基本尺寸,A_z 为增环的基本尺寸,A_j 为减环的基本尺寸,则对于直线尺寸链有如下公式。

1. 封闭环的基本尺寸

$$A_0 = \sum_{z=1}^{n} A_z - \sum_{j=n+1}^{m} A_j \tag{9-1}$$

即封闭环的基本尺寸等于所有增环的基本尺寸之和减去所有减环的基本尺寸之和。

2. 封闭环的极限尺寸

极限尺寸的基本公式可由下列两种极限情况导出:

(1) 所有增环皆为上极限尺寸,而所有减环皆为下极限尺寸;

(2) 所有增环皆为下极限尺寸,而所有减环皆为上极限尺寸。

显然,在第一种情况下,将得到封闭环的上极限尺寸,而在第二种情况下,将得到封闭环的下极限尺寸,可表示为

$$A_{0\max} = \sum_{z=1}^{n} A_{z\max} - \sum_{j=n+1}^{m} A_{j\min} \tag{9-2}$$

$$A_{0\min} = \sum_{z=1}^{n} A_{z\min} - \sum_{j=n+1}^{m} A_{j\max} \tag{9-3}$$

即封闭环的上极限尺寸等于所有增环的上极限尺寸之和减去所有减环的下极限尺寸之和;封闭环的下极限尺寸等于所有增环的下极限尺寸之和减去所有减环的上极限尺寸之和。

3. 封闭环的极限偏差

将极限尺寸式(9-2)和式(9-3)分别减去基本尺寸式(9-1),得

$$\mathrm{ES}_0 = \sum_{z=1}^{n} \mathrm{ES}_z - \sum_{j=n+1}^{m} \mathrm{EI}_j \qquad (9\text{-}4)$$

$$\mathrm{EI}_0 = \sum_{z=1}^{n} \mathrm{EI}_z - \sum_{j=n+1}^{m} \mathrm{ES}_j \qquad (9\text{-}5)$$

即封闭环的上极限偏差等于所有增环的上极限偏差之和减去所有减环的下极限偏差之和;封闭环的下极限偏差等于所有增环的下极限偏差之和减去所有减环的上极限偏差之和。

4. 封闭环的公差

将极限偏差式(9-4)减去式(9-5),得

$$T_0 = \sum_{z=1}^{n} T_z + \sum_{j=n+1}^{m} T_j = \sum_{i=1}^{m} T_i \qquad (9\text{-}6)$$

即封闭环的公差等于所有组成环(增环和减环)的公差之和。

封闭环的公差比任何一组成环的公差都大。因此,在零件尺寸链中,一般选最不重要的环作为封闭环。为了减小封闭环的公差,应使组成环的数目尽可能地减少,这就称为最短尺寸链原则。这一原则在设计时应遵守,即尺寸链应该以"短"为好。

9.2.2 实例分析

1. 正计算

正计算是指已知组成环的基本尺寸和极限偏差,求封闭环的基本尺寸和极限偏差。

例 9-1 如图 9-1(a)所示,已知各零件的尺寸:$A_1 = 30_{-0.13}^{0}$ mm,$A_2 = A_5 = 5_{-0.075}^{0}$ mm,$A_3 = 43_{+0.02}^{+0.18}$ mm,$A_4 = 3_{-0.04}^{0}$ mm,设计要求间隙 $A_0 = 0.1 \sim 0.45$ mm,试验算能否满足该要求。

解 (1) 确定设计要求的间隙 A_0 为封闭环;寻找组成环并画尺寸链图,如图 9-1(b)所示;判断 A_3 为增环,A_1、A_2、A_4 和 A_5 为减环。

(2) 按式(9-1)计算封闭环的基本尺寸。

$$A_0 = A_3 - (A_1 + A_2 + A_4 + A_5) = [43 - (30 + 5 + 3 + 5)] \text{ mm} = 0$$

即要求封闭环的尺寸为 $0_{+0.10}^{+0.45}$ mm。

(3) 按式(9-4)和式(9-5)计算封闭环的极限偏差。

$$\mathrm{ES}_0 = \mathrm{ES}_3 - (\mathrm{EI}_1 + \mathrm{EI}_2 + \mathrm{EI}_4 + \mathrm{EI}_5)$$
$$= [+0.18 - (-0.13 - 0.075 - 0.04 - 0.075)] \text{ mm} = +0.50 \text{ mm}$$
$$\mathrm{EI}_0 = \mathrm{EI}_3 - (\mathrm{ES}_1 + \mathrm{ES}_2 + \mathrm{ES}_4 + \mathrm{ES}_5)$$
$$= [+0.02 - (0 + 0 + 0 + 0)] \text{ mm} = +0.02 \text{ mm}$$

(4) 按式(9-6)计算封闭环的公差。

$$T_0 = T_1 + T_2 + T_3 + T_4 + T_5$$
$$= (0.13 + 0.075 + 0.16 + 0.04 + 0.075) \text{ mm} = 0.48 \text{ mm}$$

校核结果表明,封闭环的上、下极限偏差及公差均已超过要求的范围,必须调整组成环的极限偏差。

例 9-2 如图 9-7(a)所示,先车外圆至尺寸 $A_1 = \phi 70_{-0.12}^{-0.04}$ mm,再镗内孔至尺寸 $A_2 = \phi 60_{0}^{+0.06}$ mm,且内、外圆同轴公差为 $\phi 0.02$ mm,求壁厚 A_0。

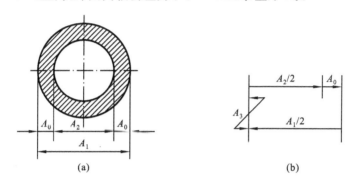

图 9-7 圆筒尺寸链

解 (1)确定封闭环、组成环,画尺寸链图。

车外圆和镗内孔后就形成了壁厚。因此,壁厚 A_0 是封闭环。

取半径组成尺寸链,此时 A_1、A_2 的极限尺寸均按半值计算:$\frac{A_1}{2} = 35_{-0.06}^{-0.02}$ mm,$\frac{A_2}{2} = 30_{0}^{+0.03}$ mm。同轴度公差 $\phi 0.02$ mm,允许内、外圆轴线偏离 0.01 mm,可正可负。故以 $A_3 = 0 \pm 0.01$ mm 加入尺寸链,作为增环或减环均可,此处以增环代入。

画尺寸链图如图 9-7(b)所示,$\frac{A_1}{2}$ 为增环,$\frac{A_2}{2}$ 为减环。

(2) 按式(9-1)计算封闭环的基本尺寸。
$$A_0 = \frac{A_1}{2} + A_3 - \frac{A_2}{2} = (35 + 0 - 30) \text{ mm} = 5 \text{ mm}$$

(3) 按式(9-4)和式(9-5)计算封闭环的极限偏差。
$$\text{ES}_0 = \text{ES}_1 + \text{ES}_3 - \text{EI}_2 = (-0.02 + 0.01 - 0) \text{ mm} = -0.01 \text{ mm}$$
$$\text{EI}_0 = \text{EI}_1 + \text{EI}_3 - \text{ES}_2 = (-0.06 - 0.01 - 0.03) \text{ mm} = -0.10 \text{ mm}$$

所以壁厚尺寸为 $A_0 = 5_{-0.10}^{-0.01}$ mm。

2. 中间计算

中间计算就是已知封闭环和其他组成环的基本尺寸和极限偏差,只求某一组成环的基本尺寸和极限偏差。

例 9-3 如图 9-8(a)所示,加工某一齿轮孔,加工工序为:先镗孔至 $\phi 39.4_{0}^{+0.1}$ mm,然后插键槽保证尺寸 X,再镗孔至 $\phi 40_{0}^{+0.04}$ mm。加工后应保证尺寸 $43.3_{0}^{+0.20}$ mm 的要求,求工序尺寸 X 及其极限偏差。

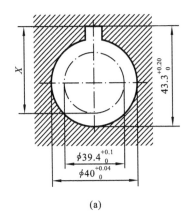 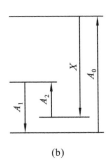

图 9-8 孔键槽加工尺寸链

解 (1) 确定封闭环、组成环,画尺寸链图。

本题加工最后形成的尺寸就是封闭环,即 $A_0 = 43.3^{+0.20}_{0}$ mm。

取半径组成尺寸链,此时 A_1、A_2 按半径极限尺寸进行计算:$A_1 = 20^{+0.02}_{0}$ mm,$A_2 = 19.7^{+0.05}_{0}$ mm。

画尺寸链图如图 9-8(b)所示,用带单箭头的线段画封闭曲线,可知 A_2 方向与 A_0 同向,所以是减环;A_1、X 方向与 A_0 反向,所以是增环。

(2) 由式(9-1)可得

$$A_0 = A_1 + X - A_2$$

即

$$X = (43.3 + 19.7 - 20) \text{ mm} = 43 \text{ mm}$$

(3) 由式(9-4)和式(9-5)可得

$$ES_0 = ES_1 + ES_X - EI_2$$

即

$$ES_X = +0.18 \text{ mm}$$

$$EI_0 = EI_1 + EI_X - ES_2$$

即

$$EI_X = +0.05 \text{ mm}$$

则

$$X = 43^{+0.18}_{+0.05}$$

由式(9-6)验算,得

$$T_0 = T_1 + T_2 + T_X$$

即 $0.2 = 0.02 + 0.13 + 0.05 = 0.2$,由此可知极限偏差计算正确。

3. 反计算

反计算是已知封闭环的基本尺寸、极限偏差及各组成环基本尺寸,求各组成环的极限偏差。

在具体分配各组成环的公差时,可采用等公差法或等精度法。

(1) 在各组成环的基本尺寸相差不大时,可将封闭环的公差平均分配给各组成环,如果需要,可在此基础上进行必要的调整。这种方法称为等公差法,即

$$T_i = \frac{T_0}{m} \tag{9-7}$$

实际工作中,各组成环的基本尺寸一般相差比较大,按等公差法分配,从加工工艺上讲不合理。为此,可采用等精度法。

(2) 所谓等精度法,就是令各组成环公差等级相同,即各环公差等级系数相等,设其值均为 a,即

$$a_1 = a_2 = a_3 = \cdots = a_m = a \tag{9-8}$$

按国家标准规定,在 IT5～IT18 公差等级内,标准公差的计算公式为 $T=ai$,其中 i 为标准公差因子,如第 2 章所述,在常用尺寸段内,$i=0.45\sqrt[3]{D}+0.001D$。为了本章应用方便,将部分公差等级系数 a 的值和标准公差因子 i 的数值列于表 9-1 和表 9-2 中。

表 9-1 公差等级系数 a 的值

公差等级	IT5	IT6	IT7	IT8	IT9	IT10	IT11	IT12	IT13	IT14	IT15	IT16	IT17	IT18
系数 a	7	10	16	25	40	64	100	160	250	400	640	1 000	1 600	2 500

表 9-2 尺寸≤500 mm,各尺寸分段的公差因子 i 的值

尺寸段 /mm	≤3	>3 ~6	>6 ~10	>10 ~18	>18 ~30	>30 ~50	>50 ~80	>80 ~120	>120 ~180	>180 ~250	>250 ~315	>315 ~400	>400 ~500
$i/\mu m$	0.54	0.73	0.90	1.08	1.31	1.56	1.86	2.17	2.52	2.90	3.23	3.54	3.89

由式(9-6)可得

$$T_0 = ai_1 + ai_2 + ai_3 + \cdots + ai_m = a\sum_{i=1}^{m} i_i$$

即

$$a = T_0 \Big/ \sum_{i=1}^{m} i_i \tag{9-9}$$

计算出 a 后,按标准查出与之相近的公差等级系数,进而查表确定各组成环的公差。

各组成环的极限偏差确定方法先是留一个组成环作为调整环,其余各组成环的极限偏差按"入体原则"确定,即包容尺寸的基本偏差为 H,被包容尺寸的基本偏差为 h,一般长度为 js,进行反计算后还需要进行正计算,以校核设计的正确性。

例 9-4 如图 9-1(a)所示的装配关系,轴是固定的,齿轮在轴上回转,要求保证齿轮与挡圈之间的轴向间隙为 0.10～0.35 mm。已知:$A_1=30$ mm,$A_2=5$ mm,$A_3=43$ mm,弹簧卡宽度 $A_4=3_{-0.05}^{0}$ mm(标准件),$A_5=5$ mm。试用完全互换法设计各组成环的公差和极限偏差。

解 (1) 画出装配尺寸链,如图 9-1(b)所示。

(2) 查找封闭环、增环和减环。

按题意,轴向间隙为 0.10～0.35 mm,则封闭环 $A_0=0_{+0.10}^{+0.35}$ mm,封闭环公差 $T_0=0.25$ mm。本尺寸链共有 5 个组成环,其中 A_3 是增环,其传递系数 $\zeta_3=1$,A_1、A_2、A_4、A_5 都是减环,相应的传递系数 $\zeta_1=\zeta_2=\zeta_4=\zeta_5=-1$。

按式(9-1)封闭环基本尺寸为

$$A_0 = A_3 - (A_1 + A_2 + A_4 + A_5) = [43 - (30 + 5 + 3 + 5)] \text{ mm} = 0$$

由计算可知,各组成环基本尺寸的已定数值正确无误。

(3) 确定各组成环的公差和极限偏差

① 用等公差法计算。

由式(9-7)得

$$T_i = \frac{0.25 - 0.05}{4} \text{ mm} = 0.05 \text{ mm}$$

根据各组成环基本尺寸的大小和加工难易,以平均数值为基础,调整各组成环公差为

$$T_1 = T_3 = 0.06 \text{ mm}, \quad T_2 = T_5 = 0.04 \text{ mm}, \quad T_4 = 0.05 \text{ mm}$$

根据入体原则,各组成环的极限偏差可确定为

$$A_1 = 30_{-0.06}^{0} \text{ mm}, \quad A_2 = A_5 = 5_{-0.04}^{0} \text{ mm}, \quad A_4 = 3_{-0.05}^{0} \text{ mm}$$

由式(9-4)及式(9-5)确定 A_3,有

$$\text{ES}_3 = \text{ES}_0 + (\text{EI}_1 + \text{EI}_2 + \text{EI}_4 + \text{EI}_5)$$
$$= [0.35 + (-0.06 - 0.04 - 0.05 - 0.04)] \text{ mm}$$
$$= +0.16 \text{ mm}$$

$$\text{EI}_3 = \text{EI}_0 + (\text{ES}_1 + \text{ES}_2 + \text{ES}_4 + \text{ES}_5)$$
$$= [0.1 + (0 + 0 + 0 + 0)] \text{ mm}$$
$$= +0.1 \text{ mm}$$

所以
$$A_3 = 43_{+0.10}^{+0.16} \text{ mm}$$

按式(9-6)校核,有

$$T_0 = \sum_{i=1}^{5} T_i = T_1 + T_2 + T_3 + T_4 + T_5$$
$$= (0.06 + 0.04 + 0.06 + 0.05 + 0.04) \text{ mm} = 0.25 \text{ mm}$$

满足使用要求,计算正确。

从上述可以看出,用等公差法解尺寸链,各组成环公差很大程度上取决于设计者的实践经验与主观上对加工难易程度的看法。

② 用等精度法计算。

由式(9-9)得

$$a = \frac{(0.25 - 0.05) \times 1\,000}{1.31 + 0.73 + 1.56 + 0.73} \approx 46$$

查表 9-1,各组成环的公差等级可定为 IT9,又查标准公差数值表可得各组成环的公差分别为

$$T_1 = 0.052 \text{ mm}, \quad T_2 = T_5 = 0.030 \text{ mm}, \quad T_3 = 0.062 \text{ mm}, \quad T_4 = 0.05 \text{ mm}$$

由于 $\sum_{i=1}^{5} T_i = (0.052 + 0.030 + 0.062 + 0.05 + 0.030) \text{ mm} = 0.224 \text{ mm} < 0.25$

mm＝T_0,满足使用要求。

根据人体原则,各组成环的极限偏差可定为

$$A_1 = 30_{-0.052}^{\ 0}\ \text{mm},\quad A_2 = A_5 = 5_{-0.030}^{\ 0}\ \text{mm},\quad A_4 = 3_{-0.05}^{\ 0}\ \text{mm}$$

由式(9-4)及式(9-5)确定 A_3,有

$$\text{ES}_0 = \text{ES}_3 - (\text{EI}_1 + \text{EI}_2 + \text{EI}_4 + \text{EI}_5)$$
$$\text{ES}_3 = \text{ES}_0 + (\text{EI}_1 + \text{EI}_2 + \text{EI}_4 + \text{EI}_5)$$
$$= [0.35 + (-0.052 - 0.030 - 0.05 - 0.030)]\text{mm}$$
$$= +0.188\ \text{mm}$$
$$\text{EI}_0 = \text{EI}_3 - (\text{ES}_1 + \text{ES}_2 + \text{ES}_4 + \text{ES}_5)$$
$$\text{EI}_3 = \text{EI}_0 + (\text{ES}_1 + \text{ES}_2 + \text{ES}_4 + \text{ES}_5)$$
$$= [0.1 + (0 + 0 + 0 + 0)]\ \text{mm}$$
$$= +0.100\ \text{mm}$$

所以

$$A_3 = 43_{+0.100}^{+0.188}\ \text{mm}$$

$$\sum_{i=1}^{5} T_i = (0.052 + 0.030 + 0.088 + 0.05 + 0.030)\ \text{mm} = 0.25\ \text{mm} = T_0$$

满足使用要求,设计正确。

9.3 概　率　法

从尺寸链分布的实际可能性出发进行尺寸链计算的方法,称为概率法。

在大批量生产中,零件实际尺寸的分布是随机的,多数情况下服从正态分布或偏态分布。这就是说,当加工过程中的工艺调整中心接近公差带中心时,大多数零件的尺寸分布都会在公差带的中心附近,而靠近极限尺寸的零件数目将极少。根据这一规律,大批量生产中,可将组成环的公差适当放大,这样做不但可使零件容易加工制造,同时又能满足封闭环的技术要求,从而带来明显的经济效益。当然,此时封闭环超出技术要求的情况也是存在的,但概率极小,因此,这种方法又称大数互换法。

概率法是以概率论为理论根据的,从保证大数互换着眼,在正常生产条件下,零件加工尺寸获得极限尺寸的可能性极小,而在装配时,各零、部件的误差同时为极大、极小的组合,其可能性更小。因此,在尺寸链环数较多,封闭环精度又要求较高时,就不适宜用极值法,而适宜用概率法计算。

表 9-3 所示为极值法和概率法的比较。

表 9-3　极值法和概率法的比较

项　　目	极　值　法	概　率　法
出发点	各值有同处于极值的可能	各值为独立的随机变量,按一定的规律分布

续表

项 目	极 值 法	概 率 法
优点	保险可靠	宽裕
缺点	要求苛刻	不合格率不为零,要求系统较为稳定
适用场合	环数少(≤4),或环数虽多,但精度低,在设计中常用此法,以保证机构正常	环数较多,精度较高,常用于生产加工中

9.3.1 基本公式

1. 封闭环的基本尺寸

封闭环的基本尺寸仍按式(9-1)计算。

2. 封闭环的公差

1) 传递系数

表示各组成环对封闭环的影响大小的系数,称为传递系数。传递系数值等于组成环在封闭环上引起的变动量对该组成环本身的变动量之比。

尺寸链中,封闭环与组成环的关系表现为函数关系。封闭环是所有组成环的函数,即

$$A_0 = f(A_1, A_2, \cdots, A_m) \tag{9-10}$$

式中:A_0 为封闭环;$A_1, A_2, \cdots, A_m$ 为组成环;m 为组成环环数。

称式(9-10)为尺寸链方程式。对式(9-10)取全微分,得

$$\mathrm{d}A_0 = \frac{\partial f}{\partial A_1}\mathrm{d}A_1 + \frac{\partial f}{\partial A_2}\mathrm{d}A_2 + \cdots + \frac{\partial f}{\partial A_m}\mathrm{d}A_m$$

显然,$\frac{\partial f}{\partial A_1}, \frac{\partial f}{\partial A_2}, \cdots, \frac{\partial f}{\partial A_m}$ 表示各组成环在封闭环上引起的变动量对各相应组成环本身变动量之比。若以 ζ_i 表示第 i 个组成环的传递系数,则有

$$\zeta_i = \frac{\partial f}{\partial A_i} \tag{9-11}$$

对于增环,ζ_i 为正值;对于减环,ζ_i 为负值。

2) 计算公式

由于封闭环 A_0 的误差是若干个独立的组成环 A_i 变量的函数误差,由式(9-11)可知,其误差传递系数 $\zeta_i = \frac{\partial f}{\partial A_i}$。按照多个独立随机变量合成规律,封闭环的标准偏差 σ_0 与各组成环的标准偏差 σ_i 的关系为

$$\sigma_0 = \sqrt{\sum_{i=1}^{m} \zeta_i^2 \sigma_i^2} \tag{9-12}$$

当各组成环的实际尺寸按正态分布,并取置信概率为 99.73% 的条件下,则各组成环公差 $T_i=6\sigma_i$,封闭环公差 $T_0=6\sigma_0$,代入式(9-12),得

$$T_0 = \sqrt{\sum_{i=1}^{m}\zeta_i^2 T_i^2} \tag{9-13}$$

当各组成环为非正态分布时,应引入一个说明分布特征的相对分布系数 k,即

$$T_0 = \sqrt{\sum_{i=1}^{m}\zeta_i^2 k_i^2 T_i^2} \tag{9-14}$$

不同形式的分布,其相对分布系数 k 值也不同(见表 9-4)。应用式(9-14)计算封闭环公差,称为统计公差。

表 9-4 组成环的常用分布曲线及系数 e、k 值(摘自 GB/T 5847—2004)

分布特征	正态分布	三角分布	均匀分布	瑞利分布	偏态分布	
					外尺寸	内尺寸
分布曲线	(图)	(图)	(图)	(图)	(图)	(图)
e	0	0	0	−0.28	0.26	−0.26
k	1	1.22	1.73	1.14	1.17	1.17

3. 封闭环的中间偏差

各环的中间偏差等于其上极限偏差与下极限偏差的平均值,并且封闭环的中间偏差 Δ_0 还等于所有增环的中间偏差 Δ_z 之和减去所有减环的中间偏差 Δ_j 之和,即

$$\left. \begin{array}{l} \Delta_i = \dfrac{1}{2}(\mathrm{ES}_i + \mathrm{EI}_i) \\ \Delta_0 = \dfrac{1}{2}(\mathrm{ES}_0 + \mathrm{EI}_0) \\ \Delta_0 = \sum_{z=1}^{n}\Delta_z - \sum_{j=n+1}^{m}\Delta_j \end{array} \right\} \tag{9-15}$$

式(9-15)适用于各组成环为对称分布的情况,如正态分布、三角分布等。当各组成环为偏态分布或其他不对称分布时,要引入不对称系数 e(对称分布 $e=0$)。

4. 封闭环的极限偏差

各环的上极限偏差等于其中间偏差加上该环公差之半;各环的下极限偏差等于其中间偏差减去该环公差之半,即

$$\left. \begin{array}{l} \mathrm{ES}_0 = \Delta_0 + \dfrac{T_0}{2}, \quad \mathrm{EI}_0 = \Delta_0 - \dfrac{T_0}{2} \\ \mathrm{ES}_i = \Delta_i + \dfrac{T_i}{2}, \quad \mathrm{EI}_i = \Delta_i - \dfrac{T_i}{2} \end{array} \right\} \tag{9-16}$$

式(9-16)同样适用于极值法。

例 9-5 如图 9-1(a)所示的装配关系,轴是固定的,齿轮在轴上回转,要求保证

齿轮与挡圈之间的轴向间隙为 0.10~0.35 mm。已知：$A_1=30$ mm，$A_2=5$ mm，$A_3=43$ mm，$A_4=3_{-0.05}^{\ 0}$ mm（标准件），$A_5=5$ mm。组成环的分布皆服从正态分布，且分布中心与公差带中心重合，分布范围与公差带范围相同。现采用概率法装配，试确定各组成环的公差和极限偏差。

解 本题是公差的合理分配问题。

（1）画出装配尺寸链并校验各环的基本尺寸。

按题意，轴向间隙为 0.10~0.35 mm，则封闭环 $A_0=0_{+0.10}^{+0.35}$ mm，封闭环公差 $T_0=0.25$ mm。本尺寸链共有 5 个组成环，其中 A_3 是增环，其传递系数 $\zeta_3=1$，A_1、A_2、A_4、A_5 都是减环，相应的传递系数 $\zeta_1=\zeta_2=\zeta_4=\zeta_5=-1$，装配尺寸链如图 9-1(b)所示。

封闭环基本尺寸按式(9-1)为

$$A_0=A_3-(A_1+A_2+A_4+A_5)=[43-(30+5+3+5)]\ \text{mm}=0$$

由计算可知，各组成环基本尺寸的已定数值正确无误。

（2）确定各组成环的公差。

由题意可知，组成环的分布皆服从正态分布，按式(9-13)计算各组成环的平均公差，有

$$T_{av}=\frac{T_0}{\sqrt{\sum_{i=1}^{m}\zeta_i^2}}=\frac{0.25}{\sqrt{4\times(+1)^2+(-1)^2}}\ \text{mm}=\frac{0.25}{\sqrt{5}}\ \text{mm}\approx 0.11\ \text{mm}$$

然后调整各组成环公差，A_3 为一轴类零件，与其他组成环相比加工难度较大，故先选择较难加工的 A_3 为调整环，再根据各组成环基本尺寸和零件加工难易程度，以平均公差为基础，相对从严选取各组成环公差：$T_1=0.14$ mm，$T_2=T_5=0.08$ mm，其公差等级约为 IT11，因为 $A_4=3_{-0.05}^{\ 0}$ mm，则 $T_4=0.05$ mm。由式(9-13)可得

$$T_3=\sqrt{T_0^2-(T_1^2+T_2^2+T_4^2+T_5^2)}$$
$$=\sqrt{0.25^2-(0.14^2+0.08^2+0.05^2+0.08^2)}\ \text{mm}$$
$$=0.16\ \text{mm}（只舍不入）$$

（3）确定各组成环的极限偏差。

A_1、A_2、A_5 皆为外尺寸，按入体原则确定其极限偏差，得

$$A_1=30_{-0.14}^{\ 0}\ \text{mm},\quad A_2=A_5=5_{-0.08}^{\ 0}\ \text{mm},$$

按式(9-15)求得：封闭环 A_0 和组成环 A_1、A_2、A_4、A_5 的中间偏差分别为
$\Delta_0=+0.225$ mm，$\Delta_1=-0.07$ mm，$\Delta_2=\Delta_5=-0.04$ mm，$\Delta_4=-0.025$ mm

由式(9-15)求得调整环 A_3 的中间偏差为

$$\Delta_3=\Delta_0+(\Delta_1+\Delta_2+\Delta_4+\Delta_5)$$
$$=[+0.225+(-0.07-0.04-0.025-0.04)]\ \text{mm}$$
$$=+0.05\ \text{mm}$$

按式(9-16)求得调整环的极限偏差为

$$\mathrm{ES}_3 = \Delta_3 + \frac{T_3}{2} = \left(+0.05 + \frac{0.16}{2}\right) \mathrm{mm} = +0.13 \mathrm{~mm}$$

$$\mathrm{EI}_3 = \Delta_3 - \frac{T_3}{2} = \left(+0.05 - \frac{0.16}{2}\right) \mathrm{mm} = -0.03 \mathrm{~mm}$$

故 A_3 的极限偏差为

$$A_3 = 43^{+0.13}_{-0.03} \mathrm{~mm}$$

将本例的计算结果与例 9-4 中确定的各组成环的尺寸公差比较后可发现,用概率法确定的各组成环的公差要比用完全互换法确定的尺寸公差大,从而使制造更加经济。以 A_3 为例,由完全互换法的等公差法和等精度法确定的尺寸公差分别为 60 μm(大约为 IT9)、88 μm(接近 IT10),而用概率法确定的尺寸公差为 160 μm(IT11)。

思考题及习题

9-1 完全互换法、不完全互换法、分组法、调整法和修配法各有何特点? 各运用于何种场合?

9-2 计算题。

(1) 图 9-9 所示为一零件的标注示意图,试校验该图的尺寸公差、位置公差的要求能否使 B、C 两点处薄壁尺寸在 9.7~10.05 mm 范围内。

(2) 如图 9-10 所示的齿轮箱,根据使用要求,应保证间隙 A_0 在 1~1.75 mm 之间。已知各零件的基本尺寸为(单位为 mm): $A_1 = 140$, $A_2 = A_5 = 5$, $A_3 = 101$, $A_4 = 50$。试用等精度法求各环的极限偏差。

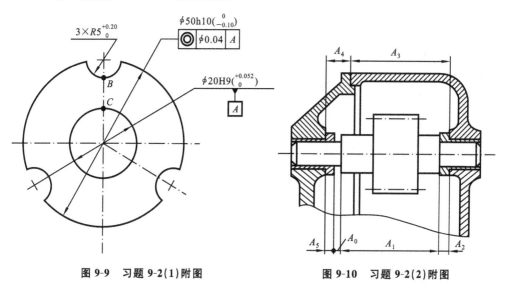

图 9-9 习题 9-2(1)附图   图 9-10 习题 9-2(2)附图

附 录

附表1 齿轮齿距累积总偏差 F_p 值（摘自 GB/T10095.1—2008） 单位：μm

分度圆直径 d/mm	模数 m/mm	精度等级												
		0	1	2	3	4	5	6	7	8	9	10	11	12
50<d≤125	0.5≤m≤2	3.3	4.6	6.5	9.0	13.0	18.0	26.0	37.0	52.0	74.0	104.0	147.0	208.0
	2<m≤3.5	3.3	4.7	6.5	9.5	13.0	19.0	27.0	38.0	53.0	76.0	107.0	151.0	241.0
	3.5<m≤6	3.4	4.9	7.0	9.5	14.0	19.0	28.0	39.0	55.0	78.0	110.0	156.0	220.0
125<d≤280	0.5≤m≤2	4.3	6.0	8.5	12.0	17.0	24.0	35.0	49.0	69.0	98.0	138.0	195.0	276.0
	2<m≤3.5	4.4	6.0	9.0	12.0	18.0	25.0	35.0	50.0	70.0	100.0	141.0	199.0	282.0
	3.5<m≤6	4.5	6.5	9.0	13.0	18.0	25.0	36.0	51.0	72.0	102.0	144.0	204.0	288.0
280<d≤560	0.5≤m≤2	5.5	8.0	11.0	16.0	23.0	32.0	46.0	64.0	91.0	129.0	182.0	257.0	364.0
	2<m≤3.5	6.0	8.0	12.0	16.0	23.0	33.0	46.0	65.0	92.0	131.0	185.0	261.0	370.0
	3.5<m≤6	6.0	8.5	12.0	17.0	24.0	33.0	47.0	66.0	94.0	133.0	188.0	266.0	376.0

附表2 齿轮单个齿距极限偏差 ±f_{pt}（摘自 GB/T10095.1—2008） 单位：μm

分度圆直径 d/mm	模数 m/mm	精度等级												
		0	1	2	3	4	5	6	7	8	9	10	11	12
50<d≤125	0.5≤m≤2	0.9	1.3	1.9	2.7	3.8	5.5	7.5	10.0	15.0	21.0	30.0	43.0	61.0
	2<m≤3.5	1.0	1.5	2.1	2.9	4.1	6.0	8.5	12.0	17.0	23.0	33.0	47.0	66.0
	3.5<m≤6	1.1	1.6	2.3	3.2	4.6	6.5	9.0	13.0	18.0	26.0	36.0	52.0	73.0
125<d≤280	0.5≤m≤2	1.1	1.6	2.1	3.0	4.2	6.0	8.5	12.0	17.0	24.0	34.0	48.0	67.0
	2<m≤3.5	1.1	1.6	2.3	3.3	4.6	6.5	9.0	13.0	18.0	26.0	36.0	51.0	73.0
	3.5<m≤6	1.2	1.8	2.5	3.5	5.0	7.0	10.0	14.0	20.0	28.0	40.0	56.0	79.0
280<d≤560	0.5≤m≤2	1.2	1.7	2.4	3.3	4.7	6.5	9.5	13.0	19.0	27.0	38.0	54.0	76.0
	2<m≤3.5	1.3	1.8	2.5	3.6	5.0	7.0	10.0	14.0	20.0	29.0	41.0	57.0	81.0
	3.5<m≤6	1.4	1.9	2.7	3.9	5.5	8.0	11.0	16.0	22.0	31.0	44.0	62.0	88.0

附表3 齿轮齿廓总偏差 F_α 值（摘自 GB/T10095.1—2008） 单位：μm

分度圆直径 d/mm	模数 m/mm	精度等级											
		0	1	2	3	4	5	6	7	8	9	10	11	12
50<d≤125	0.5≤m≤2	1.0	1.5	2.1	2.9	4.1	6.0	8.5	12.0	17.0	23.0	33.0	47.0	66.0
	2<m≤3.5	1.4	2.0	2.8	3.9	5.5	8.0	11.0	16.0	22.0	31.0	44.0	63.0	89.0
	3.5<m≤6	1.7	2.4	3.4	4.8	6.5	9.5	13.0	19.0	27.0	38.0	54.0	76.0	108.0
125<d≤280	0.5≤m≤2	1.2	1.7	2.4	3.5	4.9	7.0	10.0	14.0	20.0	28.0	39.0	55.0	78.0
	2<m≤3.5	1.6	2.2	3.2	4.5	6.5	9.0	13.0	18.0	25.0	36.0	50.0	71.0	101.0
	3.5<m≤6	1.9	2.7	3.7	5.5	7.5	11.0	15.0	21.0	30.0	42.0	60.0	84.0	119.0
280<d≤560	0.5≤m≤2	1.5	2.1	2.9	4.1	6.0	8.5	12.0	17.0	23.0	33.0	47.0	66.0	94.0
	2<m≤3.5	1.8	2.6	3.6	5.0	7.5	10.0	15.0	21.0	29.0	41.0	58.0	82.0	116.0
	3.5<m≤6	2.1	3.0	4.2	6.0	8.5	12.0	17.0	24.0	34.0	48.0	67.0	95.0	135.0

附表4 齿轮螺旋线总偏差 F_β 值（摘自 GB/T10095.1—2008） 单位：μm

分度圆直径 d/mm	齿宽 b/mm	精度等级											
		0	1	2	3	4	5	6	7	8	9	10	11	12
50<d≤125	20<b≤40	1.5	2.1	3.0	4.2	6.0	8.5	12.0	17.0	24.0	34.0	48.0	68.0	95.0
	40<b≤80	1.7	2.5	3.5	4.9	7.0	10.0	14.0	20.0	28.0	39.0	56.0	79.0	111.0
125<d≤280	20<b≤40	1.6	2.2	3.2	4.5	6.5	9.0	13.0	18.0	25.0	36.0	50.0	71.0	101.0
	40<b≤80	1.8	2.6	3.6	5.0	7.5	10.0	15.0	21.0	29.0	41.0	58.0	82.0	117.0
280<d≤560	20<b≤40	1.7	2.4	3.4	4.8	6.5	9.5	13.0	19.0	27.0	38.0	54.0	76.0	108.0
	40<b≤80	1.9	2.7	3.9	5.5	7.5	11.0	15.0	22.0	31.0	44.0	62.0	87.0	124.0
	80<b≤160	2.3	3.2	4.6	6.5	9.0	13.0	18.0	26.0	36.0	52.0	73.0	103.0	146.0

附表 5　齿轮径向综合总偏差 F_i'' 值（摘自 GB/T10095.2—2008）　　　单位：μm

分度圆直径 d/mm	法向模数 m_n/mm	精度等级								
		4	5	6	7	8	9	10	11	12
50<d≤125	1.5<m_n≤2.5	15	22	31	43	61	86	122	173	244
	2.5<m_n≤4.0	18	25	36	51	72	102	144	204	288
	4.0<m_n≤6.0	22	31	44	62	88	124	176	248	351
125<d≤280	1.5<m_n≤2.5	19	26	37	53	75	106	149	211	299
	2.5<m_n≤4.0	21	30	43	61	86	121	172	243	343
	4.0<m_n≤6.0	25	36	51	72	102	144	203	287	406
280<d≤560	1.5<m_n≤2.5	23	33	46	65	92	131	185	262	370
	2.5<m_n≤4.0	26	37	52	73	104	146	207	293	414
	4.0<m_n≤6.0	30	42	60	84	119	169	239	337	477

附表 6　齿轮一齿径向综合偏差 f_i'' 值（摘自 GB/T10095.2—2008）　　　单位：μm

分度圆直径 d/mm	法向模数 m_n/mm	精度等级								
		4	5	6	7	8	9	10	11	12
50<d≤125	1.5<m_n≤2.5	4.5	6.5	9.5	13	19	26	37	53	75
	2.5<m_n≤4.0	7.0	10	14	20	29	41	58	82	116
	4.0<m_n≤6.0	11	15	22	31	44	62	87	123	174
125<d≤280	1.5<m_n≤2.5	4.5	6.5	9.5	13	19	27	38	53	75
	2.5<m_n≤4.0	7.5	10	15	21	29	41	58	82	116
	4.0<m_n≤6.0	11	15	22	31	44	62	87	124	175
280<d≤560	1.5<m_n≤2.5	5.0	6.5	9.5	13	19	27	38	54	76
	2.5<m_n≤4.0	7.5	10	15	21	29	41	59	83	117
	4.0<m_n≤6.0	11	15	22	31	44	62	88	124	175

附表7 齿轮径向跳动公差 F_r 值(摘自 GB/T10095.2—2008)　　　　　单位：μm

分度圆直径 d/mm	法向模数 m_n/mm	精度等级											
		0	1	2	3	4	5	6	7	8	9	10	11	12
50<d≤125	0.5≤m_n≤2	2.5	3.5	5.0	7.5	10	15	21	29	42	59	83	118	167
	2.0<m_n≤3.5	2.5	4.0	5.5	7.5	11	16	21	30	43	61	86	121	171
	3.5<m_n≤6.0	3.0	4.0	5.5	8.0	11	16	22	31	44	62	88	125	176
125<d≤280	0.5≤m_n≤2	3.5	5.0	7.0	10	14	20	28	39	55	78	110	156	221
	2.0<m_n≤3.5	3.5	5.0	7.0	10	14	20	28	40	56	80	113	159	225
	3.5<m_n≤6.0	3.5	5.0	7.0	10	14	20	29	41	58	82	115	163	231
280<d≤560	0.5≤m_n≤2	4.5	6.5	9.0	13	18	26	36	51	73	103	146	206	291
	2.0<m_n≤3.5	4.5	6.5	9.0	13	18	26	37	52	74	105	148	209	296
	3.5<m_n≤6.0	4.5	6.5	9.5	13	19	27	38	53	75	106	150	213	301

附表8 齿轮副中心距极限偏差 $\pm f_a$(摘自 GB10095—1988)　　　　　单位：μm

第Ⅱ公差组精度等级		1~2	3~4	5~6	7~8	9~10	11~12
f_a		$\frac{1}{2}$IT4	$\frac{1}{2}$IT6	$\frac{1}{2}$IT7	$\frac{1}{2}$IT8	$\frac{1}{2}$IT9	$\frac{1}{2}$IT11
齿轮副的中心距 a/mm	>6~10	2	4.5	7.5	11	18	45
	>10~18	2.5	5.5	9	13.5	21.5	55
	>18~30	3	6.5	10.5	16.5	26	65
	>30~50	3.5	8	12.5	19.5	31	80
	>50~80	4	9.5	15	23	37	95
	>80~120	5	11	17.5	27	43.5	110
	>120~180	6	12.5	20	31.5	50	125
	>180~250	7	14.5	23	36	57.5	145
	>250~315	8	16	26	40.5	65	160
	>315~400	9	18	28.5	44.5	70	180

参 考 文 献

[1] 李柱,徐振高,蒋向前.互换性与技术测量技术——几何产品技术规范与认证[M].北京:高等教育出版社,2004.
[2] 廖念钊,古莹菴,莫雨松.互换性与技术测量[M].5版.北京:中国计量出版社,2007.
[3] 甘永立.几何量公差与检测[M].8版.上海:上海科技出版社,2008.
[4] 谢铁邦,李柱,席宏卓.互换性与技术测量[M].3版.武汉:华中科技大学出版社,1998.
[5] 马利民.新一代产品几何量技术规范(GPS)理论框架体系及关键技术研究[D].武汉:华中科技大学,2006.
[6] 王金星.新一代产品几何量技术规范(GPS)不确定度理论及应用研究[D].武汉:华中科技大学,2006.
[7] 张琳娜,赵凤霞,李晓沛,等.现代产品几何技术规范体系的理论基础及关键技术研究[J].机械强度,2004,26(5):547-555.
[8] 崔凤喜,李晓沛.现代产品几何技术规范研究与发展综述[J].中国标准化,2004,9:21-25.
[9] 张琳娜,常永昌,赵凤霞.现代产品几何技术规范(GPS)中基于对偶性的操作技术及其应用[J].机械强度,2005,27(5):656-660.
[10] 蒋向前.现代产品几何量技术规范国际标准体系[J].机械工程学报,2004,40(12):133-138.
[11] 马利民,蒋向前,王金星.新一代产品几何量技术规范(GPS)标准体系研究[J].中国机械工程,2005,16(1):12-16.
[12] 国家质量技术监督局.通用计量术语及定义(JJF1001—1998)[S].北京:中国计量出版社,1998.
[13] 国家质量技术监督局.测量不确定度评定与表示指南(JJF1059—1999)[S].北京:中国计量出版社,2000.
[14] 汪恺.形状和位置公差[M].北京:中国计划出版社,2004.
[15] 刘巽尔.极限与配合[M].北京:中国标准出版社,2004.
[16] 张民安.圆柱齿轮精度[M].北京:中国标准出版社,2001.
[17] 桂定一,陈育荣,罗宁.机器精度分析与设计[M].北京:机械工业出版社,2004.
[18] 桂定一.齿轮精度新标准下侧隙设计中的几个问题[J].机械传动,2006,30(6):28-31.
[19] 王伯平,等.互换性与技术测量[M].北京:机械工业出版社,2004.
[20] 李晓沛,张琳娜,赵凤霞.简明公差标准应用手册[M].上海:上海科学技术出版社,2005.
[21] Joint Committee for Guide in Metrology. JCG M 200:2008 International vocabulary of metrology—Basic and general concepts and associated terms(VIM). Paris:BIPM,2008.